工业和信息化普通高等学校"十三五"规划教材立项项目

21世纪高等学校计算机规划教材

大学计算机基础
（Windows 7+Office 2010）（第2版）

Fundamentals of Computers
(Windows 7+Office 2010)(2nd Edition)

肖建于 胡国亮 编著

U0332303

人 民 邮 电 出 版 社

北 京

图书在版编目（CIP）数据

大学计算机基础：Windows 7 +Office 2010 / 肖建于，胡国亮编著. -- 2版. -- 北京：人民邮电出版社，2020.9（2022.7重印）
21世纪高等学校计算机规划教材
ISBN 978-7-115-54058-4

Ⅰ. ①大… Ⅱ. ①肖… ②胡… Ⅲ. ①Windows操作系统－高等学校－教材②办公自动化－应用软件－高等学校－教材 Ⅳ. ①TP316.7②TP317.1

中国版本图书馆CIP数据核字(2020)第082798号

内 容 提 要

本书系统地介绍了计算机基础知识、Windows 7 操作系统、Word 2010 文字处理软件、Excel 2010 电子表格处理软件、PowerPoint 2010 演示文稿制作软件、计算机网络基础及应用、信息安全、计算思维和人工智能等内容。

本书内容丰富，结构清晰，图文并茂，实践性强，注重理论和实践的结合，兼顾实用性和可操作性，叙述上力求深入浅出、简明易懂。同时，各章最后还配有精心设计的习题。为提高读者的实践能力，本书还配套出版了《大学计算机基础实践教程（Windows 7+Office 2010）（第 2 版）》，以帮助读者进一步掌握计算机基本操作技能，并获得利用计算机解决实际问题的能力。

本书适合作为高等院校计算机基础课程的理论教学用书，也可作为计算机专业学生学习计算机导论课程的参考用书。

◆ 编　著　肖建于　胡国亮
　　责任编辑　李　召
　　责任印制　王　郁　陈　犇
◆ 人民邮电出版社出版发行　　北京市丰台区成寿寺路 11 号
　　邮编　100164　电子邮件　315@ptpress.com.cn
　　网址　https://www.ptpress.com.cn
　　三河市君旺印务有限公司印刷
◆ 开本：787×1092　1/16
　　印张：15.25　　　　　　　　2020 年 9 月第 2 版
　　字数：418 千字　　　　　　　2022 年 7 月河北第 3 次印刷

定价：49.80 元

读者服务热线：(010)81055256　印装质量热线：(010)81055316
反盗版热线：(010)81055315
广告经营许可证：京东市监广登字 20170147 号

前言
Foreword

　　本书根据教育部高等学校计算机基础课程教学指导委员会提出的高等学校计算机基础课程教学基本要求，以及最新的全国高等学校（安徽考区）计算机水平考试《计算机应用基础》教学（考试）大纲，由从事计算机基础教学多年、具有丰富教学和实践经验的教师编写而成。

　　本书的教学目标：使大学生了解计算机技术和信息技术的基础理论和基本知识，了解信息安全、计算思维和人工智能的基础知识，理解网络结构和网络基本应用，熟练掌握 Windows 7 操作系统的基本操作方法，熟练掌握 Microsoft Office 2010 中的 Word、Excel、PowerPoint 软件的用法。

　　本书的特点：内容层次清晰、由浅入深，循序渐进，有较强的可读性，操作性强，并附有课后练习，强调计算机基础的实践教学。在编写过程中，编者考虑了教学内容的系统性和完整性，考虑了各个知识点的联系、渗透，考虑了基础理论、基本操作技能和解决实际问题能力的有机结合。

　　本书的知识模块分布：第 1 章的主要内容有计算机概论、数制与编码、计算机系统的组成及工作原理等；第 2 章主要介绍 Windows 操作系统、Windows 7 的基本操作、Windows 7 的文件和文件夹管理、Windows 7 的系统设置、Windows 7 的附件；第 3 章、第 4 章、第 5 章分别介绍微软（Microsoft）公司开发的办公自动化软件 Office 2010 办公套件中的 3 个主要软件，即 Word 2010 文字处理软件、Excel 2010 电子表格处理软件、PowerPoint 2010 演示文稿制作软件；第 6 章主要介绍计算机网络和 Internet 技术；第 7 章主要介绍信息安全基础、信息安全技术和计算机病毒与防治；第 8 章主要介绍计算与计算思维、科学方法与科学思维、计算思维的例子、计算思维能力以及计算思维对其他学科的影响；第 9 章主要介绍人工智能的定义与发展、人工智能研究的基本内容及人工智能的研究和应用领域。

　　本书第 1 章由郑颖编写，第 2 章由赵娟编写，第 3 章由肖建于编写，第 4 章由张震编写，第 5 章由胡国亮编写，第 6 章、第 7 章由赵兵编写，第 8 章、第 9 章由马艳芳编写。最后的统稿和部分章节的修改工作由肖建于负责完成。

　　由于编者水平有限，书中难免存在一些疏漏，恳请广大读者批评指正。

编　者
2020 年 8 月

目录
Contents

第1章

计算机基础知识

计算机是人类社会 20 世纪最伟大的发明之一，它的出现使人类迅速进入了信息社会。它从诞生之日起，就以迅猛的速度发展并渗入社会的各行各业，它不但改变了人类社会的面貌，而且改变了人类的工作、学习和生活方式，对人类历史的发展产生了不可估量的影响。现在，计算机已经成为人类在信息化社会中不可缺少的工具，掌握以计算机为核心的信息技术的基础知识和应用能力，是现代大学生必备的基本素质。

1.1 计算机概论

计算机（Computer）是一种能存储程序并能够按预先存储的程序快速、高效地自动完成信息处理的电子设备。它通过输入设备接收数据，通过中央处理器进行数据处理，通过输出设备输出处理结果，通过存储器存储数据、处理结果和程序。计算机由于具有计算、模拟、分析问题和实时控制等功能，所以被看作人脑的延伸，通常被称为"电脑"。

1.1.1 计算机的产生与发展

世界上公认的第一台通用计算机于 1946 年在美国宾夕法尼亚大学诞生，它由约翰·莫奇莱（J.Mauchly）教授和普雷斯帕·埃克特（J.P.Eckert）博士研制并命名为"电子数字积分计算机"（Electronic Numerical Integrator And Computer，ENIAC）。这台计算机的主要元件是电子管，它的体积庞大，占地约 170 平方米，重达 30 吨。ENIAC 的最大特点是用电子器件代替机械齿轮或电动机械来进行算术运算、逻辑运算和存储信息等操作，因此同以往的计算工具相比，ENIAC 最突出的优点就是计算速度快。但是，这种计算机的存储容量小、程序是外加式的，尚未完全具备现代计算机的主要特征。

计算机发展的又一次重大突破是由数学家约翰冯·诺依曼（John von Neumann）领导的设计小组完成的。他们提出了存储程序原理，即程序由若干相关指令组成，程序和数据一起放在存储器中，计算机能按照程序指令的逻辑顺序把指令从存储器中读取出来，自动完成由程序描述的处理工作。计算机的存储概念奠定了计算机的基本结构，它是计算机发展史上的一个里程碑，也是计算机与其他计算工具的根本区别。真正以存储程序原理制成的第一台电子计算机 EDSAC（Electronic Delay Storage Automatic Caludator，电子延迟存储自动计算器）于 1949 年 5 月在英国制成。

在第一台现代计算机诞生以来的 70 多年时间里，计算机技术的发展日新月异。现代计算机的发展阶段通常以构成计算机的电子器件来划分，到目前为止已经历经 4 代，目前正向第五代过渡。每一个发展阶段在技术上都有新的突破，在性能上都有质的飞跃。

第一代计算机（1946—1958 年）采用电子管作为逻辑线路主要元件，主存储器为磁芯或磁鼓，外存储器为纸带、卡片等；软件方面确定了程序设计的概念，主要采用机器语言或汇编语言，主要应用于军事或科学计算领域。

第二代计算机（1959—1964 年）采用晶体管作为逻辑线路主要元件，主存储器采用磁芯，外存储器已开始使用磁盘；软件方面出现了一系列更接近于人类自然语言的高级程序设计语言，建立了批处理程序，提出了操作系统概念，应用范围扩大到数据处理、事务管理和工程设计等多个方面。

第三代计算机（1965—1970 年）采用了中、小规模集成电路作为计算机的主要元件，在主存储器方面逐渐用半导体存储器代替了磁芯存储器，磁盘成了不可或缺的外存储器；软件方面形成了 3 个独立的系统，即操作系统、编辑系统和应用程序。

第四代计算机（1971 至今）采用大规模、超大规模集成电路作为计算机的主要功能元件，主存储器采用了集成度更高的半导体存储器，外存储器使用大容量磁盘；软件方面，操作系统不断发展和完善，数据库系统、高效可靠的高级语言及软件工程标准进一步发展，并逐渐形成软件产业。

计算机的各个发展阶段如表 1-1 所示。

表 1-1　计算机发展阶段示意表

发展阶段 器件	第一代	第二代	第三代	第四代
电子器件	电子管	晶体管	中、小规模集成电路	大规模和超大规模集成电路

续表

发展阶段 器件	第一代	第二代	第三代	第四代
主存储器	磁芯、磁鼓	磁芯、磁鼓	半导体	半导体
外部辅助存储器	卡片、纸带	磁带、磁鼓	磁盘	磁盘、光盘
处理方式	机器语言 汇编语言	监控程序、批处理程序、高级语言编译	多道程序 实时处理	实时、分时处理 网络操作系统
运算速度	5 000 次/秒～3万次/秒	几十万次/秒～百万次/秒	百万次/秒～几百万次/秒	几百万次/秒～千亿次/秒

未来计算机的主要发展方向如下。

（1）向着巨型化、微型化、网络化、智能化和多媒体化发展。

① 巨型化。这里的"巨型"并不是指计算机的体积大，而是指速度快、存储容量大和功能强大的超大型计算机，这一类型的计算机主要用于天气预报、军事计算、飞机设计、工艺系统模拟等领域，运算速度可达千亿次/秒以上。

② 微型化。微型机已经进入仪器、仪表、家用电器等中小型机仪器设备中，同时也作为工业控制过程的心脏，使仪器设备实现了"智能化"。随着微电子技术的进一步发展，笔记本型、膝上型、掌上型等微型计算机都是计算机向着微型化发展的结果。

③ 网络化。计算机网络是现代通信技术与计算机技术结合的产物。网络化是指将计算机组成更广泛的网络，以实现资源共享及通信。

④ 智能化。智能化是指使计算机具有更多的类似人的智能，包括逻辑思维能力和学习与证明的能力等。

⑤ 多媒体化。多媒体技术使现代计算机集图形、图像、声音、文字处理等功能于一体，改变了传统的计算机处理信息的方式。多媒体化使人们拥有了一个图文并茂、有声有色的信息环境。

（2）向着非冯·诺依曼结构模式发展。到目前为止，几乎所有的计算机都离不开电子，都是冯·诺依曼型的。未来的计算机会怎么样？会不会出现新的非冯·诺依曼型的计算机？从目前的趋势来看，未来的计算机将是微电子技术、光学技术、超导技术和电子仿生技术结合的产物。在不久的将来，光子计算机、生物计算机、量子计算机、纳米计算机、神经网络计算机等全新的计算机也会诞生，届时计算机将发展到一个更高、更先进的水平。

① 光子计算机。光子计算机是一种利用光信号进行数字运算、逻辑操作、信息存储和信息处理的新型计算机。它由激光器、光学反射镜、透镜、滤波器等光学元件和设备构成，靠激光束进入反射镜和透镜组成的阵列进行信息处理，以光子代替电子，以光运算代替电运算。光的并行、高速使得光子计算机的并行处理能力很强，因而具有超高运算速度。光子计算机还具有与人脑相似的容错性：系统中某一元件损坏或出错时，并不会影响最终的计算结果。光子在光介质中传输所造成的信息畸变和失真极小，光在传输、转换时的能量消耗和散发的热量极低，对环境条件的要求比电子计算机低得多。随着现代光学与计算机技术、微电子技术的不断结合，在不久的将来，光子计算机将成为人类普遍使用的工具。

据推测，未来光子计算机的运算速度可能比今天的超级计算机快 1 000～10 000 倍。1990 年，美国贝尔实验室宣布研制出世界上第一台光子计算机。尽管这台光子计算机与理论上的光子计算机还有一定的距离，但它已经显示出了强大的生命力。

② 生物计算机。生物计算机也称仿生计算机，其主要原材料是生物工程技术产生的蛋白质分子，并以由此形成的生物芯片来替代半导体硅片，利用有机化合物存储数据。信息以波的形式传播，当波沿着蛋白质分子链传播时，会使蛋白质分子链中的单键、双键结构顺序产生变化。生物计算机的运算速度比当今最新一代计算机快 10 万倍，它具有很强的抗电磁干扰能力，并能彻底消除电路间的干扰。生物计算机的能量消耗仅相当于

普通计算机的十亿分之一且具有强大的存储能力。生物计算机具有生物体的一些特点，如能发挥生物本身的调节机能，自动修复芯片上发生的故障，还能模仿人脑的机制，等等。

目前，生物计算机研究领域已经有了新的进展，预计在不久的将来，人们就能制造出分子元件。另外，科学家们在超微技术领域也取得了一些突破，制造出了微型机器人。这种微型机器人可以成为一部微小的生物计算机，它们不但小巧玲珑，而且可以像微生物那样自我复制和繁殖，可以钻进人体内消灭病毒，修复血管、心脏、肾脏等内部器官的损伤，或者使引起癌变的 DNA 突变并发生逆转，从而使人的寿命延长。

③ 量子计算机。量子计算机是一类遵循量子力学规律进行高速数学及逻辑运算、存储及处理量子信息的物理装置。如果某个装置处理和计算的是量子信息、运行的是量子算法，它就是量子计算机。量子计算机是一种基于量子理论工作的计算机，它的装置遵循量子计算的基本理论，处理和计算的是量子信息，运行的是量子算法。与传统的电子计算机相比，量子计算机具有运算速度快、存储量大、搜索功能强和安全性较高等优点。

1981 年，美国阿贡国家实验室的保罗·贝尼奥夫（Paul Benioff）最早提出了量子计算的基本理论。目前，正在开发中的量子计算机有核磁共振（NMR）量子计算机、硅基半导体量子计算机和离子阱量子计算机 3 种。2017 年 5 月 3 日，中国科学院潘建伟团队构建的光量子计算机实验样机的计算能力已超越早期计算机。此外，中国科研团队完成了 10 个超导量子比特的操纵。

④ 纳米计算机。纳米计算机指将纳米技术运用于计算机领域所研制出的一种新型计算机。"纳米"本是一个计量单位，采用纳米技术生产芯片的成本十分低廉，因为它既不需要建设超洁净生产车间，也不需要昂贵的实验设备和庞大的生产队伍。只要在实验室里将设计好的分子组合在一起，就可以造出芯片，这大大降低了生产成本。应用纳米技术研制出的计算机体积小、容量大，性能大大增强，几乎不需要耗费任何能源。

2013 年 9 月 26 日斯坦福大学宣布，人类首台基于碳纳米晶体管技术的计算机已成功测试运行。该项目的成功证明了人类有望在不远的将来，摆脱当前的硅晶体技术，生产出新型计算机设备。

⑤ 神经网络计算机。神经网络计算机是能够模仿人的大脑判断能力和适应能力，并具有可并行处理多种数据功能的计算机。它除了有许多处理器外，还有类似神经的节点，每个节点与其他许多节点相连。它本身可以判断对象的性质与状态，并能采取相应的行动，而且它可同时并行处理实时变化的大量数据，并得出结论。以往的信息处理系统只能处理条理清晰、脉络分明的数据，而人的大脑却具有处理支离破碎、含糊不清的信息的灵活性，神经网络计算机具有类似人脑的智慧和灵活性。

目前，纽约、迈阿密和伦敦的机场已经启用神经网络计算机来检查爆炸物，每小时可排查 600～700 件行李，检出率为 95%，误差率为 2%。神经网络计算机将会广泛应用于各个领域。它能识别文字、符号、图形、语言以及声呐和雷达收到的信号，判读支票，对市场进行估计，分析新产品，进行医学诊断，控制智能机器人，实现汽车和飞行器的自动驾驶，识别军事目标，进行智能决策和智能指挥等。

1.1.2 我国计算机技术的发展

我国计算机的发展起步较晚，1956 年国家制定《十二年科学规划》时，把发展计算机、半导体等技术作为重点，相继筹建了中国科学院计算技术研究所、中国科学院半导体研究所等机构。1958 年组装调试我国第一台小型通用数字电子计算机（103 机），1959 年研制出我国第一台大型通用数字电子计算机（104 机），1960 年研制出我国第一台自行设计的小型通用电子计算机（107 机）。其中，104 机的运算速度为 10 000 次/秒，主存为 2048B（2KB）。

1965 年，我国开始推出第一批晶体管计算机，（如 108 机、109 机及 320 机等，其运算速度为 10 万次/秒～20 万次/秒。）

1971 年，我国成功研制出第三代集成电路计算机，如 150 机。1974 年后，DJS-130 小型计算机形成了小批量生产。1982 年，采用大、中规模集成电路研制出 16 位的 DJS-150 机。

1983 年，国防科技大学推出向量运算速度达 1 亿次/秒的银河-Ⅰ巨型计算机。1992 年，向量运算达到 10

亿次/秒的"银河-Ⅱ"投入运行。1997 年,"银河-Ⅲ"投入运行,速度为 130 亿次/秒,内存容量为 9.15 GB。

进入 20 世纪 90 年代,我国的计算机开始步入高速发展阶段,不论是大型、巨型计算机,还是微型计算机,都取得了长足的发展。其中,在代表国家综合实力的巨型计算机领域,我国已经处在世界的前列。

根据最新的统计,在 2013 年 6 月 17 日国际 TOP500 组织公布的最新全球超级计算机 500 强排行榜中,中国国防科学技术大学研制的"天河二号"以 3.386 亿亿次/秒的浮点运算速度成为全球最快的超级计算机。2013 年 11 月 18 日,在国际 TOP500 组织再次

图 1-1 "天河三号"计算机

公布的排行榜单中,"天河二号"以比第二名美国的"泰坦"快近一倍的速度再度登上榜首。2018 年 7 月 22 日,"天河三号 E 级原型机系统"已在国家超级计算天津中心完成研制部署,并顺利通过项目课题验收,逐步进入开放应用阶段,这表明我国 E 级计算机进入实质性研发阶段。"天河三号"原型机由 3 组机柜组成,每组机柜高 2 米左右,通身黑色,机身上嵌有两条醒目的蓝绿彩条,在彩条中间,"天河"两个字异常醒目。"天河三号"超级计算机的浮点计算处理能力达到 10 的 18 次方,约为"天河一号"的 200 倍,存储规模约为"天河一号"的 100 倍,其一小时的工作量相当于 13 亿人上万年的工作量。"天河三号"计算机如图 1-1 所示。

软件方面,1992 年我国的软件产业销售额仅为 43 亿元,2001 年我国的软件产业销售额达 796 亿元,其中软件产品的销售额为 330 亿元,软件服务收入为 406 亿元,软件出口额为 60 亿元。到 2002 年年底,我国通过认定的软件企业为 6282 家,销售额超亿元的软件企业超过 90 家,登记的软件产品达 10900 个,共有各类软件从业人员近 50 万人。2000 年国务院发布《鼓励软件产业和集成电路产业发展若干政策》,为发展软件产业提供了有力的政策支持。这些年来,一大批优秀的国产应用软件在办公自动化、财税、金融电子化建设等电子政务、企业信息化方面以及国民经济和社会生活中得到广泛应用,成功地为"金卡""金税""金关"等国家信息化工程开发了应用软件系统,在贯彻落实"以信息化带动工业化,以工业化促进信息化"及大力推广信息技术应用、改造提升传统产业和推动国家信息化建设工作中发挥了重要作用。2018 年全年,我国软件业务收入达 63061 亿元,同比增长 14.2%。实现利润总额 8079 亿元,同比增长 9.7%。

1.1.3 计算机的特点和分类

1. 计算机的特点

(1)运算速度快。目前计算机的运算速度一般为百万次/秒,巨型机可以实现近千亿次/秒。

(2)具有自动控制能力。现代计算机都具有大容量的存储器,人们可以事先将要处理的对象和处理问题的方法及步骤存储在其中,届时计算机就可以完全自动地对这些数据进行处理,而不需要人工操作。

(3)记忆力强、具有逻辑判断能力。计算机在处理内容上,既能处理数值运算,也能对各种信息进行非数值处理和是非逻辑判断。

(4)计算精度高。计算机经常被应用于需要高精度计算的军事领域或高新技术领域,其他任何计算工具都不可能达到计算机的计算精度。

(5)通用性强。如今计算机已经不再局限于处理数据、信息,它可以处理数字、文字、符号、图形、图像和声音等一切可以用数字加以表示的信息。

2. 计算机的分类

(1)按工作原理分类。按工作原理可以把计算机分为模拟计算机、数字计算机及数字模拟混合计算机。

(2)按用途分类。一般可分为专用计算机与通用计算机两大类。

(3)按照性能分类。按照计算机的运算速度、字长、存储容量、外部设备和允许同时使用一台计算机的人数多少等多方面的综合性能指标,通常将计算机分为超级计算机、大型计算机、小型计算机、微型计算机和工

作站5类。

（4）按使用方式分类。计算机可分为掌上计算机、笔记本、台式计算机、网络计算机、工作站、服务器、主机等。

个人计算机（Personal Computer，PC）出现在第四代计算机时期。它是最常见的微型机，本书之后的学习都将以PC为例。

1.1.4　计算机的传统应用

计算机已广泛应用于现实生活的一切领域，如工业、农业、商业、军事、金融、医疗卫生、公司事务、教育乃至家庭生活等，无处不有，无处不在。但归纳起来，计算机的应用主要可以分为以下几个方面。

1．科学计算（数值计算）

科学计算也称为数值计算，通常指用于完成科学研究和工程技术中提出的数学问题的计算。例如，人造卫星轨迹，房屋抗震强度，火箭、宇宙飞船的研究设计等都离不开计算机的科学计算；我们每天收听、收看的天气预报也离不开计算机的科学计算。科学计算是计算机最早的应用领域。科学计算的特点是计算工作量大、数值变化范围大。

2．数据处理（信息处理）

当今世界是互联网世界，其中充斥着大量的数据，可以说互联网世界就是数据世界。数据的来源有很多，如出行记录、消费记录、网页浏览记录、消息发送记录等。除了文本类型的数据，图像、音乐、声音也都是数据。数据处理也称为非数值计算的信息处理，是指对大量数据进行加工处理。与科学计算不同，数据处理涉及的数据量大，是现代化管理的基础。

数据库是"按照数据结构来组织、存储和管理数据的仓库"。它是一个长期存储在计算机内的、有组织的、可共享的、统一管理的数据集合。数据库管理系统（Database Management System，DBMS）是一种操纵和管理数据库的大型软件，用于建立、使用和维护数据库。它对数据库进行统一的管理和控制，以保证数据库的安全性和完整性。用户通过DBMS访问数据库中的数据，数据库管理员也通过DBMS进行数据库的维护。它可以支持多个应用程序和用户用不同的方法在同一时刻或不同时刻去建立、修改和访问数据库。

在数据库的发展历史上，数据库先后经历了层次数据库、网状数据库和关系数据库等阶段，其中，关系数据库已经成为当前数据库产品中最重要的一员。关系数据库是建立在关系数据库模型基础上的数据库，借助于集合代数等概念和方法来处理数据库中的数据，同时也是一个被组织成一组拥有正式描述性的表格，该形式的表格实质是装载着数据项的特殊收集体，这些表格中的数据能以许多不同的方式被存取或重新召集而不需要重新组织数据库表格。关系型数据库是指采用了关系模型来组织数据的数据库，其以行和列的形式存储数据，以便用户理解，关系型数据库这一系列的行和列被称为表。用户通过查询来检索数据库中的数据，查询命令是一组用于限定数据库中某些区域的代码。关系模型可以简单理解为二维表格模型，而一个关系型数据库就是由二维表及其之间的关系组成的一个数据组织。每个表格（有时被称为一个关系）包含用列表示的一个或更多的数据种类，每行包含一个唯一的数据实体，这些数据是被列定义的种类。当创造一个关系数据库时，你能定义数据列的可能值的范围和可能应用于那个数据值的进一步约束。而结构化查询语言（Structured Quevy Language，SQL）是标准用户和应用程序与关系数据库的接口，其优势是容易扩充，并且在最初的数据库创造之后，一个新的数据种类能被添加进去而不需要修改所有的现有应用软件。主流的关系数据库有Oracle、DB2、SQL Server、Sybase、MySQL等。

3．过程控制（实时控制）

过程控制又称实时控制，指用计算机对操作数据进行实时采集、检测、处理和判断，按最佳值迅速地对控制对象进行自动控制或自动调节的过程。利用计算机进行过程控制，不但可以大大提高控制的自动化水平，而且可以提高控制的及时性和准确性，从而改善劳动条件、提高质量、节约能源、降低成本。目前，计算机的实时控制功能被广泛用于操作复杂的钢铁企业、石油化工业、医药工业等的生产中。计算机自动控制还在国防和航空航天领域发挥了重要作用，例如无人驾驶飞机、导弹、人造卫星和宇宙飞船等的控制，都是靠计算机实现的。

4. 计算机辅助系统

（1）计算机辅助设计（Computer Aided Design，CAD）。CAD 是利用计算机帮助各类设计人员进行设计的一门技术。这门技术可以取代传统的从图纸设计到加工流程编制和调试的手工计算及操作过程，使设计速度加快，精度、质量大大提高。它在飞机设计、建筑设计、机械设计、船舶设计、大规模集成电路设计等领域应用得非常广泛。

（2）计算机辅助制造（Computer Aided Manufacturing，CAM）。CAM 是利用计算机进行生产设备管理、控制和操作的技术。CAM 可以提高产品质量、降低成本、缩短生产周期、降低劳动强度。

（3）计算机集成制造系统（Computer Integrated Manufacturing System，CIMS）。CIMS 指以计算机为中心的现代化信息技术应用于企业管理与产品开发制造的新一代制造系统，是计算机辅助设计、计算机辅助工艺规划（Computer Aided Process Planning，CAPP）、计算机辅助制造、计算机辅助工程（Computer Aided Engineering，CAE）、计算机辅助质量管理（Computer Aided Quality，CAQ）、产品数据管理系统（Product Data Management System，PDMS）、管理与决策、网络与数据库及质量保证系统等子系统的技术集成。它将企业生产和经营的各个环节视为一个整体，即以充分的信息共享，促进制造系统和企业组织的优化运行，其目的在于提高企业的竞争能力及生存能力。CIMS 对管理、设计、生产、经营等各个环节的信息进行集成、优化分析，从而确保企业的信息流、资金流、物流能够高效、稳定地运行，最终使企业实现整体最优效益。

计算机辅助系统还包括很多其他应用在不同领域的技术，如计算机辅助测试、计算机辅助教育、计算机模拟等。

5. 电子商务

电子商务（Electronic Commerce，EC；或 Electronic Business，EB）是指利用计算机和网络进行的商务活动，具体地说，是指综合利用局域网（Local Area Network，LAN）、内联网（Intranet）和互联网（Internet）进行商品与服务交易、金融汇兑、网络广告宣传或提供娱乐节目等。电子商务是一种新型商务方式，旨在通过网络完成核心业务，改善售后服务，缩短周转周期，从有限的资源中获得更大的收益，从而达到销售商品的目的，它向人们提供了新的商业机会、市场需求，并创造了各种挑战。

6. 多媒体技术

多媒体技术是指通过计算机对文字、数据、图形、图像、动画、声音等多种媒体信息进行综合处理和管理，使用户可以通过多种感官与计算机进行实时信息交互的技术，又称为计算机多媒体技术。多媒体技术利用计算机把文字、图形、图像、动画、声音及视频等媒体信息都数位化，并将其整合在一定的交互式界面上，使计算机具有交互展示不同媒体形态的能力。它极大地改进了人们获取信息的方式，符合人们在信息时代的阅读习惯。多媒体技术的发展已经有多年历史，到目前为止，声音、视频、图像压缩方面的基础技术已基本成熟，并形成了产品进入市场，热门技术如模式识别、MPEG 压缩技术、虚拟现实技术逐步走向成熟。多媒体技术的发展改变了计算机的应用领域，使计算机由办公室、实验室中的专用品变成了信息社会的普通工具，广泛应用于工业生产管理、学校教育、公共信息咨询、商业广告、军事指挥与训练，甚至家庭生活与娱乐等领域。

音频文件通常分为两类：声音文件和 MIDI 文件。声音文件是指通过声音录入设备录制的原始声音，直接记录了真实声音的二进制采样数据；MIDI 文件是一种音乐演奏指令序列，可利用声音输出设备或与计算机相连的电子乐器进行演奏，常见的音频文件格式为 MP3、WAVE 等。视频文件是互联网多媒体的重要内容之一。其主要指那些包含实时的音频、视频信息的多媒体文件，其多媒体信息通常来源于视频输入设备，常见的视频文件格式为 AVI、RM、MPEG 等。图像文件是描绘一幅图像的极端机磁盘文件，其文件格式不下数十种。图像文件可分为两类，即图片文件和动画文件，常用的图像文件格式为 BMP、GIF、JPEG 等。

7. 网络应用

计算机网络是利用通信设备和线路将地理位置不同、功能独立的多个计算机系统联系起来，通过网络软件实现资源共享和信息传递的系统。网络是计算机技术与通信技术结合的产物，由硬件系统和软件系统两部分构成。网络的出现给人们的生活、工作、学习带来了巨大的变化，人们可以在网上接受教育、浏览信息，享受网络通信、网上医疗、网上银行、网上娱乐和网上购物等服务。计算机网络的应用将推动信息社会更快地向前发展。

1.1.5　计算机应用技术的新发展

1. 大数据

大数据是指无法在一定时间内用常规软件工具对其内容进行抓取、管理和处理的数据集合，它具有以下 4 个基本特征。一是数据量巨大，从 TB 级别跃升到 PB 级别（1PB=1024TB）。二是数据类型多样，现在的数据类型不仅是文本形式，更多的是图片、视频、音频、地理位置信息等多种类型的数据，个性化数据占绝大多数。三是处理速度快，数据处理遵循"1 秒定律"，可从各种类型的数据中快速获得高价值的信息。四是价值密度低，商业价值高。以视频为例，连续不间断的监控过程中，可能仅有一两秒的视频内容为有用的数据。业界将这 4 个特征归纳为 4 个"V"——大量（Volume）、多样（Variety）、高速（Velocity）、价值（Value）。

大数据可分成大数据技术、大数据工程、大数据科学和大数据应用等领域，目前人们讨论最多的是大数据技术和大数据应用。大数据技术是指从各种类型的数据中快速获得有价值的信息的能力。大数据技术的战略意义不在于掌握数量庞大的数据信息，而在于对其中有意义的数据进行专业化处理。如果把大数据比作一种产业，那么这种产业实现盈利的关键在于提高对数据的"加工能力"，通过"加工"实现数据的"增值"。适用于大数据的技术包括大规模并行处理（Massively Parallel Processing，MPP）数据库、数据挖掘电网、分布式文件系统、分布式数据库、云计算平台、互联网和可扩展的存储系统等。

大数据除了影响经济领域，在政治、文化等领域也产生了深远的影响。大数据可以帮助人们开启循"数"管理的模式，也是我们当下"大社会"的集中体现。

2. 云计算

云计算（Cloud Computing）是基于互联网的相关服务的增加、使用和交付的模式，通常涉及通过互联网来提供动态易扩展且多为虚拟化的资源。关于"云"的定义有多种说法，现阶段人们广为接受的是美国国家标准与技术研究院的定义：云计算是一种按使用量付费的模式，这种模式提供可用的、便捷的、按需的网络访问，进入可配置的计算资源共享池（资源包括网络、服务器、存储、应用软件、服务等），这些资源能够被快速提供，只需投入很少的管理工作，或与服务供应商进行很少的交互。

云计算的特点是使计算分布在大量的分布式计算机上，而非本地计算机或远程服务器中，企业数据中心的运行将与互联网更相似，这使得企业能够将资源投入需要的应用中，根据需求访问计算机和存储系统。被普遍接受的云计算的特点是超大规模、虚拟化、高可靠性、通用性、高扩展性、按需服务、极其廉价等。目前它的主要应用是云安全、云物联、云存储、云游戏和云计算等。

与网格计算不同，云计算更偏向于由工业界主导发展的一套技术和标准。云计算和网格计算都能够提高互联网技术（Internet Technology，IT）资源的利用率，但是云计算侧重于对 IT 资源的整合，整合后按需提供 IT 资源；网格计算侧重于不同组织间计算能力的连接。云计算依靠 IT 资源供给的灵活性，革新了 IT 产业的商业模式，是基础 IT 资源外包商业模式的典型运用。网格计算是拥有计算能力的节点自发形成联盟，共同解决涉及大规模计算的问题，是基础 IT 资源联合共享模式的运用。

3. 物联网

物联网的英文名称是"Internet of things"，顾名思义，物联网就是"物物相连的互联网"，是利用局部网络或互联网等通信技术把传感器、控制器、机器、人员和物等通过新的方式联系在一起，形成人与物、物与物的互联，实现信息化、远程管理控制和智能化的网络。这有两层意思：第一，物联网的核心和基础仍然是互联网，它是在互联网的基础上延伸和扩展的网络；第二，物联网的用户端延伸和扩展到了任何物品，物品与物品之间能进行信息交换和通信，也就是物物相息。物联网通过智能感知、识别技术与普适计算等通信感知技术，广泛应用于网络的融合中，因此物联网也被称为继计算机、互联网之后世界信息产业发展的第三次浪潮。

物联网用途广泛，遍及智能交通、环境保护、政府工作、公共安全、平安家居、智能消防、工业监测、环境监测、路灯照明管控、景观照明管控、楼宇照明管控、广场照明管控、老人护理、个人健康、花卉栽培、水系监测、食品溯源、敌情侦察和情报搜集等多个领域。预计物联网是继计算机、互联网与移动通信网之后的又一次信息产业浪潮。有专家预测，随着物联网的大规模普及，这一技术将会发展成为一个上万亿元规模的高科技市场。

4. 移动互联网

移动互联网是 PC 互联网发展的必然产物，它使移动通信和互联网二者结合成为一体。它是互联网的技术、平台、商业模式和应用与移动通信技术结合并付诸实践的活动的总称。它继承了移动的随时、随地、随身和互联网的开放、分享、互动的优势，是一个全国性的、以宽带互联网协议（Internet Protocol，IP）为技术核心的、可同时提供话音、传真、数据、图像、多媒体等高品质电信服务的新一代开放的电信基础网络，由运营商提供无线接入，由互联网企业提供各种成熟的应用。通过移动互联网，人们可以使用手机、平板电脑等移动终端设备浏览新闻，还可以使用各种移动互联网应用，如在线搜索、在线聊天、移动网游、手机电视、在线阅读、网络社区、收听及下载音乐等。其中，移动环境下的网页浏览、文件下载、位置服务、在线游戏、视频浏览和下载等是移动互联网的主流应用。同时，绝大多数的市场咨询机构和专家都认为，移动互联网是未来 10 年内最有创新活力和最具市场潜力的新领域，这一产业已获得全球投资者，包括各类天使投资者的强烈关注。目前，移动互联网正逐渐渗透到人们生活、工作的各个领域，微信、支付宝、位置服务等丰富多彩的移动互联网应用发展迅猛，它们正在深刻改变信息时代的社会生活，近几年更是实现了由 3G 到 4G 再到 5G 的跨越式发展。全球覆盖的网络信号，使得身处大洋和沙漠中的用户仍可随时随地保持与他人的联系。

5. 虚拟现实

虚拟现实（Virtual Reality，VR）技术，又称灵境技术，是 20 世纪发展起来的一项全新的实用技术。VR 技术集计算机、电子信息、仿真技术于一体，其基本实现方式是计算机模拟虚拟环境从而给人以环境沉浸感。随着社会生产力和科学技术的不断发展，各行各业对 VR 技术的需求日益旺盛。VR 技术也取得了巨大进步，并逐步发展为一个新的科学技术领域。从理论上来讲，VR 技术是一种可以创建和体验虚拟世界的计算机仿真系统，它利用计算机生成一种模拟环境，使用户沉浸于该环境中。VR 技术就是利用现实生活中的数据，将计算机技术产生的电子信号与各种输出设备结合，并将其转化为能够让人们感受到的现象，这些现象可以是现实中真实的物体，也可以是我们肉眼所看不到的、通过三维模型表现出来的物体。这些现象不是我们直接能看到的，而是通过计算机技术模拟出来的。VR 技术受到了越来越多人的认可，用户可以在虚拟的现实世界体验到真实的感受，其模拟环境与现实世界难辨真假，让人有种身临其境的感觉；同时，VR 具有一切人类所拥有的感知，如听觉、视觉、触觉、味觉、嗅觉等感知系统；最后，它具有超强的仿真系统，真正实现了人机交互，使人在操作过程中，可以随意操作并得到环境最真实的反馈。正是由于 VR 技术具有存在性、多感知性、交互性等特征，它受到了许多人的喜爱。

1.2　数制与编码

计算机最基本的功能是对数值、字符、图形、图像和声音等各种信息进行加工处理。在计算机中，这些信息都是用由 0 和 1 组成的二进制编码来表示的。使用二进制数是因为二进制数运算简单、便于进行逻辑运算且在计算机内容易实现，但在编程中经常会使用十进制，有时为了便于表示信息还会使用八进制或十六进制数。因此，了解信息的数字化是很有必要的。

1.2.1　基础数制

1. 进位计数制

数制是一种用数码按一定规则表示数的方法。生活中人们习惯使用的是十进制，而在计算机内，各种信息都是以二进制数表示的，为了书写和表示方便，还常使用八进制数和十六进制数。无论哪种进制的数，都有一个共同点，即都是进位计数制。为了区分不同进制的数，可把 R 进制数 N 表示为如下形式：

$$N = (a_n a_{n-1} \ldots a_0 . a_{-1} a_{-2} \ldots a_{-m})_R$$

如（11011.01）2 是二进制数，（3542.25）8 是八进制数。

进位计数制有以下 3 个要素。

（1）进位规则。十进制逢十进一；二进制逢二进一；R 进制逢 R 进一等。

（2）基数与数码。在某一进位计数制中，允许使用的数码（基本记数符号）的个数称为基数。如十进制数的基数是 10，有 10 个数码 0~9；二进制数的基数是 2，有 2 个数码 0 和 1；一般 R 进制的基数是 R，有 R 个数码 0~R-1。

（3）位权与按权展开式。一个数码在不同位置上所代表的数值是不同的，某数位上 1 表示的数值，称为该数位的权，或位权。显然，对于 R 进制数，第 i 位的位权是以基数 R 为底、i-1 为指数的幂 R^{i-1}。每个数位上的值等于该位置上的数码与位权的乘积。根据进位规则，R 进制数 N 可按权展开表示为

$$N = (a_n a_{n-1} \ldots a_0 . a_{-1} a_{-2} \ldots a_{-m})_R = \sum_{i=n}^{-m} a_i R^i \quad (1\text{-}1)$$
$$= a_n R^n + a_{n-1} R^{n-1} + \cdots + a_1 R^1 + a_0 R^0 + + a_{-1} R^{-1} + a_{-2} R^{-2} + \cdots + a_{-m} R^{-m}$$

式（1-1）称为 R 进制数的按权展开式。式中，R 为基数，a_i 是 R 进制数的数码，R^i 是位权，m 和 n 为正整数。只要按式（1-1）展开计算，就可以将任意进制数转换为十进制数。

2. 几种进制及其特点

（1）十进制。由 0~9 共 10 个数码组成，即基数为 10。十进制的特点为：逢十进一，借一当十。一个十进制数的权是以 10 为底数的幂。

（2）二进制。由 0 和 1 两个数码组成，即基数为 2。二进制的特点为：逢二进一，借一当二。一个二进制数的权是以 2 为底数的幂。

（3）八进制。由 0~7 共 8 个数码组成，即基数为 8。八进制的特点为：逢八进一，借一当八。一个八进制数的权是以 8 为底数的幂。

（4）十六进制。由 0~9、A~F 共 16 个数码组成，即基数为 16。十六进制的特点为：逢十六进一，借一当十六。一个十六进制数的权是以 16 为底数的幂。

（5）十进制、二进制、八进制及十六进制数对照表如表 1-2 所示。

表 1-2　十进制、二进制、八进制及十六进制数对照表

十进制	二进制	八进制	十六进制	十进制	二进制	八进制	十六进制
0	0	0	0	8	1000	10	8
1	1	1	1	9	1001	11	9
2	10	2	2	10	1010	12	A
3	11	3	3	11	1011	13	B
4	100	4	4	12	1100	14	C
5	101	5	5	13	1101	15	D
6	110	6	6	14	1110	16	E
7	111	7	7	15	1111	17	F

规定：为了指明某个数是 N 进制的数，今后约定用括号标记数据，基数 N 记在数的右下角。例如，八进制的数 14 记为（14）$_8$。

1.2.2　不同进制之间的转换

1. 二进制数、八进制数和十六进制数转换为十进制数

转换原则：利用按权展开式（1-1），相加求和。

例 1.1 将二进制数 101011.11 转换成十进制数。

$$(101011.11)_2 = 1\times2^5 + 0\times2^4 + 1\times2^3 + 0\times2^2 + 1\times2^1 + 1\times2^0 + 1\times2^{-1} + 1\times2^{-2}$$
$$= 32 + 8 + 2 + 1 + 0.5 + 0.25$$
$$= (43.75)_{10}$$

例 1.2 将八进制数 234.5 转换成十进制数。

$$(234.5)_8 = 2\times8^2 + 3\times8^1 + 4\times8^0 + 5\times8^{-1} = 128 + 24 + 4 + .0625 = (156.625)_{10}$$

例 1.3 将十六进制数 2E4.C 转换成十进制数。

$$(2E4.C)_{16} = 2\times16^2 + 14\times16^1 + 4\times16^0 + 12\times16^{-1} = 512 + 224 + 4 + 0.75 = (740.75)_{10}$$

如上述例子，利用式（1−1）可以将 R 进制数转换为十进制数。

2．十进制数转换为二进制数、八进制数和十六进制数

转换原则：将整数部分和小数部分分别转换之后再合并。

（1）整数部分采用"除基（R）取余法"。其中基数 R 为 2、8 或 16，余数按先后顺序由低位向高位排列，即先得到的余数离小数点近，后得到的余数离小数点远（当然都在小数点左边）。

（2）小数部分采用"乘基（R）取整法"。其中基数 R 为 2、8 或 16，所取得的整数按先后顺序由高位向低位排列，即先取得的整数离小数点近，后取得的整数离小数点远（都在小数点右边）。

例 1.4 将十进制数 58.6875 转换成二进制数。

整数部分：

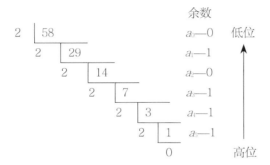

小数部分：（注意，整数部分已经取走，每次只将去掉整数的小数部分乘以 2，直到小数部分为 0 或精度达到要求。）

$$
\begin{array}{rl}
 & 0.6875 \\
 & \times\ 2 \\
\hline
\text{高位}\quad a_{-1}—1 & 1.3750 \\
 & \times\ 2 \\
\hline
a_{-2}—0 & 0.7500 \\
 & \times\ 2 \\
\hline
a_{-3}—1 & 1.5000 \\
 & \times\ 2 \\
\hline
\text{低位}\quad a_{-4}—1 & 1.0000 \\
\end{array}
$$

$$(58.6875)_{10} = (111010.1011)_2$$

例 1.5 将十进制数 917.8125 转换成八进制数。

整数部分：

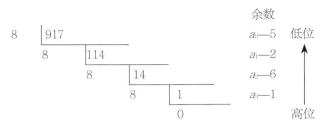

$$余数$$

$$a_0—5 \quad 低位$$

$$a_1—2$$

$$a_2—6$$

$$a_3—1 \quad 高位$$

小数部分：（注意，整数部分已经取走，每次只将去掉整数的小数部分乘以 8，直到小数部分为 0 或精度达到要求。）

$$0.8125$$
$$\times \quad 8$$
高位　a_{-1} — 6　$\qquad$ 6.5000
$$\times \quad 8$$
低位　a_{-2} — 4　$\qquad$ 4.0000

$$(917.8125)_{10} = (1625.64)_8$$

例1.6　将十进制数 3901.875 转换成十六进制数。

整数部分：

$$余数$$

$$a_0—13（D）\quad 低位$$

$$a_1—3$$

$$a_2—15（F）\quad 高位$$

小数部分：（注意：整数已经取走，每次只将去掉整数的小数部分乘以 16，直到小数部分为 0 或精度达到要求。）

高位　$\qquad$ 0.875
　　　　　　　$\times \quad 16$
低位　a_{-1} — 14（E）　14.000

$$(3901.875)_{10} = (F3D.E)_{16}$$

3．二进制数转换为八进制数和十六进制数

（1）二进制数转换为八进制数。转换原则：3 位一组法——从小数点向两边，3 位数为一组，不足补 0，每 3 位二进制数换为相应的八进制数码即可（小数点不动）。

（2）二进制数转换为十六进制数。转换原则：4 位一组法——从小数点向两边，4 位数为一组，不足补 0，每 4 位二进制数换为相应的十六进制数码即可（小数点不动）。

例1.7　将二进制数 10110011101.0101 转换为八进制数。

010	110	011	101.	010	100	（不足 3 位补 0）
↓	↓	↓	↓	↓	↓	
2	6	3	5.	2	4	

$$(10110011101.0101)_2 = (2635.24)_8$$

例1.8　将二进制数 1110011101.01011 转换为十六进制数。

0011	1001	1101.	0101	1000	（不足 4 位补 0）
↓	↓	↓	↓	↓	
3	9	D.	5	8	

$$(1110011101.01011)_2 = (39D.58)_{16}$$

4．八进制数和十六进制数转换为二进制数

（1）八进制数转换为二进制数。转换原则：一分为三法——每一位八进制数码转换为相应的 3 位二进制数码即可（小数点不动）。

（2）十六进制数转换为二进制数。转换原则：一分为四法——每一位十六进制数码转换为相应的 4 位二进制数码即可（小数点不动）。

例 1.9 将八进制数 2574.36 转换为二进制数。

2	5	7	4 .	3	6
↓	↓	↓	↓	↓	↓
010	101	111	100 .	011	110

$$(2574.36)_8 = (10101111100.01111)_2$$

例 1.10 将十六进制数 3A5.E8 转换为二进制数。

3	A	5 .	E	8
↓	↓	↓	↓	↓
0011	1010	0101 .	1110	1000

$$(3A5.E8)_{16} = (1110100101.11101)_2$$

5．八进制数和十六进制数的相互转换

八进制数和十六进制数之间不能直接转换，它们一般以二进制为桥梁实现相互转换。

例 1.11 将八进制数 2574.36 转换为十六进制数。

$$(2574.36)_8 = (10101111100.01111)_2 = (57C.78)_{16}$$

例 1.12 将十六进制数 3A5.E8 转换为八进制数。

$$(3A5.E8)_{16} = (1110100101.11101)_2 = (1645.72)_8$$

注：有时也常在数字后面加上字母 B 表示该数是二进制数，加上字母 H 表示该数是十六进制数，加（或不加）字母 D 表示该数是十进制数。

1.2.3 计算机编码

1．数据在计算机中的存储

在计算机中，数据表现为二进制形式。数据存储的最小单位为比特（bit），由于 1 比特太小，无法表示出数据的信息含义，所以又引入了"字节"（Byte，B）作为数据存储的基本单位。字节是数据处理的基本单位，即以字节为单位存储和解释信息。规定一个字节等于 8 个二进制位，通常一个字节可存放一个字符，两个字节可存放一个汉字国标码。计算机处理数据时，中央处理器（Central Processing Unit，CPU）通过数据总线一次存取、加工和传送的数据长度称为字（Word），一个字由一个或若干个字节组成。计算机一次所能处理的实际位数长度称为字长，字长是衡量计算机性能的一个重要标志，字长越长，性能越强。不同的计算机的字长是不同的，常用的字长有 8 位、16 位、32 位、64 位等。

2．字符编码（ASCII 码）

ASCII 码即美国信息交换标准码（American Standard Code for Information Interchange，ASCII），它已被世界所公认，并成为世界范围内通用的字符编码标准。每个 ASCII 码用一个字节（8 个二进制位）表示，但只使用后 7 位二进制位，最高二进制位为 0，在需要奇偶检验时，这一位用作奇偶检验位。所谓奇偶检验，是指在代码传送过程中用来检验是否出现错误的一种方法，一般分奇检验和偶检验两种。奇检验规定：正确的代码一个字节中 1 的个数必须是奇数，若非奇数，则在最高位添上 1。偶检验规定：正确的代码一个字节中 1 的个数必须是偶数，若非偶数，则在最高位添上 1。

7 位二进制位可以定义 128 种符号，其中第 0～32 号及第 127 号（共 34 个）是控制字符或通信专用字符，

如：控制符有 LF（换行）、CR（回车）、FF（换页）、DEL（删除）、BEL（振铃）等；通信专用字符有 SOH（文头）、EOT（文尾）、ACK（确认）等。第 33~126 号（共 94 个）是字符，其中第 48~57 号为 0~9 这 10 个阿拉伯数字；第 65~90 号为 26 个大写英文字母，第 97~122 号为 26 个小写英文字母，其余的为一些标点符号、运算符号等。

要确定某个字符的 ASCII 码，可在表 1-3 中先查到它的位置，然后确定它所在位置的相应列和行，根据列确定高位码（$d_6d_5d_4$），根据行确定低位码（$d_3d_2d_1d_0$），把高位码与低位码合在一起（$d_6d_5d_4d_3d_2d_1d_0$）就是该字符的 ASCII 码。例如，字母 L 的 ASCII 码是 1001100；符号 % 的 ASCII 码是 0100101 等。

计算机中，还会用到扩展的 ASCII 码（用 8 个二进制位表示），包括基本的 ASCII 码在内共有 256 种编码状态，第 128~255 号为扩展字符。

表 1-3　7 位 ASCII 代码表

$d_3d_2d_1d_0$ 位 （低 4 位）	$d_6d_5d_4$ 位（高 3 位）							
	000	**001**	**010**	**011**	**100**	**101**	**110**	**111**
0000	NUL	DLE	SP	0	@	P	`	p
0001	SOH	DC1	!	1	A	Q	a	q
0010	STX	DC2	"	2	B	R	b	r
0011	ETX	DC3	#	3	C	S	c	s
0100	EOT	DC4	$	4	D	T	d	t
0101	ENQ	NAK	%	5	E	U	e	u
0110	ACK	SYN	&	6	F	V	f	v
0111	BEL	ETB	'	7	G	W	g	w
1000	BS	CAN	(	8	H	X	h	x
1001	HT	EM	)	9	I	Y	i	y
1010	LF	SUB	*	:	J	Z	j	z
1011	VT	ESC	+	;	K	[	k	{
1100	FF	FS	,	<	L	\	l		
1101	CR	GS	−	=	M	]	m	}
1110	SO	RS	.	>	N	^	n	~
1111	SI	US	/	?	O	_	o	DEL

3. 汉字编码

（1）区位码和国标码。1980 年，我国制定了国家标准 "GB 2312—1980"《信息交换用汉字编码字符集　基本集》。该标准一共收录了汉字和图形符号 7 445 个，其中包括 6 763 个常用汉字和 682 个图形符号。根据使用的频率，常用汉字又分为两个等级，一级汉字 3 755 个，二级汉字 3 008 个。一级汉字按汉语拼音字母顺序排列，二级汉字则按部首排列。

按照国标规定，汉字编码表有 94 行、94 列，其行号 01~94 称为区号，列号 01~94 称为位号。一个汉字所在的区号和位号简单地组合在一起就构成了这个汉字的区位码，其中高两位为区号，低两位为位号，区位码采用十进制表示。区位码可以唯一确定某个汉字或符号，例如汉字 "啊" 的区位码为 1601，说明该汉字处于 16 区的 01 位。

国标码又称汉字交换码，它是在不同的汉字处理系统间进行汉字交换时所使用的编码。国标码采用两个字节来表示，每字节用 7 位，最高位设置为 0。一般国标码用十六进制表示，它与区位码的关系是：在十六进制下，区位码的区号和位号各加 20H 就构成了国标码。因此有：

$$国标码高位字节=（区号）_{16}+20H$$
$$国标码低位字节=（位号）_{16}+20H$$

例如，汉字"啊"的区位码为 1601，转换成十六进制数为 1001H（区号和位号分别转换），则国标码为 3021H。

（2）汉字内码（机内码）。如果在计算机内直接用国标码表示汉字，就很容易把汉字当成 2 个 ASCII 码，为了不至于引起混淆，在计算机内部表示汉字的代码时使用汉字内码（机内码）。对于大多数计算机系统来说，一个汉字内码占 2 个字节，分别称为高位字节和低位字节，它是通过将国标码的 2 个字节的最高位都设置为 1 得到的。汉字内码、国标码和区位码三者的关系是：

$$汉字内码=国标码+8080H =（区位码）_{16}+A0A0H$$

其中，区位码转换成十六进制数时要将区号和位号分别进行转换。例如，汉字"啊"的汉字内码根据上述公式计算就是 B0A1H。

为了统一表示世界各国、各地区的文字，便于全球范围内的信息交流，1993 年国际标准化组织（International Organization for Standardization，ISO）公布了"通用多八位编码字符集"的国际标准 ISO/IEC 10646，简称 UCS（Universal Multiple-octet Coded Character Set），它为包括汉字在内的各种正在使用的文字规定了统一的编码方案。该标准使用 4 个字节来表示 1 个字符。其中，1 个字节是组的编码，因为最高位不用，所以共总表示 128 个组。1 个字节是平面编码，总共有 256 个平面。1 个字节是行的编码，总共有 256 行。还有 1 个字节是字位编码，故总共有 256 个字位。1 个字符就被安排在这个编码空间的 1 个字位上。例如，ASCII 字符"A"，它的 ASCII 码为 41H，而在 UCS 中的编码则为 00000041H，即位于 00 组、00 面、00 行的第 41H 字位上。又如汉字"大"，它在 GB 2312—1980 中的编码为 3473H，而在 UCS 中的编码则为 00005927H，即在 00 组、00 面、59H 行的第 27H 字位上。4 个字节的编码足以表示世界上所有的字符，同时也符合现代处理系统的体系结构。

在 UCS 字符集中，每个字符是由组号、平面号、行号和位号唯一确定的。

为了与国际标准 ISO/IEC 10646 相适应以促进国际上的汉字信息交换，我国在国家标准 GB 2312—1980 的基础上，于 1993 年颁布了国家标准 GB 13000.1—1993《信息技术 通用多八位编码字符集（UCS）第一部分：体系结构与基本多文种平面》，又于 2000 年 3 月颁布了国家标准 GB 18030—2000《信息技术信息交换用汉字编码字符集 基本集的扩充》。国家标准 GB 18030—2000 采用单字节、双字节、四字节混合编码，向下与国家标准 GB 2312—1980 的内码标准兼容，在字汇上支持 GB 13000.1 的全部中、日、韩（CJK）统一汉字字符和全部 CJK 统一汉字扩充 A 的字符。GB 18030 的编码空间约为 160 万码位，目前已编码的字符约 2.8 万。随着我国汉字整理和编码研究工作的不断深入以及国际标准 ISO/IEC 10646 的不断发展，GB 18030 所收录的字符将在新版本中增加。GB 18030 是强制执行的国家标准，该标准规定 2001 年 8 月 31 日后所有不支持 GB 18030 标准的软件将不能作为产品出售。

（3）汉字外码（汉字输入码）。汉字外码是指从键盘上输入汉字时所使用的编码，又称汉字输入码，如区位码、拼音码、五笔字型码等。

（4）汉字字形码。每一个汉字都可以看作由特定点阵构成的图形。因此，要输出汉字处理结果时，必须把汉字内码转换成以点阵形式表示的字形码（也称字模码）。例如，如果一个汉字是由 16×16 个点组成的，如图 1-2 所示，那就要有一个 16×16 的点阵数据与之对应，一个点用一个二进制位表示，表示这样一个汉字则需要 16×16÷8=32 字节。常用的字形码有 16×16 点阵、

图 1-2　16×16 的汉字字形码

24×24 点阵、32×32 点阵、48×48 点阵等。

（5）中文信息的处理过程。中文信息通过键盘以外部码的形式输入计算机，由中文操作系统中的输入处理程序把外部码翻译成相应的内部码，并在计算机内部进行存储和处理，最后由输出处理程序查找字库，按需要显示的中文内码调用相应的字模，并送到输出设备上进行显示或打印输出。

1.3 计算机系统

计算机系统由硬件系统和软件系统两大部分构成，如图 1-3 所示。硬件是计算机系统的机器部分，它是计算机工作的物质基础；软件则是为了运行、管理和维护计算机而编制的各种程序的总和。硬件系统和软件系统互相依赖，不可分割。

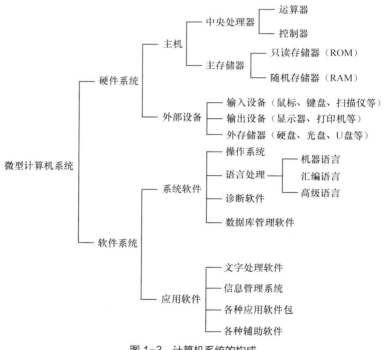

图 1-3 计算机系统的构成

1.3.1 计算机系统的基本组成

计算机硬件系统是组成计算机系统的所有物理部件的总称。它看得见摸得着，是计算机系统的物质基础，如 CPU、存储器、输入/输出（I/O）设备等。计算机硬件系统由运算器、控制器、存储器、输入设备和输出设备五大功能部件组成。

计算机软件系统是计算机运行时所需的各种程序、数据和文档的总称，它是使计算机系统正常运转的技术和知识资源。没有任何软件支持的计算机称为"裸机"（Bare Computer），而日常能够使用的计算机系统都是经过若干种软件改造而成的。因此可以说，计算机软件系统是组成计算机系统的逻辑设备，它包含系统软件和应用软件两部分。软件系统与硬件系统之间的层次结构如图 1-4 所示。

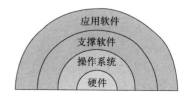

图 1-4 计算机系统层次结构图

1.3.2　计算机的基本工作原理

下面来举例说明计算机的工作过程。

例 1.13　计算 24×（78×33+45÷9）。

要计算这个题目，需要按照先进行括号内的运算，再进行括号外的运算，括号内按先乘除、后加减等原则进行计算。

首先，根据运算法则编制出计算步骤，即计算程序，将其连同原始数据一起输入计算机的存储器中。然后，启动计算机，在控制器的控制下，计算机将按照"计算程序"自动操作。最后，完成运算并输出结果。这样的一个过程就是计算机的基本工作过程。

在计算机的工作过程中，计算程序的每一步骤都指定了计算机如何进行操作，我们将其称为指令。每条指令控制计算机执行一个或有限的几个操作，如加、减、取数等。指令通常包括两个部分：操作码和操作数。操作码指出执行什么操作；操作数指出需要操作的数据或数据的地址。

例如在 ADD AX，5 这条指令中，ADD 是操作码，AX 是第一个操作数，指的是存放第一个数据的寄存器，5 是第二个操作数。执行这条指令就是将寄存器 AX 中的数据与 5 相加，再将结果存放在寄存器 AX 中。

利用一条条指令组成一个指令集合就可以解决所需要解决的问题，这个指令的集合称为程序。所以，程序就是一系列指令的有序集合，它告诉计算机先执行什么指令，后执行什么指令，如何解决实际问题。

计算机的基本工作过程，概括地说，就是存储指令、获取指令、分析指令、执行指令、再获取下一条指令，依次周而复始地执行指令序列的过程。因此，计算机的工作原理就可以概括为存储程序和程序控制，如图 1-5 所示。人们事先编好的程序及处理中所需的数据通过输入设备被送到计算机的内存储器中，即存储程序。工作时，控制器从内存储器中逐条读取程序中的指令，并按照每条指令的要求控制执行所规定的操作，即为程序控制。

"存储程序和程序控制"这一计算机工作原理是1946 年由美籍匈牙利数学家冯·诺依曼教授提出来的，故称为冯·诺依曼原理。

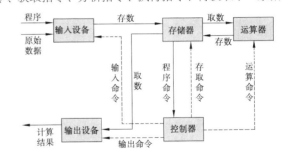

图 1-5　计算机硬件组成及工作原理

1.3.3　微型计算机的硬件系统

冯·诺依曼提出了"存储程序和程序控制"的计算机工作原理，它确立了构成计算机的 5 个基本组成部分——运算器、控制器、存储器、输入设备和输出设备，各部件之间的关系如图 1-5 所示。其中，控制器负责程序和指令的解释及执行，从而指挥全系统的工作；运算器对数据进行加工和运算；存储器负责程序、数据信息的存储和管理；输入和输出设备与用户打交道，负责提交用户的需求和输出计算结果。

1. 计算机硬件系统的基本组成

在 PC 中，控制器和运算器合称 CPU，它是计算机的核心。存储器分为内存储器和外存储器，CPU 和内存储器合称为主机。除主机以外的设备统称为外围设备（或外部设备）。

计算机硬件的 5 个基本部件的功能如下。

（1）运算器。运算器是计算机的核心部件，是对信息进行加工和运算的部件，它的运算速度几乎决定了计算机的计算速度。运算器由算术逻辑部件（Arithmetic and Logic Unit，ALU）以及一组通用寄存器和专用寄存器组成。它的主要功能是对二进制编码进行算术运算（加、减、乘、除）和逻辑运算。

（2）控制器。控制器是计算机的指挥控制中心，它的作用是控制程序的执行。它一般由指令寄存器、指令译码器、时序电路和控制电路组成。它的基本功能就是从内存储器中取指令、编译指令和执行指令。

（3）存储器。存储器是计算机的仓库，它用来保存计算机工作所需的程序和数据。存储器分为内存储器和外存储器。CPU 直接从内存储器中读取指令或存取数据，要执行某个程序，必须先将所需数据由外存储器提取到内存储器，CPU 才能处理；相应地，处理后的结果要从内存储器取出并放回外存储器进行保存。

存储器的存储容量以字节为基本单位，每个字节都有自己的编号，称为"地址"，如果要访问存储器中的某个信息，就必须知道它的地址，然后再按地址存入或取出信息。

存储容量的度量单位有：二进制位（bit）、字节（Byte）、千字节（KB）、兆字节（MB）、吉字节（GB）、太字节（TB）。

它们的换算关系是：1Byte =8bit，1KB=2^{10}Byte，1MB=2^{10}KB，1GB=2^{10}MB，1TB=2^{10}GB。这里要注意，2^{10}=1024。

（4）输入设备。输入设备用于将用户的原始数据和程序输入计算机中，它是进行人机对话的主要部件。常见的输入设备有键盘、鼠标、扫描仪、数字化仪、手写板、操纵杆等。

（5）输出设备。输出设备用于输出计算机中的信息，以便用户查看或保存。常见的输出设备有显示器、打印机、音箱、绘图仪等。

2. 计算机的总线结构

总线是连接计算机有关部件的一组信号线，是计算机中用来传送信息代码的公共通道。以微型计算机为例，其基本结构框架大致如图 1-6 所示。

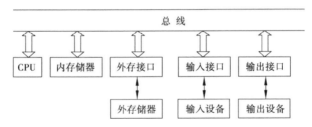

图 1-6　计算机硬件系统结构

CPU 和内存储器是计算机中最主要的部分，它们与系统总线和辅助电路被装配在称为主机板的印刷电路板上。外存储器及输入/输出设备等各种外围设备则通过各自相应的接口与总线相连。

根据传输信息种类的不同，总线又可分为以下 3 种。

（1）地址总线（Address Bus，AB）。用于传输内存储器的单元地址或输入/输出设备的接口地址信息。

（2）数据总线（Data Bus，DB）。用于在 CPU、存储器和输入/输出设备之间传递数据。

（3）控制总线（Control Bus，CB）。用于传输 CPU 发出和接收的各种控制或状态信号。

面向总线的结构可以减少计算机部件之间的连线数目、简化系统结构，且便于接口和设备软件的设计，从而使系统的稳定性提高，使系统的扩充、更新与配置更加方便和灵活。

3. 常见的硬件设备

（1）主机板（系统板）。主机板是微型计算机中最大的一块集成印制电路板，是 PC 主机的核心连接部件，由 CPU 插槽、主板基本输入输出系统（Basic Input Output System，BIOS）芯片、控制芯片组、内存插槽、IDE 接口、AGP 插槽、PCI 插槽、ISA 插槽、外设接口等几个部分组成，如图 1-7 所示。有些主机板还集成了一些外围设备的接口卡，如显卡、声卡和网卡等。主机板的性能主要由配合 CPU 的芯片组决定，主机板的主要生产公司有因特尔（Intel）、美国先进微电子器件公司（AMD）、威盛（VIA）和矽统（SIS）等，常见品牌有技嘉（GIGABYTE）、华硕（ASUS）、微星（MSI）、英特尔和硕泰克（SOLTEK）等。选择主机板要考虑它支持的最大内存容量、扩展槽的数量、支持最大系统外频及可扩展性等因素。

（2）CPU。运算器、控制器和一组寄存器集成在一个芯片上，称为 CPU，如图 1-8 所示。它的核心部分是一片微处理器芯片，用来执行程序指令、完成各种运算和控制功能。它是计算机最核心的器件，负责数据处理和各种过程控制，其性能好坏直接影响微型计算机的性能。

图 1-7　主机板　　　　　　　　　　　　　图 1-8　CPU

CPU 的字长即 CPU 每秒所能执行的指令的条数。按照其处理信息的字长，CPU 可以分为 4 位微处理器、8 位微处理器、16 位微处理器、32 位微处理器和目前流行的 64 位微处理器。

① 第一代 4～8 位微型计算机（1971—1978 年）。Intel 公司于 1971 年推出了第一个微处理器芯片 Intel 4004，又于 1974 年生产了 8 位微处理器芯片 Intel 8080。当时摩托罗拉（Motorola）公司的 MC6800 微处理器和智陆（Zilog）公司的 Z80 微处理器，都属于 8 位微处理器。

② 第二代 16 位微型计算机（1978—1985 年）。1978 年和 1979 年，Intel 公司先后生产出了 16 位 8086 和 8088 微处理器，同期的代表产品还有 Zilog 公司的 Z8000 和 Motorola 公司的 MC68000。1981 年，美国 IBM 公司将 8088 芯片用其研制的 PC 中，从而开创了全新的微型计算机时代。也正是从 8088 芯片开始，PC 的概念开始在全世界范围内发展起来。1982 年，Intel 公司研制出了 80286 微处理器，它是一颗真正为 PC 而存在的 CPU。

③ 第三代 32 位微型计算机（1985—2003 年）。1985 年 10 月，Intel 公司推出了 80386DX 微处理器。而且在 80386 时代，Intel 公司为了解决内存的速度瓶颈，采取用预读内存的方法，并为 80386 设计了高速缓存（Cache）这一方案。这一做法不但沿用至今，还发挥着越来越重要的作用。与此同时，也有其他几家 CPU 制造商推出了类似的产品，比如，Motorola 公司的 68000、AMD 公司的 Am386SX/DX 和 IBM 公司的 386SLC。

1989 年，Intel 乘胜追击，推出 80486 芯片。在当时，80486 所采用的技术是最先进的，采用了突发总线方式，大大提高了与内存交换数据的速度，性能远优于 80386 DX。在 Intel 推出 80486 的同时，其他几家 CPU 制造商也不甘落后，都发布了同性能的 CPU，其中以美国德州仪器公司（TI）的 486 DX、赛瑞克斯（Cyrix）486DLC 和 AMD 公司的 5x86 为代表。

Intel 公司于 1993 年生产出了 Pentium 处理器，其后又相继研制出了 Pentium Ⅱ、Pentium Ⅲ、Pentium 4 和 Core2 处理器。

AMD 于 1999 年 6 月推出了具有重大意义的 K7 微处理器，并将其正式命名为 Athlon。K7 在时钟频率上率先进入了 G 时代，并给 Intel 处理器在市场上带来很大的压力，自此，CPU 市场真正步入 Intel 和 AMD 两强争霸的时代。

④ 第四代 64 位微型计算机（2003 年至今）。2003 年，AMD 推出了被寄予厚望的 Athlon 64 处理器，并且继 Athlon 率先进入 G 时代后，AMD 又一次走在了 Intel 的前面，引领了 CPU 的发展方向。现在，Athlon 64 仍在不断发展，Intel 也适时推出了自己的 64 位处理器以抗衡 Athlon 64 处理器。

目前主流的 CPU 是由 Intel 和 AMD 生产的。Intel 的高端产品是酷睿（Core）系列（Core2、Core i3、Core i5、Core i7）处理器，低端产品是奔腾（Pentium）系列和赛扬（Celeron）系列；AMD 高端产品是锐龙（Ryzen）、羿龙（Phenom）、速龙（Athlon）系列，低端产品是闪龙（Sempron）系列。

另外，近年来双核和多核架构的 CPU 也开始流行。所谓双核、多核架构，就是在一个 CPU 中集成多个独立的 CPU 单元。这种技术的好处是可以在一个时钟周期内执行多条指令，因而理论上可以成倍地提高 CPU 的处理能力。双核的概念最早由 IBM、惠普（HP）、美国太阳微系统公司（Sun）等厂商提出，主要运用于服务器，而在台式计算机上的应用则是在 Intel 和 AMD 的推广下才得以普及。2005 年，Intel 发布了第一款双核 CPU；2008 年，AMD 发布了 3 核 CPU；2010 年，Intel 和 AMD 分别发布了各自的 6 核 CPU，分别是 Core i7 980X 和 Phenom II X6。2017 年，AMD 有 3 款 8 核锐龙 AMD Ryzen 7 处理器正式上市，首发 3 款旗舰型号分别为 AMD Ryzen 7 1800X、AMD Ryzen 7 1700X 及 AMD Ryzen 7 1700。

（3）主存储器（内存）。主存储器是计算机中直接存取程序和数据的地方，微型计算机的程序和数据都是以二进制代码的形式存放在存储器中的，程序和数据必须先存放在内存的随机存储器中，因此计算机在执行程序前必须将程序装入内存中。存储器与 CPU 之间的关系如图 1-9 所示。使用时，可以从存储器中取出信息来查看、运行程序，称为存储器的读操作；也可以把信息写入存储器、修改原有信息、删除原有信息，称为存储器的写操作。

图 1-9　存储器与 CPU 之间的关系

微型计算机的主存储器（也称内存，如图 1-10 所示）由只读存储器和随机存储器组成。目前的内存是由半导体器件组成的，没有机械装置，所以内存的读写速度远远快于外存。内存速度快，但是容量小、价格较高。

图 1-10　内存

① 只读存储器（Read Only Memory，ROM）。ROM 芯片固化在主机板上，ROM 所存储的信息在主机板制造时就存入了，使用时只能读出，不能重写。例如，在 IBM 的 PC 系统的 ROM 中，存储了操作系统中最基本的内容（如引导程序、自检程序、输入输出管理程序等），这些信息一直保存着，与电源状态无关，这种处理技术被称为软件的固化。由于 ROM 中的信息只能读不能写，因此一般不会被破坏，这样系统使用起来更方便、可靠。ROM 可分为可编程只读存储器（Programmable ROM，PROM）、可擦编程只读存储器（Erasable Programmable ROM，EPROM）、电擦除可编程只读存储器（Electrically-Erasable Programm-able，EEPROM）和闪存（Flash Memory）。

② 随机存储器（Random Access Memory，RAM）。RAM 又称为读/写存储器，通常所说的微型计算机的内存容量就是指 RAM 的容量。RAM 作为操作系统、应用程序等的数据存储介质使用。与 ROM 不同，RAM 不但能读出存储在芯片上的数据，而且可随时写进新的数据或对原来的数据进行修改。RAM 可分为静态随机存储器（Static RAM，SRAM）和动态随机存储器（Dynamic RAM，DRAM），SRAM 使用的是触发器，只要不对它断电，存放在里面的数据就可以永久保存，它的速度很快，访问时间很短；DRAM 使用晶体管和小电容组成的存储单元构成的阵列来存放数据，通过电容的充电和放电来存放二进制形式的数据。由于存放在电容中的电荷会泄漏，因此 DRAM 中的每一位在几毫秒的时间内都需刷新一次，以防数据丢失。现在微型计算机

中常用的内存主要有同步动态随机存储器（Synchronous Dynamic RAM，SDRAM）、扩展数据输出随机存储器（Extended Data Output RAM，EDORAM）、双倍速率同步动态随机存储器（Double Data Rate Synchronous Dynamic RAM，DDRRAM）等。计算机关闭电源后，RAM 中的信息将丢失且不可恢复，如果需要保存信息，就必须把信息存储在磁盘或其他外部存储器上。

此外，在微型计算机中还会用到以下几种功能不同的内存储器。

① 基本输入/输出系统（BIOS）。BIOS 是一段系统程序，存放在一个 ROM 芯片中，所以也称为 ROM-BIOS。它有两个主要用途：一是负责通电自检并把操作系统引入计算机中，启动计算机；二是实现对基本输入/输出设备（如键盘、显示器、系统时钟等设备）的驱动和管理。

② 互补金属氧化物半导体（CMOS）。CMOS 是一种特殊的 RAM，用来存放计算机系统设置的一些基本信息，包括内存容量、显示器类型、软盘和硬盘的容量及类型，以及当前的日期和时间等。当计算机系统设置发生变动（如增、减设备等）时，用户可以进入 CMOS Setup 程序（开机时按【Delete】键进入）修改其中的信息。CMOS 能长期保存信息，因为计算机主板上配有一个充电电池为其供电。

③ 高速缓冲存储器（Cache）。在程序执行时，CPU 需要从内存中存取指令或数据，但是 CPU 处理数据或指令的速度远远快于从 RAM 中存取数据的速度，这就导致 CPU 在执行完一条指令后，常常需要"等待"一些时间才能再次访问内存，大大降低了 CPU 工作效率。为了协调 RAM 与 CPU 之间的速度差，引入了 Cache 技术。Cache 可看成高速的 CPU 与低速的 RAM 之间的接口。其实现方法是：把当前要执行的程序段和要处理的数据传送到 Cache，CPU 读写时先访问 Cache，从而最大限度地减少因访问 RAM 而耗费的等待时间。Cache 与 CPU 和存储器的关系如图 1-11 所示。从高能奔腾（PentiumPro）开始，Cache 已经全部集成在 CPU 芯片中。Cache 通常由 SRAM 组成，容量一般为 64KB ～ 1MB。

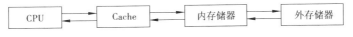

图 1-11　Cache 与 CPU 和存储器的关系

（4）外存储器（外存）。外存储器也称辅助存储器，简称外存。外存储器的容量一般都比较大，而且可以移动，便于不同计算机之间进行信息交流。与内存相比，外存速度慢、容量大，但价格很低。在微型计算机中，常用的外存有硬盘（可移动硬盘）、光盘和闪存（也称 U 盘）等。

① 硬盘。硬盘由若干个磁性圆盘组成，并把磁头、盘片和驱动器密封在一起，如图 1-12 所示。硬盘的容量较大，读和写数据的速度比软盘快很多。硬盘的每个存储面划分成若干磁道，每个磁道划分成为若干个扇区。硬盘往往有多张盘片，也有多个磁头，每个存储面的同一道形成一个圆柱面，如图 1-13 所示。

图 1-12　硬盘

计算硬盘的存储容量公式为：

存储容量=磁头数×柱面数×扇区数×每扇区字节数

硬盘一般被固定在计算机机箱内，叫固定硬盘，现在也出现了移动硬盘。硬盘的容量大，存取速度快。现在常见的硬盘容量大小一般为 320GB～2TB。在使用硬盘时，应保持良好的工作环境，如适宜的温度和湿度并注意防尘、防震等，不要随意拆卸硬盘，另外在使用中应避免剧烈震动。

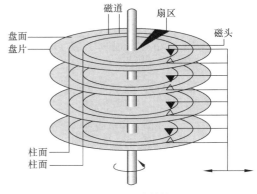

图 1-13　硬盘结构图

目前，市场上常见的硬盘品牌有希捷（Seagate）、IBM、迈拓（Maxtor）、三星（Samsung）、日立（Hitachi）、西部数据（WD），容量有 320GB、500G、1TB 及 2TB 等。

除了固定硬盘以外，还有一种移动硬盘，主要是指采用计算机标准接口（USB/IEEE1394）的硬盘。移动硬盘其实就是由小巧的笔记本硬盘和特制的配套硬盘盒构成的一个便于携带的大容量存储系统，容量小至 3.2GB，大至 6TB，其兼容性好，即插即用，存取数据的速度也比其他移动存储设备快。

② 光盘。光盘是多媒体数据的重要载体，具有容量大、易保存、携带方便等特点。光盘是 20 世纪 90 年代开始使用的外存储器，它将激光束聚焦成很小的光斑，在盘面上读写数据。目前的光盘主要有 3 类，包括只读光盘（CD-ROM）、一次性写入光盘（CD-R）与可重写光盘（CD-RW），目前使用最广泛的是只读光盘。CD-ROM 只能读出信息而不能写入信息。CD-ROM 上已有的信息是在制造时由厂家根据用户要求写入的，写好后就永久保留在光盘上，CD-ROM 中的信息要通过光盘驱动器（光驱）才能读取。目前，常用的 CD-ROM 光盘的大小为 13cm（约 5.25in），存储容量约为 650MB，适合用于存储如文献资料、图书、音乐、视频等信息量较大的内容。在多媒体计算机中，CD-ROM 已成为基本配置。光驱的速度是指光驱的数据传输速率，单位是 KB/s。最初的光盘驱动器速度为单倍速，其数据传输率为 150KB/s，其后发展为 2 倍速、4 倍速、32 倍速、48 倍速等。

除了 CD 外，新一代的 DVD 也逐渐成为 PC 机的常用配置，它的盘片尺寸同 CD 相同，并且 DVD 驱动器兼容 CD，DVD 的容量有 4.7GB、7.5GB 和 17GB 等。DVD 同 CD 相似，也有只读光盘（DVD-ROM）、一次性写入光盘（DVD-R）和可写光盘（DVD-RW/DVD-RAM）3 种。

图 1-14　闪存

③ 闪存。闪存（如图 1-14 所示）是一种可以直接插在通用串行总线 USB 端口上进行读/写的新一代外存储器，又称 U 盘或优盘。闪存采用 Flash RAM 芯片，使用闪存技术，利用二氧化硅形状的变化来记忆数据，从而使数据的可靠性大大提高。就目前技术的发展趋势看，闪存具有可靠性高、存储容量大等特点，必将取代软盘成为移动存储的基本形式。

闪存最大的特点就是即插即用、便于携带、存储量大、价格便宜等。一般闪存的容量有 4GB、8GB、16GB 等几种，目前闪存的容量有了很大程度的提高，容量增加到 32GB、64GB、128GB、256GB 等，最大容量达到 2TB。

（5）常用外围设备。计算机常见的外围设备包括键盘、鼠标、扫描仪、数字化仪、手写板、操纵杆等输入设备和显示器、打印机、音箱、绘图仪等输出设备。

① 键盘。键盘是最常用的也是最基本的输入设备，通过键盘可以把英文字母、数字、中文文字、标点符号等输入计算机，从而可以对计算机发出指令，使其输出数据。

以标准键盘为例，键盘通常由 5 部分组成：状态指示灯区、字符键盘区、小键盘区、功能键区和操作编辑控制键区，如图 1-15 所示。

❑　状态指示灯区按键如下。

【Num Lock】——数字/编辑锁定状态指示灯。

【Caps Lock】——大写字母锁定状态指示灯。

【Scroll Lock】——滚动锁定指示灯。

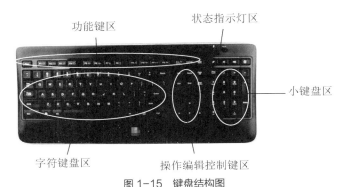

图 1-15　键盘结构图

❑　字符键盘区。该区是进行键盘操作的主要区域，包括 26 个英文字母符、10 个数字符、空格键、回车键和其他一些特殊功能键。

特殊功能键如下。

【Backspace】——退格键，可删除光标前的一个字符或选取的一块字符。

【Enter】——回车键，用于结束一个命令或换行（回车键换行表示一个自然段的结束）。

【Tab】——制表键，用于移动定义的制表符长度。

【Caps Lock】——大写字母锁定键，是一个开关键，只对英文字母起作用。当它锁定时，Caps Lock 指示灯亮，此时按字母键输入的是大写字母，在这种情况下不能输入中文；当它关上时，Caps Lock 指示灯不亮，此时按字母键输入的是小写字母。

【Shift】——上档键。在字符键盘区的数字键和一些字母键都印有上下两个字符，直接按这些键时输入下面的字符，使用上档键（【Shift】键）可输入上档符号或进行大小写切换。上档键在字符键盘区左右各有一个，左手和右手都可以按此键。

【Ctrl】和【Alt】——控制键和转换键，它们在字符键盘区左右各有一个，不能单独使用，只有配合其他键才起作用（如热启动）。【Ctrl】键和【Alt】键的组合使用结果取决于使用的软件。

【Esc】——取消或退出键，用于取消某一操作或退出当前状态。

❑　功能键区。功能键的作用是将一些常用的命令功能赋予某个功能键。

❑　小键盘区。小键盘区在键盘最右边，共有 17 个键，方便用户输入数字，其次还有编辑和光标移动控制功能。功能转换由小键盘上的【Num Lock】键实现。当指示灯亮时，小键盘的功能与编辑区的编辑键功能相同；当指示灯不亮时，小键盘可实现输入数据的功能。四则运算符和回车键与字符键盘区相应的键的功能相同。此外，【Alt】+小键盘区数据键可输入 ASCII 字符，如按【Alt+65】便能输入 "A"。

❑　操作编辑控制键区。操作编辑控制键区分为 3 部分，共 13 个键。最上面的 3 个键称为控制键；中间 6 个键称为编辑键；下面 4 个键称为光标移位键。各按键功能如下。

【Print Screen】——打印屏幕键，用于将屏幕上的所有信息传送至打印机输出，或者将其保存到内存中用于再存数据的剪贴板中，用户可以从剪贴板中把内容粘贴到指定的文档中。

【Scroll Lock】——用于控制屏幕的滚动，该键在现在的软件中很少使用。

【Pause Break】——暂停键，用于暂停正在执行的程序或停止屏幕滚动。

【Insert】——插入/改写转换键，用于编辑文档时切换插入/改写状态。若在插入状态下，输入的字符将插在光标前；若在改写状态下，输入的字符从光标后第一个字符开始覆盖。

【Delete】——删除键，用于删除光标所在位置后的字符。

【Home】——在编辑状态下按此键能将光标移到所在行的行首。

【End】——在编辑状态下按此键能将光标移到所在行的行尾。

【Page Up】和【Page Down】——向上翻页键和向下翻页键，用于在编辑状态下将屏幕向上或向下翻一页。

键盘的使用要遵循键盘操作指法。所谓键盘操作指法，是指把字符键盘区的键位合理地分配给各个手指，每个手指固定负责几个键位，使之分工明确、有条不紊。

字符键盘区的第三排的8个键位（A、S、D、F、J、K、L、;）被称为基本键位，这8个键是左右两只手的"根据地"，在【F】键和【J】键上都有突起点以便于手指定位。这些键一般都是触发键，应一触即放，不要按住不放。

② 鼠标。作为基本输入设备的鼠标（如图1-16所示）最早出现在Apple公司生产的系列微型计算机中，随着Windows操作系统的流行，鼠标变成了不可缺少的工具。

鼠标按工作原理分为机械式和光电式两种。机械式鼠标利用鼠标内的圆球滚动来触发传导杆控制鼠标指针的移动；光电式鼠标则利用光的反射来启动鼠标内部的红外线发射和接收装置。光电式鼠标比机械式鼠标的定位精度高。

常用的鼠标是双键鼠标和三键鼠标，还有在双键鼠标的两键中间设置了一个或两个（水平、垂直）滚轮的鼠标，滑动滚轮可快速浏览屏幕窗口信息。

无线鼠标有两种：无线红外型鼠标和无线电波型鼠标。使用无线红外型鼠标时需要对准计算机红外线发射装置，否则将不起作用。无线电波型鼠标无须方向定位，使用起来更方便。

③ 显示器。显示器是微型计算机最基本的输出设备，可显示程序的运行结果，显示输入的程序或数据等。常见的显示器有阴极射线管（Cathode Ray Tube，CRT）显示器、液晶显示器（Liquid Crystal Display，LCD）、等离子显示器（Plasma Display Panel，PDP）等。

显示器的主要技术指标如下。

❑ 分辨率。指显示器水平方向和垂直方向的像素点数（横向点×纵向点）。高分辨率意味着在相同的屏幕区域内能显示更多的内容，"横向点×纵向点"这个数目越大，表示分辨率越高。一般微型计算机的分辨率有800×600、1024×768、1280×1024和1920×1080几种，分辨率越高，图像也就越清晰。

❑ 点距。点距指两个像素点间的距离。点距越小，显示的图像越细腻。

❑ 尺寸。尺寸一般指显示器对角线的距离。现在常用的有23.8in、24in、25in和27in的彩色显示器。

❑ 刷新频率。刷新频率就是屏幕刷新的速度。刷新频率越低，屏幕闪烁抖动得就越厉害，操作者的眼睛疲劳得就越快。一般采用70Hz以上的刷新频率可以基本消除闪烁现象，而85Hz的刷新频率基本可以达到无闪烁显示。

此外，显示器的性能优势还取决于显卡。显卡的性能与所使用的显示芯片和显示存储器容量的大小有关。常用的显示器外观如图1-17所示。

④ 打印机。打印机用于打印输出用户所需要的运行结果、数据信息或其他文档资料，以便于信息的使用和长期保存，它是计算机最重要的输出设备之一。按照工作原理，打印机分为击打式和非击打式两大类，它们的主要区别是打印头与打印纸是否以撞击方式完成打印。打印机的接口一般使用主板提供的并行打印机适配器接口。常用的打印机有针式打印机、喷墨打印机、激光打印机和目前流行的3D打印机4种，前面3种又分单色（黑色）和彩色两种。常用的打印机如图1-18所示。

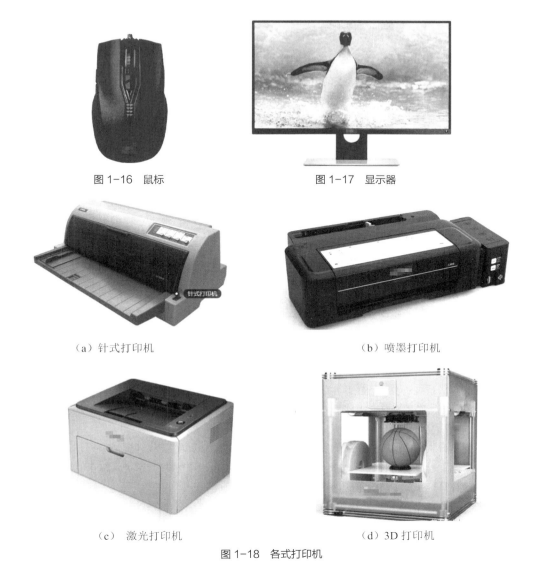

图 1-16 鼠标　　　　　　　图 1-17 显示器

（a）针式打印机　　　　　　　　　　（b）喷墨打印机

（c）激光打印机　　　　　　　（d）3D 打印机

图 1-18 各式打印机

- ❑ 针式打印机。针式打印机主要由打印头、运载打印头的机械装置、色带机构、输纸机构和控制电路几部分组成。一般针式打印机价格较低，对纸张质量要求低，但其噪声大，字迹质量不高，针头易耗损。
- ❑ 喷墨打印机。喷墨打印机属于非打击式打印机。喷墨打印机具有价格低、体积小、重量轻、打印质量高、颜色鲜艳逼真和噪声小等优点。
- ❑ 激光打印机。激光打印机集机、光和电技术于一体，也是一种非击式打印机，具有无击打噪声、分辨率高、打印速度快等优点，是打印机发展的主流方向。
- ❑ 3D 打印机。3D 打印机是一种神奇的打印机，不仅可以"打印"一幢完整的建筑，甚至可以在航天飞船中给宇航员打印任何所需的物品。3D 打印机近几年逐渐流行起来，中国物联网校企联盟称其为"上上个世纪的思想，上个世纪的技术，这个世纪的市场"。

1.3.4　微型计算机的软件系统

　　计算机软件是指计算机程序以及解释和指导使用程序的文档的总和。计算机程序包括源程序和目标程序，源程序是指用高级语言或汇编语言编写的程序，目标程序是指源程序经编译或解释加工以后可以由计算机直接执行的程序。

软件一般分为系统软件和应用软件两大类。

（1）系统软件。系统软件是指管理、控制和维护计算机及其外部设备，提供用户与计算机之间的接口界面，支持、开发各种应用软件的程序，主要包括操作系统、计算机语言及语言处理程序、数据库管理软件和软件工具等。

（2）应用软件。应用软件是用户利用计算机的系统软件开发的解决各种实际问题的程序和软件。例如，文字或表格处理软件、各种计算机辅助软件（如 CAD、CAT、CAM、CAI）、数据处理软件和用户程序等。

硬件和软件对计算机系统来说都非常重要，如果把硬件比作一个人的躯体，那么软件就是一个人的思想和知识。硬件是计算机系统的物质基础，要由软件驾驭和发挥其性能。如果没有软件，计算机硬件几乎是没有用的。需要强调的是：计算机系统是一个整体，既含有硬件，也包括软件，二者不可分割。

1. 操作系统

操作系统是一台计算机必不可少的系统软件，是整个计算机系统的灵魂。操作系统位于各种软件的最底层，是与计算机硬件关系最为密切的系统软件，如图 1-4 所示。它在计算机系统中的作用大致可以从两方面体会：对内，操作系统管理计算机系统的各种资源，扩充硬件的功能；对外，操作系统提供良好的人机界面，方便用户使用计算机。它是应用程序和硬件沟通的桥梁，在整个计算机系统中具有承上启下的作用。

（1）操作系统的功能。从一般用户的观点出发，可把操作系统看作用户与计算机硬件系统之间的接口，即操作系统处于用户与计算机硬件系统之间，用户通过操作系统来使用计算机系统。从资源管理的观点看，则可把操作系统视为计算机系统资源的管理者。为此，操作系统中通常都设有处理器管理、存储器管理、设备管理、文件管理和作业管理五大功能模块。因此可以说，操作系统是控制和管理计算机系统的硬件和软件资源，合理地组织计算机工作流程及方便用户的程序集合。

（2）操作系统的分类。按照操作系统的发展过程通常可以将系统分为以下几类。

① 单用户操作系统。计算机系统在同一时刻只能支持运行一个用户程序，这类系统管理起来比较简单，但其最大的缺点是计算机系统的资源不能得到充分利用。

② 批处理操作系统。将用户作业按照一定的顺序排列，统一交给计算机系统，由计算机自动地、按顺序完成作业的系统。常用的批处理操作系统有 MVX。

③ 分时操作系统。一台 CPU 连接多个终端，CPU 按照优先级给各个终端分配时间片，轮流为各个终端服务，从而使多个用户可以通过各自的终端互不干扰地同时使用同一台计算机交互进行操作。常用的分时操作系统有 UNIX、XENIX、Linux 等。

④ 实时操作系统。对来自外界的作用和信息在规定的时间内及时响应并进行处理的系统，常用的实时操作系统有 RDOS、VRTX 等。

⑤ 网络操作系统。对计算机网络中的软件、硬件资源进行管理和控制的操作系统，适合多用户、多任务环境，支持网间通信和网络计算，具有很强大的文件管理、数据保护、系统容错和系统安全保护功能。常用的网络操作系统有 NetWare 和 Windows NT。

⑥ 分布式操作系统。将地理上分散的、独立的计算机系统通过通信设备和线路互相连接起来，各台计算机均分负荷，或每台计算机各提供一种特定功能，协作完成一个共同的任务。常用的分布式操作系统有 Amoeba 系统等。

（3）典型的微型计算机操作系统。操作系统是由于需要而产生的，它随着计算机技术本身及计算机应用的日益发展而不断发展和完善。下面介绍几种在不同时期出现的典型的微型计算机操作系统（如表 1-4 所示）。

表 1-4　典型的微型计算机操作系统

名称	推出年份	概要
MS-DOS	1981	MS-DOS 是单用户单任务的操作系统，采用命令行界面，系统小巧灵活
Windows	1985	Windows 是一个为 PC 和服务器用户设计的操作系统，简洁的图形界面、良好的网络和硬件支持、出色的多媒体功能等使其在世界范围内的 PC 操作系统软件市场中处于垄断地位
UNIX	1969	UNIX 是历史最悠久的通用操作系统，经过多年的研发改进，UNIX 出现了众多版本，使其具有非常广大的应用空间。UNIX 是 PC、PC 服务器、中小型机、大型机、巨型机全系列通用的操作系统
Linux	1991	Linux 在源代码上兼容绝大多数 UNIX 标准，能够在 PC 上实现全部的 UNIX 特性。Linux 以开放性、高效性和灵活性著称，是一个支持多用户、多进程、多线程，实时性较好且稳定的操作系统
EOS	1978	EOS 操作系统是指用于嵌入式系统的操作系统，通常包括与硬件相关的底层驱动软件、系统内核、设备驱动接口、通信协议、图形界面、标准化浏览器等。EOS 操作系统负责嵌入式系统的全部软硬件资源的分配、任务调度，控制、协调并发活动，具有系统内核小、专用性强、系统精简、高实时性、支持多任务以及需要开发工具和环境等特点
平板电脑操作系统	2010	目前市场上所有的平板电脑基本都使用以下 3 种操作系统之一，分别是 iOS、Android、Windows 8/10。iOS 是由 Apple 公司开发的手持设备操作系统，应用于产品，系统是封闭的，并不开放。Android 是谷歌（Google）公司推出的基于 Linux 的软件平台和操作系统，主要用于移动设备，是目前国内平板电脑最主要的操作系统。Microsoft 推出了自己开发的平板电脑系统 Windows 8/10，该系统支持来自 Intel、AMD 和 ARM 的芯片架构，宗旨是让人们的日常计算机操作更加简单和快捷

2. 计算机语言

计算机只能按照人的意图、人规定的操作步骤去工作。为了使计算机理解人的意图，人和计算机之间就必须有交流信息的语言，这种语言被称为计算机语言或程序设计语言。计算机语言通常分为机器语言、汇编语言和高级语言 3 类。

（1）机器语言。机器语言是一种用二进制代码"0"和"1"来表示计算机基本指令，能被计算机直接识别和执行的语言。例如，某机器语言中的指令 1011011000000000 的作用是让计算机进行一次加法运算；指令 1011010100000000 是让计算机进行一次减法运算等。要处理一个问题，需要编写由很多条类似的指令所组成的程序。这种程序称为机器语言程序，能被计算机直接执行，而且执行速度快。但是，用机器语言（又称低级语言）编写程序烦琐、枯燥、直观性差，检查和调试都比较困难。机器语言程序依赖机器硬件，在不同的计算机上是不能通用的。

（2）汇编语言。为了克服机器语言读写的困难，20 世纪 50 年代初人们发明了汇编语言。汇编语言采用助记符来表示机器指令，也称为符号语言。用汇编语言比用机器语言中的二进制代码编程要方便得多，在一定程度上简化了编程工作，而且容易记忆和检查。但汇编语言仍依赖机器的硬件，仍是一种低级语言。

（3）高级语言。高级语言是一种接近人的语言和数学描述语言的程序设计语言。它不再依赖于特定的机器硬件，而且易学易懂。C 语言、C++、Java 和.net 等都是目前流行的高级程序设计语言。

在用高级语言设计程序时，程序包含各种各样的语句，每种语句的功能隐含一串指令。但是计算机只能识别机器语言程序，不能识别和执行用高级语言编写的程序，因此必须要有翻译，即把用高级语言编写的程序（高级语言源程序）翻译成机器语言形式的目标程序后，计算机才能执行。这种翻译通常有两种方式：编译方式和解释方式，分别由编译程序和解释程序来完成。编译程序将指定的高级语言源程序翻译成机器指令表示的目标程序（这一过程称为编译）。解释程序是逐句对高级语言源程序进行翻译，翻译一句计算机执行一句，即边解释边执行（这一过程称为解释）。

3. 应用软件

应用软件是指专门为用户开发和设计的，用来解决具体问题的各类软件。由于计算机已经被应用到各个领域，因此应用软件也是多种多样的。常见的应用软件有以下几种。

（1）办公软件。办公软件用于文字处理、表格制作、幻灯片制作、图片处理、数据库存储等。目前办公软件发展很快，很多系列的办公软件应用范围都很广，办公、教学、统计等领域都使用办公软件，Office办公软件组合和WPS目前比较流行。办公软件组合包括Word、Excel、Access、Powerpoint、Project、Outlook、Publisher、Virtual PC、Entourage、Web Apps、Lync、Mobile，以上这些软件都是常用办公软件。其他一些软件，如Photoshop、Foxmail、MSN、AutoCAD、3D Studio Max等也是常用办公软件。

（2）信息管理软件。信息管理软件用于输入、存储、修改、检索各种信息，如工资管理软件、人事管理软件、仓库管理软件、计划管理软件等。这种软件发展到一定水平后，各个单项的软件会相互联系起来，计算机和管理人员组成一个和谐的整体，各种信息在其中合理地流动，从而形成一个完整、高效的管理信息系统（Management Information System，MIS），目前比较常用的信息管理软件有OA、ERP、CRM、HR、EAM、SCM等。

（3）辅助设计软件。辅助设计软件用于高效地绘制、修改工程图样，进行设计中的常规计算，帮助找到更好的设计方案，目前流行的辅助设计软件有SolidWorks、AutoCAD等。

（4）实时控制软件。实时控制软件用于随时搜集生产装置、飞行器等的运行状态信息，并以此为依据按预定的方案实施自动或半自动控制，以确保其安全、准确地完成任务。

（5）多媒体软件。多媒体软件用于把文本、图形、图像、动画和声音等形式的信息结合在一起，并通过计算机对其进行综合处理和控制，支持完成一系列交互式操作。

习 题

一、单项选择题

1. 下列各种进制的数中最小的数是（　　）。
   A. 52Q　　　　　B. 2BH　　　　　C. 44D　　　　　D. 101001B
2. 与十六进制数（2AH）等值的十进制数是（　　）。
   A. 20　　　　　B. 42　　　　　C. 34　　　　　D. 40
3. 下列字符中，ASCII码值最大的是（　　）。
   A. Y　　　　　B. y　　　　　C. A　　　　　D. a
4. 通常在微型计算机内部，"安徽"2个字占（　　）字节。
   A. 1　　　　　B. 2　　　　　C. 3　　　　　D. 4
5. 计算机主要配置由（　　）、CPU、键盘、显示器组成。
   A. 存储器　　　　　B. 鼠标　　　　　C. 主机　　　　　D. 打印机
6. 在计算机领域中，所谓"裸机"是指（　　）。
   A. 单片机　　　　　　　　　　B. 单板机
   C. 没有安装任何软件的计算机　　D. 只安装了操作系统的计算机
7. 计算机系统软件中的核心软件是（　　）。
   A. 语言处理系统　　　　　　　B. 服务系统

C. 操作系统　　　　　　　　　　　D. 数据库系统

8. 将高级语言的源程序变为目标程序要经过（　　　）。

　　A. 汇编　　　　　B. 解释　　　　　C. 编辑　　　　　D. 编译

9. 在计算机内存中，每个基本单位都被赋予一个唯一的序号，这个序号称为（　　　）。

　　A. 地址　　　　　B. 编号　　　　　C. 容量　　　　　D. 字节

10. 微型计算机内，配置高速缓冲存储器（Cache）是为了解决（　　　）。

　　A. 内存与辅助存储器之间速度不匹配的问题

　　B. CPU 与内存储器之间速度不匹配的问题

　　C. CPU 与辅助存储器之间速度不匹配的问题

　　D. 主机与外设之间速度不匹配的问题

11. 微型计算机中，基本输入输出系统 BIOS 是（　　　）。

　　A. 硬件　　　　　B. 软件　　　　　C. 总线　　　　　D. 外围设备

12. 微型计算机中，硬盘分区的目的是（　　　）。

　　A. 将一个物理硬盘分为几个逻辑硬盘　　　B. 将一个逻辑硬盘分为几个物理硬盘

　　C. 将 DOS 系统分为几个部分　　　　　　D. 一个物理硬盘分成几个物理硬盘

13. 下列各项中，不属于多媒体硬件的是（　　　）。

　　A. 视频采集卡　　B. 声卡　　　　　C. 网银 U 盾　　　D. 摄像头

14. 下列选项中，属于视频文件格式的是（　　　）。

　　A. MP4　　　　　B. JPEG　　　　　C. MP3　　　　　D. WMA

15. 在计算机的数据库系统中，英文缩写 DBMS 是指（　　　）。

　　A. 数据库　　　　B. 数据库系统　　C. 数据库管理系统　D. 数据

16. 在关系数据库中，实体集合可看作一张二维表，则实体的属性是（　　　）。

　　A. 二维表　　　　B. 二维表的行　　C. 二维表的列　　D. 二维表中的一个数据项

二、多项选择题

1. 计算机未来的发展方向为（　　　）。

　　A. 多极化　　　　B. 网络化　　　　C. 多媒体化　　　D. 智能化

2. 在计算机中采用二进制数主要是因为（　　　）。

　　A. 可行性　　　　B. 运算规则简单

　　C. 逻辑性　　　　D. 实现相同功能所使用的设备最少

3. 在下列有关计算机操作系统的叙述中，正确的有（　　　）。

　　A. 操作系统属于系统软件

　　B. 操作系统只负责管理内存储器，而不管理外存储器

　　C. UNIX 是一种操作系统

　　D. 计算机的处理器、内存等硬件资源也由操作系统管理

4. 在下列关于计算机软件系统组成的叙述中，错误的是（　　　）。

　　A. 软件系统由应用程序和数据组成　　　　B. 软件系统由软件工具和应用程序组成

　　C. 软件系统由软件工具和测试软件组成　　D. 软件系统由系统软件和应用软件组成

5. 微型计算机中的 CMOS 主要用于参数设置，下列选项中，（　　　）是 CMOS 的功能。

　　A. 保存系统时间　　B. 保存用户文件

　　C. 保存用户程序　　D. 保存启动系统口令

第2章

Windows 7操作系统

Windows 7 是 Microsoft 公司于 2009 年 10 月推出的基于 Windows Vista 内核的新一代操作系统。Windows 7 的含义是 Windows 第七代操作系统，相较于以往的操作系统，Windows 7 拥有绚丽的界面、方便快捷的触摸屏、快速启动和关闭的功能、强大的错误诊断和修复机制、更高的文件存储效率。

2.1 Windows 操作系统概述

计算机系统由硬件和软件系统两部分组成。操作系统是一台计算机必不可少的系统软件，是用户和计算机硬件系统的接口，也是计算机硬件和其他软件的接口，在计算机系统中具有特别重要的作用。

操作系统的主要任务是管理计算机系统的各种资源，为程序的运行提供良好的环境，以保证程序能有条不紊、高效地运行，并能最大限度地提高系统中各种资源的利用率并方便用户的使用。因此可把操作系统视为计算机系统资源的管理者，它承担着处理机管理、存储器管理、设备管理、文件管理和作业管理五大管理任务。

按照操作系统的发展过程，通常可以将操作系统分为单用户操作系统、批处理操作系统、分时操作系统、实时操作系统、网络操作系统和分布式操作系统六大类。

2.1.1 Windows 操作系统的发展历程

操作系统多种多样，从手机的嵌入式系统到超级计算机的大型操作系统，种类繁多。目前微型计算机上常见的操作系统有 OS/2、UNIX、Linux、Windows、Netware 等。

Windows 操作系统是 Microsoft 公司在 20 世纪 80 年代推出的多用户、多任务图形化操作系统，实现了对 DOS 操作系统的扩充和改进。Windows 操作系统是目前世界上用户最多、兼容性最强的操作系统，它拥有简洁的图形界面、良好的网络和硬件支持、出色的多媒体功能。Windows 操作系统由鼠标和键盘控制，是"有声有色"的操作系统，它改变了人们使用计算机的习惯，使人机交互更加方便、快捷。

Windows 操作系统的发展历程如表 2-1 所示。

表 2-1 Windows 操作系统的发展历程

Windows 版本	发布时间	特点
Windows 1.0	1985—1987 年	Windows 系列的第一个产品，第一次对 PC 操作平台进行了用户图形界面的尝试，从本质上宣告了 MS-DOS 操作系统的终结
Windows 2.0	1987 年	比起 Windows 1.0 有不少进步，开始支持 VGA 显示标准，这为 Windows 的广泛应用打开了大门，但系统尚不完善，效果不好
Windows 3.0	1990—1994 年	具有图形化界面，具有强大的内存管理功能，增加了对象链接与嵌入（Object Link and Embedding，OLE）技术和多媒体技术，被誉为"多媒体的 DOS"
Windows 95	1995 年	脱离 DOS 系统独立运行，采用 32 位处理技术，引入即插即用功能，支持 Internet
Windows NT	1996 年	32 位操作系统，多重引导功能，可与其他操作系统共存，实现了"抢先式"多任务和多线程操作，支持多 CPU 系统，可与各种网络操作系统实现互操作
Windows 98	1998 年	支持 FAT32 文件系统，增强了多媒体功能，整合了 Microsoft 的 Internet 浏览器技术，使得访问 Internet 资源就像访问本地硬盘一样方便
Windows 2000	1999 年	即 Windows NT 5.0，是 Microsoft 为解决 Windows 98 系统的不稳定和 Windows NT 的多媒体支持不足的问题而研发的。该系统稳定、安全、易于管理
Windows ME	2000 年	集成了 Internet Explorer 5.5 和 Windows Media Player 7，主要增加的功能包括系统恢复、通用即插即用（Universal Plug and Play，UPnp）、自动更新等

续表

Windows 版本	发布时间	特点
Windows XP	2001 年	纯 32 位操作系统，更加安全稳定，兼容性、易用性更好，具有更加华丽的界面与更加丰富多彩的娱乐功能，运行速度得到极大的提高，管理更方便更快捷
Windows Server 2003	2003 年	对活动目录、组策略操作和管理、磁盘管理等面向服务器的功能进行了较大改进，对.NET 技术的完善支持进一步扩展了服务器的应用范围
Windows Vista	2007 年	第一次在操作系统中引入了"Life Immersion"概念，即在系统中集成许多人性的因素，一切以人为本，使操作系统尽最大可能贴近用户、了解用户的感受，从而方便用户使用
Windows Server 2008	2008 年	是非常灵活、稳定的 Windows Server 操作系统，加入了包括 Server Core、Power Shell 和 Windows Deployment Services 在内的新功能，并加强了网络和群集技术
Windows 7	2009 年	主要针对用户个性化的设计、娱乐视听的设计、应用服务的设计、用户易用性的设计以及笔记本电脑的特有设计等几个方面进行改进，新增了很多特色的功能

2.1.2 Windows 7 的特点

Windows 7 相对于旧版本，具有以下特征。

（1）使用更方便。Windows 7 添加了许多方便用户的设计，如快速最大化、窗口半屏显示、跳跃列表、系统故障快速修复等。

（2）Aero 特效。Windows 7 的 Aero 效果更华丽，有碰撞效果、水滴效果等。Windows 7 还有丰富的桌面小工具。

（3）搜索和使用信息更简单。Windows 7 使搜索和使用信息更加简单，包括本地、局域网和互联网搜索功能，直观的用户体验更加高级。

（4）连接更容易。Windows 7 进一步增强了移动工作能力，无论何时、何地，任何设备都能访问数据和应用程序。无线连接、管理和安全功能进一步拓展。

（5）资源消耗更少。Windows 7 的资源消耗较少，笔记本电脑的电池续航能力大幅增强，同时执行效率更胜一筹。

Windows 7 操作系统的版本主要有以下 4 个。

❑ Windows 7 Home Basic（家庭普通版）。Windows 7 Home Basic 支持任务栏、快速显示桌面、桌面小工具、快速切换投影和部分 Windows 触控等全新功能。该版本同时限制了很多功能，如不包括半透明玻璃窗口、Aero 桌面透视、Aero 桌面背景幻灯片切换、截图工具、媒体中心、加入域和组策略及 Windows XP 模式等功能。

❑ Windows 7 Home Premium（家庭高级版）。Windows 7 Home Premium 可满足家庭娱乐需求，包含所有桌面增强和多媒体功能，如 Aero 特效、多点触控功能、媒体中心、建立家庭网络组、手写识别等，该版本同样限制了一些功能，如不包括高级备份（备份到网络和组策略）和加密文件系统等安全性功能，不支持 Windows 域、Windows XP 模式、多语言界面等面向办公的功能。

❑ Windows 7 Professional（专业版）。Windows 7 Professional 可满足办公需求，该版本包含网络备份、位置感知打印、加密文件系统、演示模式和 Windows XP 模式等功能。

❑ Windows 7 Ultimate（旗舰版）。Windows 7 Ultimate 拥有上述全部功能，面向高端用户和软件爱好者。

2.2　Windows 7 的基本操作

Windows 7 是一种基于视窗的操作系统，系统中的所有操作都可以通过键盘和鼠标来完成。熟练掌握基本操作是正确运行系统的基础，主要包括鼠标和键盘操作、桌面操作、窗口操作、菜单操作及对话框操作等。

2.2.1　Windows 7 的启动和退出

1. 启动 Windows 7

Windows 7 操作系统安装完成后，可通过如下操作步骤启动。

（1）首先打开显示器的电源开关，然后打开主机的电源开关。

（2）加载操作系统程序后，进入欢迎界面。

（3）如果用户计算机设有登录密码，将显示密码输入界面，如图 2-1 所示，输入当前用户的登录密码，进入操作系统桌面，即可完成操作系统登录。否则将直接进入操作系统桌面，完成登录。

2. 关机

计算机的关机有别于其他电器设备，不能直接断电，否则会导致数据丢失甚至硬件损坏。关机的正确步骤是先单击"开始"按钮打开"开始"菜单，再单击"关机"按钮。此时系统会先关闭正在运行的程序并保存系统设置，然后自动断开计算机电源。关机界面如图 2-2 所示。

图 2-1　密码输入界面

图 2-2　关机界面

3. 睡眠

睡眠是 Windows 7 内置的一种节能模式。通过单击"关机"右侧的下拉按钮，可以选择睡眠模式。进入睡眠模式的计算机，内存保持供电，其他部件全部停止工作，整台计算机处于最低功耗状态。由于当前数据全部保存在内存中，当用户需要再次使用计算机时，系统能快速切换回进入睡眠模式前的状态。

如果用户使用的是便携式计算机，当系统检测到计算机的电池电量不足时，会自动将当前的工作状态全部保存在硬盘上，从而有效防止因为电池电量耗尽而导致数据丢失的现象发生。

2.2.2　鼠标和键盘操作

1. 鼠标操作

鼠标是 Windows 操作系统环境下操作计算机的一个重要工具。鼠标的使用使计算机的操作更加简便，Windows 7 系统中的大部分操作都可以通过鼠标操作来完成。

根据按键数量，鼠标可分为两键、三键与多键 3 类；按照工作原理，鼠标可分为机械式鼠标和光电式鼠标。

鼠标的基本操作有以下几种。

（1）移动。移动指在不按任何鼠标键的情况下移动鼠标。移动操作的目的是使屏幕上的鼠标指针指向要操作的对象或位置。

（2）指向。把鼠标指针移动到某一对象上，一般可以用于激活对象或显示提示信息。

（3）单击。在将鼠标指针指向操作对象或操作位置后，敲击鼠标左键，可选定某个对象或某个选项、按钮等。

（4）双击。在将鼠标指针指向操作对象或操作位置后，连续两次快速地敲击鼠标左键，可启动程序或窗口。

（5）右击。在将鼠标指针指向操作对象或操作位置后，敲击鼠标右键，一般会弹出对象的快捷菜单。

（6）拖动。拖动分为左拖动和右拖动两种。左拖动，在将鼠标指针指向操作对象或操作位置后，按住鼠标左键不放并移动鼠标指针，常用于操作滚动条、标尺滑块或复制、移动对象。右拖动，在将鼠标指针指向操作对象或操作位置后，按住鼠标右键不放并移动鼠标指针，常用于移动、复制或创建快捷方式。

（7）滚动：对带有滚轮的鼠标，可以上下滚动滚轮。滚动操作通常用于在窗口中浏览内容。

在 Windows 7 操作系统中，在不同的位置和不同的系统状态下，鼠标指针形状各不相同，对鼠标的操作要求也不同。表 2-2 中列出了 Windows 7 中常见的鼠标指针形状及对应的系统状态。

表 2-2　鼠标指针与对应的系统状态

指针形状	系统状态	指针形状	系统状态
↖	标准选择	↕	垂直调整
↖?	帮助选择	↔	水平调整
↖○	后台运行	⤡	沿正对角线调整
○	忙	⤢	沿负对角线调整
👆	链接选择	✛	移动
I	选定文本	✎	手写
+	精确选择	⊘	不可用

2. 键盘操作

键盘是计算机必备的外部输入设备，用户编写程序、输入数据及向计算机发出各种命令都需要通过键盘操作完成，而且利用键盘的快捷键可以大大提高工作效率。表 2-3 列出了 Windows 7 系统支持的常用快捷键。

表 2-3　Windows 7 中的常用快捷键

快捷键	说明	快捷键	说明
【Delete】	删除	【Ctrl+Z】	撤销
【Shift+Delete】	永久删除，不放入"回收站"	【Ctrl+A】	选定全部内容
【Ctrl+C】	复制	【Ctrl+Esc】	打开"开始"菜单
【Ctrl+X】	剪切	【Alt+Tab】	在打开的项目之间切换
【Ctrl+V】	粘贴	【Alt+F4】	关闭当前项目或退出当前程序

2.2.3　Windows 7 中的中文输入

中文输入法也称汉字输入法，是指为将汉字输入计算机或手机等设备而采用的编码方法。

常见的汉字输入法主要有两种，一是拼音输入法，二是五笔字型输入法。拼音输入法是以汉语拼音为基础的输入法，用户只要会汉语拼音，就可以通过输入拼音来输入汉字。常见的拼音输入法主要有微软拼音输入法、搜狗拼音输入法、紫光拼音输入法、QQ 拼音输入法等。五笔字型输入法是一种以汉字的构字结构为基础的输入法，它将汉字拆分成基本字根，每个字根都与键盘上的某个字母键相对应。找到字根所在位置，按下相应按键，即可输入汉字。常见的五笔字型输入法有智能五笔输入法、万能五笔输入法和极品五笔输入法等。

Windows 7 安装后默认的输入状态是英文，如要输入汉字，需要通过语言栏进行输入状态切换。语言栏位于任务栏右端，通过它可以快速更改输入的语言状态或键盘布局，可以将语言栏移动到屏幕的任何位置，也可以将其最小化到任务栏或隐藏它。语言栏的一般组成如图 2-3 所示。

图 2-3　语言栏

- 输入法名称框。在输入法名称框中显示了输入法的名称或标志，用于告知用户现在使用的输入法类别。图 2-3 所示为搜狗拼音输入法。
- 中/英文切换按钮。显示中英文的图标，单击该图标可以在中英文之间进行切换。
- 全/半角切换按钮。输入法状态栏中如果显示 ☽ 符号，表示现在处于半角状态中。单击 ☽ 符号，将变为 ● 符号，表示现在处于全角状态中。在全角输入状态中输入的数字、英文字母及标点符号占用的空间是半角状态中的两倍。
- 中/英文标点切换按钮。在输入法状态栏中如果显示 °, 符号，表示现在输入法处于中文标点输入状态中。单击 °, 符号，将变为 ·, 符号，表示现在处于英文标点输入状态中。
- 软键盘切换按钮。单击"软键盘"图标，可以打开或关闭软键盘。使用软键盘可以输入特殊符号、数字符号等。

Windows 7 系统中输入汉字的方法很多，用户可以根据自己的需要使用自己熟悉的中文输入法。输入法的选择可以通过单击通知区的输入法图标，在"输入法"菜单中实现；也可以使用快捷键来实现。当输入过程中需要转换输入法时，按【Ctrl+Shift】组合键可以在各种输入法之间进行切换；按【Ctrl+空格键】组合键可在当前输入法下的中文输入状态和英文输入状态之间进行切换。

目前，使用比较广泛的是搜狗拼音输入法（简称搜狗输入法、搜狗拼音），它是搜狐公司推出的一款汉字拼音输入法软件，是目前国内主流的拼音输入法之一。搜狗输入法采用了搜索引擎技术，是第二代输入法。它的使用界面内容丰富、使用方式灵活，而且拥有超强的互联网词库和对多种输入习惯的兼容性。

要使用搜狗拼音输入法，用户可以先从网上下载安装包，然后根据安装向导进行安装。安装结束后，用户就可以使用该输入法输入单字和词组了。输入单字或词组时，可以使用简拼输入方式，如图 2-4（a）所示，也可以使用全拼输入方式（更精确）。另外，搜狗输入法拥有丰富的专业词库，并能根据最新的网络流行语更新词库，极大地方便了用户的使用。而且用户如果知道特殊符号的名称，如三角形、五角形、对勾等，就可以利用搜狗拼音直接输入，如图 2-4（b）所示，不用去特殊符号库中寻找，从而节省输入时间。

（a）　　　　　　　　　　　　　　　　　（b）

图 2-4　搜狗拼音输入法

2.2.4　桌面及其操作

1. 认识桌面

桌面是 Windows 正常启动后出现的操作界面，是用户主要的工作平台，占据了整个屏幕空间，用户可以将一些常用的程序快捷方式、文件和文件夹放在桌面上。桌面由桌面背景、桌面图标和任务栏组成，如图2-5所示。

图2-5　Windows 桌面

- ❑ 桌面背景。桌面背景是屏幕主体部分显示的图像，可以根据用户的需要进行变换，用于美化屏幕。用户可以使用个人收集的数字图片、Windows 7 提供的图片、纯色或带有颜色框架的图片作为桌面背景，也可以显示幻灯片图片（一系列不停变换的图片）。
- ❑ 桌面图标。桌面图标由一个反映对象类型的图片和相关的文字说明组成。每个图标可以代表某一个工具、程序或文件等。双击这些图标可以打开文件、文件夹或启动某一应用程序。
- ❑ 任务栏。任务栏是位于桌面最下方的水平长条上。任务栏不会被打开的窗口遮挡，它几乎是始终可见的。任务栏一般包括"开始"按钮、快速启动栏、应用程序栏和通知区域 4 个部分。

2. Windows Aero 界面

Windows 7 提供了绚丽多彩的 Aero 界面，用户可以体验任务栏缩略图预览、窗口切换缩略图、Aero Snap、Aero Peek、Aero Shake 及 Flip 3D 等全新功能。

（1）任务栏缩略图预览。在 Windows 7 中，所有打开的窗口都以任务栏按钮的形式表示。如果有若干个打开的窗口，例如，在某个程序中打开多个文件或打开某个程序的若干个实例，Windows 7 会自动将同一程序中打开的窗口分组到一个未标记的任务栏按钮。将鼠标指针指向任务栏按钮可以查看该按钮代表的窗口的缩略图预览。

使用 Aero 桌面透视预览打开的窗口，鼠标指针指向任务栏上的程序按钮，会出现该按钮代表的窗口的缩略图预览。将鼠标指针指向缩略图，此时其他所有打开的窗口都会淡化为透明框架，以突出显示所选的窗口，如图 2-6 所示。

图2-6　任务栏缩略图预览

（2）窗口切换缩略图。在 Windows 7 中，如果需要在不同的窗口之间切换，可以按【Alt+Tab】组合键，这时弹出的窗口如图 2-7 所示，当前打开的每个窗口都显示为一个缩略图，在按住【Alt】键的同时，反复按【Tab】键，可以在窗口之间切换。切换到的窗口的名称会显示在上方，松开按键即可打开需要切换到的窗口。

图 2-7　窗口切换

（3）Aero Snap。Aero Snap 是 Windows 7 中 Aero 桌面改进的一部分，着眼于 Windows 的基本控制。Aero Snap 的出现使用户只需移动鼠标指针，甚至无须单击鼠标即可实现最大化、最小化和并排显示窗口等最基本的操作。如用鼠标选中窗口标题栏并按住鼠标左键不放，将窗口拖至屏幕最上方，当鼠标指针移至屏幕上方的边缘处时，窗口会自动最大化。

（4）Aero Peek。Aero Peek 是 Windows 7 中 Aero 桌面提升的一部分。Aero Peek 具有以下两个基本功能。

❑　通过 Aero Peek，用户可以透过所有窗口查看桌面。

❑　用户可以随时切换到任意打开的窗口，因为这些窗口可以随时隐藏或可见。

（5）Aero Shake。Aero Shake 是 Windows 7 Aero 桌面特效的一部分，可使用 Aero Shake 快速最小化除当前正在晃动的窗口之外的其他所有打开的窗口。此功能可以节约操作时间。用鼠标选中要保持打开状态的窗口的标题栏并按住鼠标左键，迅速前后拖动（或晃动）该窗口，其他打开的窗口会被最小化到任务栏。再次迅速前后拖动（或晃动）打开的窗口即可还原所有最小化的窗口。

（6）Flip 3D。Flip 3D 是 Windows 7 新增的功能，是一种全新的窗口切换方式。Flip 3D 启动后用户可以快速预览所有打开的窗口，系统会把所有打开的窗口以斜角度、三维立体预览窗口的方式显示出来。启动 Flip 3D 有两种方式，按【Windows 徽标键+Tab】组合键或【Ctrl+Windows 徽标键+Tab】组合键，启动后屏幕如图 2-8 所示。

3. 桌面小工具

Windows 7 中包含称为"小工具"的便捷小程序，可以将其添加到桌面上，不仅样式美观，而且具有很强的使用价值。这些小程序可以提供即时信息及访问常用工具的途径。例如，可以使用小工具显示图片幻灯片、查看不断更新的标题或查找联系人。

图 2-8　Flip 3D

（1）添加桌面小工具。可以将计算机上安装的任何小工具添加到桌面上。如果需要也可以添加小工具的多个实例。例如，如果要同时查看两个时区的时间，则可以添加时钟小工具的两个实例，并相应地设置每个实例的时间。添加小工具的操作方法如下：右击桌面，在弹出的快捷菜单中单击"小工具"选项，弹出图 2-9 所示的窗口，然后可以通过双击小工具将其添加到桌面上，也可以通过拖动小工具将其添加到桌面上。

图 2-9　小工具

（2）自定义桌面小工具。在将小工具添加到桌面后，可以根据需要更改选项、调整小工具的大小，设置前端显示、暂时隐藏或移动小工具等。

- ❑　更改选项。右击要更改的小工具，在弹出的快捷菜单中选择"选项"命令。在弹出的对话框中，可以对小工具进行相应的设置。例如，在时钟小工具的选项里，可以选择时区，但有些小工具可能没有选项。
- ❑　调整小工具的大小。右击要调整大小的小工具，在弹出的快捷菜单中选择"大小"命令，选择此小工具的大小。但有些小工具不能调整大小，如时钟。
- ❑　前端显示。可以将某个小工具的位置始终保持在打开窗口的前端，以便这些小工具始终可见。可通过右击此小工具，在弹出的快捷菜单中选择"前端显示"命令实现；取消前端显示的方法是取消勾选"前端显示"复选项。

- 隐藏小工具。如果需要暂时隐藏桌面小工具，可右击桌面，在弹出的快捷菜单中选择"查看"命令，取消选中"显示桌面小工具"复选项。隐藏小工具不会从桌面删除小工具。
- 移动小工具。默认情况下，小工具彼此"粘住"并位于屏幕的右边缘。但是可以更改小工具的顺序，也可以将其移动到桌面上的任意位置，用鼠标将小工具拖动到桌面上的新位置即可。如果有两个或多个监视器，可以将小工具放到其中任何一个监视器上。

（3）删除桌面小工具。在需要删除的小工具上右击，然后在弹出的快捷菜单中选择"关闭小工具"命令即可实现删除，如图 2-10 所示。

4. 桌面对象的排列

桌面对象有多种排列方式，可以按照下述步骤更改桌面对象的排列方式。

（1）在桌面空白处右击，弹出快捷菜单。

（2）鼠标指针指向快捷菜单中的"排序方式"菜单项，会出现"排序方式"子菜单，如图 2-11 所示，单击其中一项命令即可选择相应的排序方式。

图 2-10　关闭小工具

图 2-11　"排序方式"子菜单

5. 任务栏

任务栏位于屏幕的最底部，一般包括"开始"菜单、快速启动栏、应用程序栏和通知区域 4 个部分，如图 2-12 所示。用户可以自定义任务栏的外观。

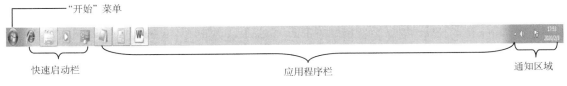

图 2-12　任务栏

- "开始"菜单。Windows 7 的"开始"菜单中集成了系统的所有功能，Windows 7 的所有操作都可以从这里开始。单击"开始"按钮即弹出"开始"菜单。
- 快速启动栏。快速启动栏用于快速启动应用程序。单击相关的按钮，即可打开相应的应用程序。当鼠标指针停在某个按钮上时，会显示相应的提示信息。
- 应用程序栏。应用程序栏用于放置已经打开的窗口的最小化按钮，其中反白显示的按钮代表当前窗口。如果用户要激活其他的窗口，只需单击代表相应窗口的按钮即可。
- 通知区域。在该区域中显示了时间指示器、输入法指示器、音量控制指示器和系统运行时常驻内存的应用程序图标。时间指示器显示系统当前的时间；输入法指示器用来帮助用户快速选择输入法；音量控制指示器用于调整扬声器的音量大小。

在任务栏区域一般可进行如下操作。

（1）设置任务栏。在任务栏上的空白处右击，在弹出的快捷菜单中选择"属性"命令，打开"任务栏和「开始」菜单属性"对话框，选择"任务栏"选项卡，如图2-13所示。

图2-13   "任务栏"选项卡

❑ 锁定任务栏。若选中此复选项，任务栏将固定放置在屏幕的最底部；若取消选中此复选项，则可以通过拖动的方法来改变任务栏的宽度、高度和形状。

❑ 自动隐藏任务栏。勾选此复选项后，当鼠标指针移至任务栏所在位置时，系统立即显示任务栏。当鼠标指针离开任务栏，任务栏就会自动隐藏。

❑ 使用小图标。若勾选该复选项，任务栏的高度将会变小，同时任务栏按钮也将变小。

❑ 屏幕上的任务栏位置。单击下拉按钮，可从下拉列表框中选择任务栏的显示位置。

❑ 任务栏按钮。单击下拉按钮，就可从下拉列表框中选择任务栏按钮的显示方式。

❑ 使用 Aero Peek 预览桌面。选中此复选项后，将鼠标指针移动到任务栏末端的"显示桌面"按钮上时，能暂时查看桌面。

（2）添加快速启动栏项目。在 Windows 7 中，可以在任务栏中添加程序的快速启动按钮，方法是：打开"开始"菜单，右击相应程序，在弹出的快捷菜单中选择"锁定到任务栏"命令。

（3）设置通知区域。在任务栏上方的空白处右击，在弹出的快捷菜单中选择"属性"命令，打开"任务栏和「开始」菜单属性"对话框，选择"任务栏"选项卡，单击"自定义"按钮，在窗口中可以通过选择下拉列表中的选项来控制是否显示图标和通知或仅显示通知。

（4）Jump List（任务栏跳转列表）。Jump List 是 Windows 7 新增的功能，用于保存程序的历史记录。用户通过右击 Windows 7 任务栏上的程序图标或"开始"菜单可以快速访问常用的文档、图片、歌曲或网站。Jump List 中的内容完全取决于程序本身，比如用于 Internet Explorer 的 Jump List 会显示经常查看的网站，Windows Media Player 的 Jump List 会列出经常播放的曲目。用户还可以锁定要收藏或经常打开的文件。

图2-14   任务栏的 Jump List

右击 Windows 7 任务栏上的文件夹图标即可打开 Jump List，如图2-14所示。

2.2.5   窗口及其操作

1. 认识窗口

窗口在 Windows 中随处可见。当打开程序、文件或文件夹时，屏幕上都会显示窗口。窗口通常包括标题栏、菜单栏、工具栏、地址栏、搜索框、导航窗格、内容显示窗格、详细信息窗格、滚动条以及最大化、最小化、关闭、前进和后退等按钮。图2-15所示为一个典型的窗口的一般组成。

❑ 标题栏。位于窗口的最上部，左端有控制菜单按钮和当前窗口的名称，右端有最小化、最大化或还原、关闭按钮。

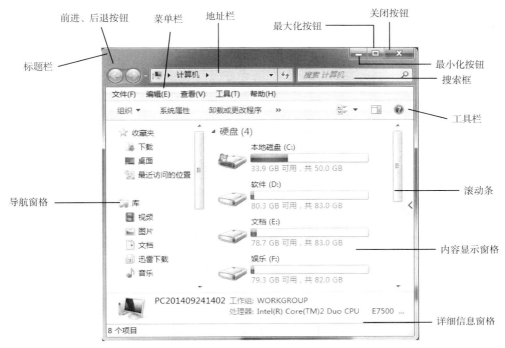

图 2-15　窗口的一般组成

□　菜单栏。在标题栏的下面，提供了用户在操作过程中要用到的各种访问途径。

□　工具栏。提供一些常用的功能按钮。

□　地址栏。显示窗口或文件所在的位置。

□　搜索框。用于搜索相关的程序或文件，输入内容后，按回车键就可得到相应的结果。

□　导航窗格。显示当前文件夹中所包含的可展开的文件夹列表。

□　内容显示窗格。用于显示信息或供用户输入资料的区域。

□　详细信息窗格。用于显示程序或文件（夹）的详细信息。

□　滚动条。当工作区域的内容太多而不能全部显示时，窗口将自动出现滚动条，用户可以通过拖动水平或垂直的滚动条来查看所有的内容。

2．窗口的基本操作

（1）窗口的移动。拖动窗口的标题栏即可。拖动时注意鼠标指针不要指向标题栏的控制图标、最小化按钮、最大化按钮或关闭按钮。

（2）窗口的最小化。单击最小化按钮即可。窗口最小化后，在桌面上看不到该窗口，但任务栏上对应的按钮仍然存在。单击任务栏上的对应按钮，窗口会重新出现。

（3）窗口的最大化。单击最大化按钮即可。窗口最大化后，即占据整个屏幕，同时最大化按钮变成还原按钮。单击还原按钮，窗口将回到最大化之前的状态。窗口的最大化及还原也可以通过双击标题栏来实现。

（4）窗口大小的改变。水平拖动窗口的垂直边，可以横向改变窗口的大小；垂直拖动窗口的水平边，可以纵向改变窗口的大小；拖动窗口的 4 个对角，可以同时改变窗口的横向、纵向的大小。最大化的窗口不能改变大小。

（5）窗口内容的浏览。一般情况下，窗口内容的浏览当然不是问题，因为它们都显示在窗口工作区中。但当窗口内容较多，窗口工作区不能将其全部显示出来时，浏览当前未显示出的内容就应当借助窗口的垂直或水平滚动条了。操作滚动条时，可以单击滚动条两端的三角形按钮，也可以直接拖动滚动条中间的滑动块。通过水平滚动条可以实现内容的左右浏览，通过垂直滚动条可以实现内容的上下浏览。

（6）窗口的关闭。单击关闭按钮即可关闭窗口。窗口关闭后，任务栏上的对应按钮也随之消失。

3. 多窗口的有关操作

同时启动多个软件，桌面上就会出现多个窗口。多窗口的基本操作有以下几项。

（1）窗口的切换。当用户打开多个窗口时，任务栏中会显示各个窗口所对应的以最小化形式显示的程序按钮，通过单击这些按钮可以在各个窗口间进行切换。

通过快捷键也可以实现窗口之间的相互切换。按【Alt+Tab】组合键，会弹出一个切换窗口，如图 2-16 所示。此时按住【Alt】键不放，按【Tab】键将依次切换窗口，选择所需的窗口即可。

图 2-16　多窗口切换

（2）窗口的自动排列。当用户打开的窗口太多时，桌面会显得非常零乱，此时有必要对窗口进行排列。在任务栏的空白处右击，在弹出的快捷菜单中可以选择"层叠窗口""堆叠显示窗口""并排显示窗口"这 3 种排列方式中的一种对窗口进行排列，如图 2-17 所示。

（3）显示桌面（最小化所有窗口）。在任务栏的空白处右击，在弹出的快捷菜单中可以选择"显示桌面"命令。

图 2-17　窗口的自动排列

2.2.6　对话框及其操作

1. 认识对话框

对话框是一种特殊的窗口，是用户和 Windows 系统交流的桥梁。当程序或 Windows 系统需要用户进行响应时，屏幕上经常会出现对话框。图 2-18 所示为一个典型的对话框。

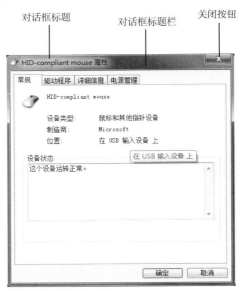

图 2-18　Windows 对话框

虽然对话框和窗口看上去有些相似，但是它们之间有很多不同。例如，对话框的标题栏没有控制图标、最小化按钮和最大化按钮；对话框没有菜单栏、工具栏；对话框的大小不可调整。

2. 对话框的常见控件

在对话框中，进行设置的各种操作对象统称为控件。表 2-4 列出了一些常见控件的名称、外观和功能。

表 2-4　常见控件

名称	外观	功能
命令按钮	确定　取消	单击按钮，即执行按钮上的文字所表示的功能。当某一个按钮上的文字呈灰色显示时，表示该按钮当前不可用
文本框	密码	接受内容输入的控件。在向文本框中输入内容时，首先应在文本框中单击以将光标（表示输入位置的标记，通常为"│"）置于其中
单选项	◉ 只压缩标点符号　○ 不压缩	用来进行内容选择的控件。选择时，直接单击其中的选项即可。被选择的选项前会出现一个黑点 ●
复选项	☑下画线 (U)　□阴影 (A)	表示某项功能选中或不选中的控件。操作时，单击复选项即可。如果复选框内出现"√"号，表示该项功能被选中，否则表示未选中
滑动杆		用来直观地改变某个量的大小的控件。改变时，用鼠标拖动其中的滑动块即可
数值框	4 ⬍	用来改变数值大小的控件。如果要改变数值框中值的大小，可以直接在数值框中输入具体数值，也可以通过其右端的 ⬍ 按钮来改变数值大小
列表框	⊘(无) ACD Wallpaper Bliss	用来进行内容选择的控件。选择时，直接单击其中的内容即可。如果列表框的内容较多，则列表框的右侧会出现一垂直滚动条
下拉列表框	宋体 ⌄	用来进行内容选择的控件。与列表框不同的是，选择前，应单击其右端的下拉按钮以弹出可供选择的列表项
选项卡	任务栏　「开始」菜单	用来形象地表示几个"卡片"叠在一起的控件。要选择某个"卡片"，单击标签名即可

3. 对话框的基本操作

（1）对话框的移动。拖动对话框的标题栏即可。

（2）获取帮助。当不清楚对话框的某个控件功能时可寻求帮助。具体方法为：将鼠标指针移动到对话框中以下划线标注的文字部分，当鼠标指针变成 ⬚ 时单击可获得 Windows 帮助和支持。

（3）当前设置的取消。当想放弃当前改动的设置时，可单击对话框中的"取消"按钮或"关闭"按钮。放弃设置后，对话框随之关闭。

（4）当前设置的生效。为了使对话框当前的改动有效，可单击对话框中的"确定"按钮或"应用"按钮。单击"确定"按钮后对话框随之关闭；单击"应用"按钮后对话框不关闭，可以继续进行对话框的设置。

2.2.7　菜单及其操作

1. 认识菜单

菜单是由菜单项组成的一个列表。列表中的菜单项要么表示具体的功能，要么对应着一个子菜单，如图 2-19

所示。菜单是 Windows 环境下选择操作的一种常见形式和途径，使用菜单的过程就是选择相应菜单项的过程。Windows 中，典型的菜单有"开始"菜单、快捷菜单和菜单栏菜单。

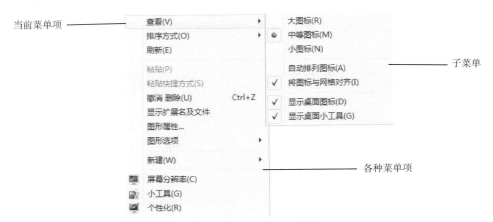

图2-19　Windows 菜单

2．菜单项的约定

（1）菜单项呈灰色显示表示当前不可以使用。

（2）带省略号的菜单项表示选择后会出现对话框。

（3）右边带三角形按钮的菜单项表示它不是具体的功能，对应有可进行进一步选择的子菜单。

（4）开关菜单项。开关菜单项是表示相应功能有没有选中的菜单项。选中时，菜单项前面出现圆点；未选中时，前面没有圆点。

（5）菜单项的热键。菜单项后括号里的字母表示该字母键是菜单项的热键。热键指通过键盘选择菜单项时所使用的按键。

（6）菜单项的快捷键。菜单项后提示的功能键（如【Ctrl+N】组合键）是该菜单项的快捷键。快捷键是通过键盘选择菜单项的一种方法。通常只有常用菜单项才有对应的快捷键。

（7）菜单中的菜单项根据功能进行分类，彼此之间用分隔线分隔。

3．"开始"菜单

"开始"菜单是计算机程序、文件夹和设置的主门户，它提供了一个选项列表，包含了计算机中所有安装程序的快捷方式。用户可以便捷地通过"开始"菜单访问程序、搜索文件，并且可以自定义"开始"菜单。

单击任务栏左边的"开始"按钮，打开"开始"菜单。"开始"菜单分为左窗格、搜索框和右窗格3个部分，如图2-20所示。

（1）左窗格。左窗格是显示计算机中的程序的一个短列表，由"固定程序"列表、"常用程序"列表、"所有程序"菜单组成。

"固定程序"列表在默认状态下是空白的，用户可以根据自己的需要添加新的程序。选择相应程序，右击，在弹出的快捷菜单中选择"附到「开始」菜单"命令即可完成操作。如需

图2-20　"开始"菜单

删除固定程序列表中的程序，在"开始"菜单中右击要删除的程序，在弹出的快捷菜单中，选择"从「开始」菜单解锁"命令即可。

"常用程序"列表中存放的是用户最近用过的一些程序，并且会按照程序打开的先后顺序依次排列，在系统默认情况下，最多可以显示 10 个图标，但这一数值可以修改。具体方法是：首先在任务栏上的空白处右击，在弹出的快捷菜单中选择"属性"命令；然后打开"任务栏和「开始」菜单属性"对话框，单击"「开始」菜单"选项卡，在打开的"自定义「开始」菜单"对话框中，修改对话框下方的"「开始」菜单大小"数值框的值即可。

若要清除最近打开的程序，在"任务栏和「开始」菜单属性"对话框中取消选中"存储并显示最近在「开始」菜单中打开的程序"复选项，然后单击"确定"按钮即可。若要清除最近打开的文件，取消选中"存储并显示最近在「开始」菜单和任务栏中打开的项目"复选项，然后单击"确定"按钮即可。

"所有程序"菜单存放计算机中用户安装的所有应用程序。单击"所有程序"后，系统以类似"文件夹树"的形式将所有内容都显示在一个菜单中，"所有程序"变成"返回"选项。这样的设计既节约屏幕空间，用户又不用担心点错。

（2）搜索框。搜索框位于左窗格的底部，通过在搜索框内输入搜索项，用户可以快捷地在计算机上查找所需的程序和文件。搜索是动态进行的，还没有输入完关键字的时候，搜索就已经开始了。搜索框的搜索遍及用户计算机的程序、文档、图片、桌面及其他常见位置中的所有文件夹。例如，在快速搜索框中输入"windows"，这时就会显示出所有包含"windows"字样的程序，如图 2-21 所示。用搜索框除了可以搜索应用程序之外，还可以搜索文件和网络。

（3）右窗格。右窗格提供对常用文件夹、文件、图片和控制面板等的访问途径，也可以通过右窗格查看帮助信息，注销 Windows 或关闭计算机。

用户可以对右窗格进行自定义设置，操作步骤是：首先在任务栏上的空白处右击，在弹出的快捷菜单中选择"属性"命令；然后打开"任务栏和「开始」菜单属性"对话框，单击"「开始」菜单"选项卡，在打开的"自定义「开始」菜单"对话框中，可以根据需要选择右侧窗格项目的状态（不显示此项目、显示为菜单或显示为链接）；最后单击"确定"按钮确认修改即可。用户可以根据自己的习惯，通过勾选"最近使用的项目"，在开始菜单右窗格中增加"最近使用的项目"菜单项，方便快速定位文件，让办公更方便，但也可能泄露个人隐私。

"开始"菜单显示出来后，菜单项的选择方法如下。

① 鼠标方式。移动鼠标指针指向相应菜单项，如果该菜

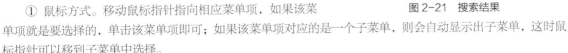

图 2-21　搜索结果

单项就是要选择的，单击该菜单项即可；如果该菜单项对应的是一个子菜单，则会自动显示出子菜单，这时鼠标指针可以移到子菜单中选择。

② 键盘方式。按【↑】或【↓】键移动蓝带到相应菜单项，通过回车键进行选择。如果该菜单项对应的是一个子菜单，则按回车键后（也可以按【→】键）会出现子菜单。要从子菜单返回到上级菜单可以按【Esc】键或【←】键。

在 Windows 7 中，为了快速访问每天使用的项目，"开始"菜单也有 Jump List。打开"开始"菜单后，鼠标指针指向靠近"开始"菜单顶部的某个锁定的程序或最近使用的程序，然后指向或单击该程序旁边的三角形按钮。这时"开始"菜单的 Jump List 显示如图 2-22 所示。"开始"菜单的 Jump List 的操作方法和任务栏的 Jump List 的操作方法是一样的。

4．快捷菜单

在屏幕上的某个对象（或位置）上右击，通常会弹出菜单，该菜单称为该对象（或位置）的快捷菜单。快捷菜单中列出了和右击对象（或位置）相关的一些功能。

当要对某个对象（或位置）进行操作而又不知从何下手时，可以通过其快捷菜单进行。快捷菜单中菜单项的选择方法与"开始"菜单相同。

5．菜单栏菜单

菜单栏菜单存在于窗口中，是 Windows 系统提供的一种主要操作途径。菜单栏菜单由水平的条形菜单和垂直的下拉菜单组成，如图 2-23 所示。

（1）条形菜单操作。条形菜单的菜单项通常都对应着一个下拉菜单。条形菜单的菜单项的选择可以通过鼠标单击，也可以通过键盘操作：按【Alt】键激活条形菜单，按【→】或【←】键移动蓝带到相应菜单

图 2-22　"开始"菜单的 Jump List

项，按回车键进行选择；或者在条形菜单被激活后，直接通过菜单项的热键来选择。

（2）下拉菜单操作。下拉菜单显示出来后，其菜单项的选择与"开始"菜单相同，按【Esc】键可以取消显示下拉菜单。

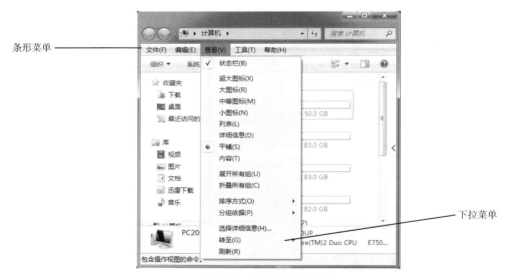

图 2-23　菜单栏菜单的组成

2.2.8　注销与切换用户

Windows 7 是一种多用户操作系统，支持多个不同的账号登录并使用同一台计算机。如果使用某个账号登录这台计算机以后，又需要使用另外的账号进行登录，可以通过"注销"界面来完成。单击"开始"按钮，单击"关机"按钮右侧的三角形按钮选择"注销"命令，如图 2-24 所示。

选择"注销"命令后，系统把当前用户打开的全部程序关闭，然后进入开机时的用户登录界面，用户可以

选择不同账号重新登录。

图 2-24 选择"注销"命令

选择"切换用户"命令，系统将不关闭当前用户的应用程序直接进入登录界面供用户重新登录。

2.3 Windows 7 的文件和文件夹管理

计算机具有强大的存储功能，能够存储各种各样的信息，各种信息都以文件的形式存放。如果各种类型的文件无规律地存放在计算机中，对其进行查找和处理时会非常困难，因此需要以合理的结构对储存在外存上的文件进行组织管理。

2.3.1 资源管理器

"资源管理器"是一个重要的文件管理工具，可以通过下列方式之一启动。

❑ 右击"开始"按钮，在弹出的快捷菜单中选择"资源管理器"命令。

❑ 单击"开始"按钮，通过"所有程序"|"附件"|"Windows 资源管理器"命令进入"资源管理器"窗口。

资源管理器与桌面上的"计算机"图标是一样的，都是管理计算机中资源的途径。另外，双击任何一个文件夹的图标，系统都会通过资源管理器打开并显示该文件夹中包含的内容。资源管理器的窗口如图 2-25 所示。

下面详细介绍资源管理器的各个组成部分。

❑ 标题栏。Windows 7 标题栏右侧有最小化、最大化和关闭 3 个按钮。左上角区域没有图标，但是右击时会显示菜单，可进行还原和关闭等操作，双击此区域可以实现窗口最大化与还原的切换。

❑ 地址栏。地址栏位于资源管理器顶部，显示当前文件或文件夹所在的位置。通过单击地址栏中的不同对象，可以直接导航到指定的位置。若要直接转到地址栏中已经可见的文件夹，单击地址栏中的该文件夹的名称即可。可以通过单击相应文件夹按钮旁边的三角形按钮选择这个文件夹下的子文件夹，使切换文件夹变得更加方便。单击地址栏中最左边的三角形按钮，会出现常用的系统文件夹，使进入控制面板、网上邻居等位置变得非常方便。

图 2-25　资源管理器窗口

❑ 搜索框。搜索框位于资源管理器的右上部，是标准的 Windows 7 窗口组件，在很多场景中都存在，可以实现方便精确的搜索。

❑ 工具栏。在工具栏左侧除了"组织""共享"等按钮，还会根据不同情况显示其他图标，通过这些图标可以很好地进行资源管理器的布局设置或者修改浏览模式。在工具栏的右侧有"更改视图"和"显示预览窗格"等按钮。

❑ 导航窗格。导航窗格位于资源管理器窗口的左侧，分为 4 个部分，从上至下依次是收藏夹、库、计算机及网络。设计导航窗格的目的是让用户更好地组织、管理及应用资源，提高用户的操作效率。

❑ 内容显示窗格。它是整个资源管理器最重要的组成部分，用于显示当前文件夹中的内容。如果通过在搜索框中输入内容来查找文件，则仅显示与搜索关键字相匹配的文件。

❑ 预览窗格。位于资源管理器窗口的最右侧，用来显示当前选中文件和文件夹的内容。常用的文本文件、图片文件可以直接在这里显示文件内容。例如，若选中一张图片，该窗格中会显示图片的缩略图；若选中一个文本文件，该窗格中就会显示文件的内容。

❑ 详细信息窗格。位于资源管理器窗口的下方，用于显示当前被选中文件或文件夹的尺寸、创建日期、类型和标题等信息，也可以在此编辑文件的部分属性信息。

Windows 7 中的资源管理器相比以前各版本的 Windows 系统主要有以下几个方面的改进。

（1）提供了库这种新的文件管理方式。

（2）文件图标的大小可以实现动态调整，并且在图标上新增了复选项，用一只手操作鼠标就可以完成连续选择或间隔选择。

（3）新增了可以显示当前文件内容的预览窗格，不用打开文件就可知道文件内容。

（4）提供了功能强大的文件过滤器和筛选器。

2.3.2　Windows 7 的文件系统

1. 文件和文件夹

（1）文件。文件是操作系统存储和管理信息的基本单位，是指被赋予名称并存储于磁盘上的信息的集合。

一个计算机程序、一篇文章、一幅照片都是一个文件。

Windows 文件系统中，文件以图标和文件名来标识。任何一个文件都有文件名，文件名是存取文件的依据，即按名存取。文件名通常由基本名和扩展名两部分组成，书写时表示成"基本名.扩展名"，其中扩展名用来表示文件的类型。此外，每个文件都对应一个图标，删除了文件图标即删除了文件，一种类型的文件对应一种特定的图标（也可由用户指定），如图 2-26 所示。

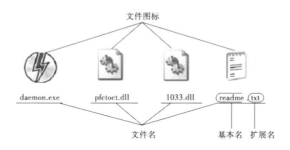

图 2-26　文件图标及文件名

（2）文件夹。文件夹可以理解为用来存放文件的容器，便于用户使用和管理文件。

打开文件夹时，它会以窗口的形式呈现在屏幕上。文件夹关闭时，则会变成一个图标。一个文件夹中不仅可以装入一个或多个文件，还可以装入一个或多个子文件夹，而这些子文件夹中又可以装入一个或多个文件或子文件夹。

2．文件夹的表示

为了准确地表示一个文件夹所在的物理位置，文件夹通常用路径来表示，如表 2-5 所示。

表 2-5　文件夹的表示路径

文件夹	文件夹的表示路径
C 盘根文件夹	C:\
C 盘根文件夹下的 BJ 子文件夹	C:\BJ
C 盘根文件夹下 BJ 子文件夹中的 FC 子文件夹	C:\BJ\FC

3．文件的表示

表示某一文件夹中的某个文件时，首先写出该文件夹的路径，然后写上其文件名。如果该文件夹不是根文件夹，则文件夹路径和文件名之间应加上"\"符号间隔，如表 2-6 所示。

表 2-6　文件的表示

文件	文件的表示
C 盘根文件夹中的 DEF.doc 文件	C:\DEF.doc
C 盘根文件夹下 AB 子文件夹中的 UVX.doc 文件	C:\AB\UVX.doc
C 盘根文件夹下 AB 子文件夹中 FC 子文件夹里的 WJ.doc 文件	C:\AB\FC\WJ.doc

表示文件夹或文件时，文件（夹）名称的字母大小写任意。

2.3.3　文件夹窗口及其操作

1．认识文件夹窗口

文件夹窗口是指双击桌面上的"计算机"图标而打开的窗口及由此衍生出的窗口。图 2-27 所示为某文件夹窗口。

图 2-27　文件夹窗口

文件夹窗口是使用最频繁的窗口。通过文件夹窗口，用户不仅可以查看计算机外存上的文件，还能进行文件和文件夹的有关操作。

2．窗口对象显示方式的设置

窗口对象有"图标""列表""详细信息""平铺""内容"5种显示方式。在"查看"菜单中可以选择需要的显示方式，如图 2-28 所示。

图 2-28　窗口对象的排列与显示

在以"详细信息"方式显示时，系统会将窗口对象的名称、大小、类型和修改日期等各个方面的信息显示

出来。用户可以通过"查看"|"选择详细信息"命令来选择要显示哪方面的信息，具体选项如图 2-29 所示。

3. 窗口对象的排序

可以让窗口对象按一定的要求排序，如按名称排、按类型排、按大小排、按日期排等。

排序可以通过窗口的"查看"|"排序方式"命令进行，如图 2-28 所示；也可以通过窗口快捷菜单（在窗口工作区的空白处右击得到的菜单）的"排序方式"命令进行。

显示方式为"详细信息"时，可以更方便地进行排序操作，如图 2-30 所示。

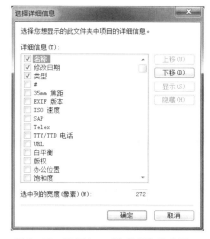

图 2-29　选择窗口对象的详细信息显示

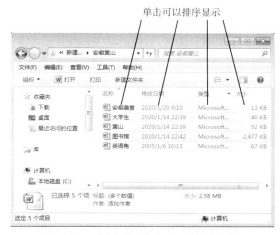

图 2-30　"详细信息"方式下的排序操作

4. 文件夹窗口的其他有关设置

（1）在标题栏中显示完整路径的设置。在标题栏中显示当前文件夹的完整路径能使文件夹的具体位置一目了然。该设置可利用"组织"|"文件夹和搜索选项"或"工具"|"文件夹选项"命令打开"文件夹选项"对话框的"查看"选项卡，选中"在标题栏显示完整路径"复选项来实现，如图 2-31 所示。

（2）文件扩展名的隐藏。文件扩展名可以帮助用户辨别文件类型，当不需要扩展名时也可以把它隐藏起来。该设置可利用"组织"|"文件夹和搜索选项"或"工具"|"文件夹选项"命令打开"文件夹选项"对话框的"查看"选项卡，选中"隐藏已知文件类型的扩展名"复选项来实现，如图 2-31 所示。

5. 窗口对象的选择

在对窗口对象进行操作（如复制、移动等）前，都要先选择对象。Windows 中，窗口对象的选择主要有下列几种情形。

（1）单个对象的选择。直接单击某个对象即可，已选择的对象背景将变成蓝色。

（2）相邻多个对象的选择。可以通过两种方法来实现，一种方法是，在窗口工作区的空白处拖动鼠标，将出现一个虚线框，虚线框所框住的对象即为所选择的对象；另一种方法是，单击选择第一个对象，然后按住【Shift】键不放，再单击另一个对象，两对象间的所有对象均被选择。

（3）不相邻多个对象的选择。单击选择第一个对象，按住【Ctrl】键不放，然后依次单击要选择的其他对象。

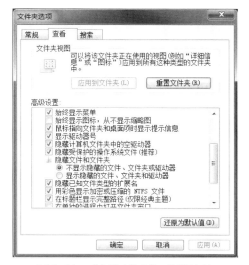

图 2-31　"文件夹选项"对话框中的"查看"选项卡

（4）全部窗口对象的选择。如果需要选择全部的窗口对象，可以按照（2）和（3）的方式操作，但使用【Ctrl+A】组合键会更加方便。

2.3.4　文件和文件夹及其操作

文件与文件夹的管理操作主要包括文件及文件夹的新建、查看、选择、命名、属性设置和复制、移动、删除等。执行这些操作可使计算机中的文件和文件夹井然有序。

1．文件夹的新建

在当前文件夹窗口中创建子文件夹时，可以按照下面的步骤操作。

（1）在当前窗口工作区的空白处右击显示窗口快捷菜单，或单击"文件"菜单。

（2）选择"新建"｜"文件夹"命令。

（3）输入文件夹名，按回车键或在空白处单击。

2．文件夹内容的查看

在文件夹窗口中查看内容，主要有向下查看和向上查看两种方式。

（1）向下查看。文件夹窗口中，进一步查看其子文件夹内容称为向下查看。向下查看时，双击子文件夹即可。

（2）向上查看。文件夹窗口中，想看看当前文件夹的上层文件夹的内容称为向上查看。向上查看时，可以使用退格键，也可以单击"向上"按钮 。

文件夹窗口中，子文件夹通常用 图标来表示，文件用各种不同的图标来表示。

3．文件（夹）的多种选择方式

在对文件或文件夹进行复制、移动等操作时，首先要将其选中。用户可以选择一个、多个或一组不相邻的文件或文件夹，具体操作方法如下。

（1）单个文件的选择。直接单击某个文件即可，已选择的对象背景将变成蓝色。

（2）相邻多个文件的选择。单击选择第一个文件，然后在按住【Shift】键不放的同时单击最后一个文件；或者在要选择的文件或文件夹区域的左上角按住鼠标左键，然后拖动鼠标指针至该区域的右下角，释放鼠标左键即可将其选中。

（3）不相邻多个文件的选择。单击选择第一个文件，然后按住【Ctrl】键不放，依次单击要选择的其他文件。

（4）全部文件的选择。需要选择全部文件时，可以选择"编辑"｜"全部选定"命令，也可以使用【Ctrl+A】组合键。

4．文件（夹）的命名

文件或文件夹的命名可按照下面的操作步骤进行。

（1）选择要命名的文件（夹），右击，在弹出的快捷菜单中选择"重命名"命令。

（2）输入新名称，按回车键或在空白处单击。

5．文件（夹）的属性设置

文件和文件夹的属性包括文件的名称、大小、创建时间、显示的图标、共享设置及文件加密等。用户可以根据需要来设置文件和文件夹的属性，或者进行安全性设置，以确保自己的文件不被他人查看或修改。

文件或文件夹属性可以通过下列途径之一查看。

❏ 打开快捷菜单。在要查看的文件上右击，在弹出的快捷菜单中选择"属性"命令，再打开属性对话框就可以看到有关文件的属性信息。

❏ 打开组织下拉菜单。单击计算机窗口中的"组织"菜单，在弹出的下拉菜单中选择"属性"命令，也可以打开属性对话框。

（1）设置文件（夹）的隐藏属性。对于放置在计算机中的重要文件或文件夹，用户可以将其隐藏，以防止别人阅读、修改或删除。具体操作方法是：首先右击需要隐藏的文件（夹），在弹出的快捷菜单中选择"属性"

命令，然后在"属性"对话框的"常规"选项卡中选中"隐藏"复选项。

完成文件（夹）隐藏属性的设置后，再利用"组织"|"文件夹和搜索选项"或"工具"|"文件夹选项"命令打开"文件夹选项"对话框的"查看"选项卡，选中"不显示隐藏的文件、文件夹或驱动器"单选项，此时该文件（夹）就不被显示出来，以保护该文件（夹）。

（2）设置文件（夹）的只读属性。对于放置在计算机中的重要文件或文件夹，用户可以将其属性设为只读，以防止不小心修改文档内容。具体操作方法是：首先右击需要设置只读属性的文件（夹），在弹出的快捷菜单中选择"属性"命令，然后在"属性"对话框的"常规"选项卡中选中"只读"复选项，如图 2-32 所示。此时的文件（夹）只能读取，而不能修改和储存。

（3）自定义文件夹图标。如果用户觉得默认的文件夹图标过于单调，或者为了更便于查找文件夹，可以自定义文件夹图标。具体操作方法是：首先右击需要自定义的文件夹，在弹出的快捷菜单中选择"属性"命令；然后在弹出的对话框中选择"自定义"选项卡，单击"更改图标"按钮，在弹出的对话框列表中选择所需的文件夹图标样式，如图 2-33 所示。

图 2-32　文件夹属性对话框的"常规"选项卡

图 2-33　自定义文件夹图标

（4）加密文件。在 Windows 7 中，用户可以对存放在计算机中的文件或文件夹进行加密设置，以保证其安全。加密后的文件夹呈绿色显示。这里的加密不同于平时所说的通过输入密码来查看，它指的是对当前用户加密，只有这台计算机的当前用户才能打开，当切换用户或文件（夹）被复制到其他计算机上时，加密的文件或文件夹则无法被打开。

设置加密的具体操作步骤是：首先右击需要加密的文件（夹），在弹出的快捷菜单中选择"属性"命令，打开属性对话框；然后在"属性"对话框的"常规"选项卡中单击"高级"按钮，在弹出的"高级属性"对话框中选择"加密内容以便保护数据"复选项；最后在弹出的"确认属性更改"对话框中选中"将更改应用于此文件夹、子文件夹和文件"单选项，如图 2-34 所示，单击"确定"按钮。

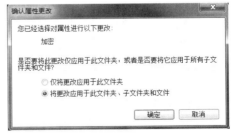

图 2-34　"确认属性更改"对话框

6. 文件（夹）的复制和移动

在使用计算机的过程中，经常需要将文件（夹）复制到其他位置，或者更改文件（夹）在计算机的存储位置。复制或移动文件（夹）要用到 Windows 7 剪贴板。

（1）剪贴板。"剪贴板"是 Windows 系统中的一段可随存放信息的大小而变化的内存空间，是 Windows 内置的一个非常有用的工具。剪贴板作为一个临时存储区域，用于临时存放从一个地方复制或移动并打算应用到其他地方的信息，这些信息可以是文本、图片、文件或文件夹。通过剪贴板可实现各种应用程序之间信息的传递和共享。但是剪贴板只能保留一份数据，每当新的数据传入，旧的信息便会被覆盖，而且一旦计算机关机或重启，存在剪切板中的内容就将丢失。

（2）文件（夹）的复制。文件（夹）的复制主要有两种方法：复制/粘贴法和拖动法。

① 复制/粘贴法。复制/粘贴法的操作步骤如下。首先右击需要复制的文件（夹），在弹出的快捷菜单中选择"复制"命令；或者单击"组织"菜单，在弹出的下拉菜单中选择"复制"命令；或者按【Ctrl+C】组合键。然后进入目标文件夹，在窗口处右击，从弹出的快捷菜单中选择"粘贴"命令；或者单击"组织"菜单，在弹出的下拉菜单中选择"粘贴"命令；或者按【Ctrl+V】组合键。此时系统将显示复制进度提示窗口。

复制/粘贴法的实现过程：执行"复制"操作后，所选中的内容被复制到了剪贴板中；执行"粘贴"操作后，剪贴板中的内容被放到了目标文件夹中。

显然，复制/粘贴法可以在一个文件夹窗口中进行，也可以同时打开源文件夹窗口（被复制内容所在的文件夹窗口）和目标文件夹窗口（内容将被复制到的文件夹窗口）。

② 拖动法。首先同时打开源文件夹窗口和目标文件夹窗口。如果源文件夹和目标文件夹存储在不同盘符下，则直接将要复制的对象从源文件夹拖动到目标文件夹窗口；如果源文件夹和目标文件夹存储在相同盘符下，则需在拖动时按住【Ctrl】键。

（3）文件（夹）的移动。文件（夹）的移动也有两种主要方法：剪切/粘贴法和拖动法。

① 剪切/粘贴法。剪切/粘贴法的操作步骤如下。首先右击需要移动的文件（夹），在弹出的快捷菜单中选择"剪切"命令；或者单击"组织"菜单，在弹出的下拉菜单中选择"剪切"命令；或者按【Ctrl+X】组合键。然后进入目标文件夹，在窗口处右击，从弹出的快捷菜单中选择"粘贴"命令；或者单击"组织"菜单，在弹出的下拉菜单中选择"粘贴"命令；或者按【Ctrl+V】组合键。

显然，剪切/粘贴法可以在一个文件夹窗口进行，也可以同时打开源文件夹窗口和目标文件夹窗口。

② 拖动法。首先同时打开源文件夹窗口和目标文件夹窗口。如果源文件夹和目标文件夹存储在相同盘符下，则直接将要移动的对象从源文件夹拖动到目标文件夹窗口；如果源文件夹和目标文件夹存储在不同盘符下，则需在拖动时按住【Shift】键。

7. 文件（夹）的删除和还原

在使用计算机的过程中，当不再需要某些文件或文件夹时，为了节省磁盘空间，也为了便于管理，可以将其删除。如果不小心误删了文件，也可以将这些删除的文件恢复至原来的位置。删除和还原文件（夹）要用到回收站。

（1）回收站。"回收站"是 Windows 操作系统用来存放被删除文件的场所。为防止因文件（夹）的意外删除造成不可挽回的损失，Windows 操作系统只会将删除的内容保存到"回收站"中，并不会将内容真正从硬盘中删除，以便在需要时能够还原所删除的内容，避免因错误删除给用户带来麻烦。如果要将文件或文件夹彻底从计算机中删除，可以在执行删除操作的同时按住【Shift】键，这样被删除的文件或文件夹就不会被放入回收站，而将从计算机硬盘中被彻底删除。

回收站存放过多文件会影响计算机的运行速度，因此，用户应该定期清理回收站，把彻底不用的文件删除，释放这些文件占用的磁盘空间。通过打开"回收站"窗口，单击"清空回收站"按钮，或者右击桌面上的"回收站"图标，在弹出的快捷菜单中选择"清空回收站"命令，都可以清空回收站。

（2）文件（夹）的删除。当不再需要某个文件（夹）时，可以将其删除，以释放其占用的磁盘空间。删除时，首先在文件夹窗口中选中要删除的文件（夹），然后可通过以下3种方法来实现。

❏ 打开"组织"下拉菜单，选择"删除"命令。

❑ 右击，从选中对象的快捷菜单中选择"删除"命令。

❑ 按【Delete】键。

最后在弹出的确认删除对话框单击"是"按钮，将文件（夹）从当前位置删除到回收站。

（3）删除内容的还原。删除到回收站中的文件（夹），如果需要重新使用，可以将其从"回收站"中还原至原来的位置。具体操作步骤如下。

双击桌面上的"回收站"图标，打开"回收站"窗口，从"回收站"窗口中选择要还原的文件（夹），单击"还原此项目"按钮，或者右击要恢复的文件，从弹出的快捷菜单中选择"还原"命令。此时文件从回收站中消失，重新打开文件被删除前所在的文件夹，可以发现删除的文件已经还原。

8．文件（夹）的查找

使用计算机的时候，如果忘记文件或文件夹放在哪里，可以使用 Windows 操作系统提供的搜索功能。在"开始"菜单、"计算机"窗口和 Windows 资源管理器中都有搜索功能。

（1）在"开始"菜单中搜索。单击"开始"按钮，在打开的"开始"菜单最下方的搜索框中输入关键字后会直接动态地显示出搜索结果。单击"查看更多结果"链接，可以显示更多的搜索结果。通过拖动右侧的滚动条，用户可以通过选择"在以下内容中再次搜索"在库、计算机等位置继续搜索，也可以单击"自定义"按钮，在弹出的对话框中重新选择搜索位置。

（2）在"计算机"窗口中搜索。打开"计算机"窗口，在窗口上方的搜索框中输入关键字后，系统将自动进行搜索，并显示搜索进度条。搜索完毕，在窗口的右窗格中会显示所有的搜索结果。

用户还可以添加搜索筛选器以快速查找目标文件。在搜索框的下方会有一个"添加搜索筛选器"选项，根据文件类型的不同可以添加不同的筛选器，如文件的修改日期、大小、名称、类型、标记和作者等，搜索的条件越多，文件定位越精准。

（3）在 Windows 资源管理器中搜索。右击"开始"按钮，打开 Windows 资源管理器，在窗口右上方的搜索框中输入搜索内容，系统立即开始搜索，并在下方显示出搜索内容。如果想要得到更精确的结果，可以按照步骤（2）中的方法添加并使用搜索筛选器。

2.3.5 库

为了帮助用户更有效地对硬盘上的文件进行管理，Microsoft 公司改变了以往用树状结构组织和管理文件和文件夹的方法，在 Windows 7 中提供了"库"这种新的文件管理方式。

库对文件的管理方式与文件夹的管理方式是相互独立的。库在 Windows 7 里是用户指定的特定内容集合，是为了方便查看和使用，将分散在硬盘上的不同物理位置的数据逻辑地集合在一起的一个工具。

库是管理文档、音乐、图片和其他类型文件的位置。可以使用与在文件夹中相同的操作方式浏览文件，也可以查看按属性（如日期、类型和作者）排列的文件。在某些方面，库类似于文件夹，例如，打开库将看到一个或多个文件。但与文件夹不同的是，库可以收集存储在多个位置的文件，这是一个细微但重要的差异。库实际上不存储项目，它们只"监视"包含项目的文件夹，并允许用户以不同的方式访问和排列这些项目。

1．新建库

打开 Windows 资源管理器，首先看到的就是库文件夹。Windows 7 有 4 个默认库：文档库、音乐库、图片库和视频库，但还可以为其他集合创建新库。具体方法为：打开资源管理器，单击导航窗格中的"库"；在工具栏上，单击"新建库"，输入库的名称，按回车键确认。若要将文件复制、移动或保存到库中，必须保证库中已经存在一个文件夹，此文件夹将成为该库存储文件的默认位置。在导航窗格中单击"新建库"，这时的窗口显示如图 2-35 所示。单击内容窗格中"包括一个文件夹"按钮，在弹出的窗口中浏览并选择一个文件夹作为库的默认保存位置，单击"包括文件夹"按钮完成操作。

2．添加文件夹到库

库为用户访问存放在计算机硬盘中的文件提供了统一的查看视图，只要把文件夹添加到库中，用户就可以对其直接进行访问，而不用到具体的盘符或文件夹中去寻找。具体的操作方法是：通过选中要共享的文件夹，单击"包含到库中"下拉按钮，在弹出的下拉菜单中选择所需加入的库即可添加，如图 2-36 所示。将文件夹添加到库，并不是将文件夹复制到库中，而是相当于将一个访问路径存放到库中，文件夹存放在原来的位置不变。若要查看已经添加的文件夹，在左窗格单击"文档"选项，在右窗格即可查看已添加的文件夹。

图 2-35　新建库　　　　　　　　　图 2-36　"包含到库中"下拉菜单

3．从库中删除文件夹

不再需要监视库中的文件夹时，可以将其删除。具体操作方法是：首先打开资源管理器窗口，在导航窗格中单击要删除文件夹的库；然后单击内容显示窗格中的在"包括："旁边的"2 个位置"（数字 2 表示库中文件夹的数量）；最后在打开的对话框中选中要删除的文件夹，再单击"删除"按钮即可完成操作。在库中删除文件夹并不会删除原始位置的文件夹及文件。

2.3.6　快捷方式及其操作

1．认识快捷方式

快捷方式可以理解为指向某个目标（文件或文件夹）的一个"指示牌"，本质上，它是一个文件，其中记录了所指向目标的具体位置信息。

快捷方式的意义在于，不管目标在外存当中的位置有多"深"，双击快捷方式都可以快速打开目标。如果将快捷方式建立在桌面上，打开目标就更加方便了。

2．快捷方式的创建

创建目标（文件或文件夹）的快捷方式方法如下。

（1）拖动对象创建快捷方式。在文件夹窗口中右击目标，在弹出的快捷菜单中选择"创建快捷方式"命令。新的快捷方式将出现在此位置，然后将其拖动到所需位置即可。

（2）通过菜单命令创建快捷方式。首先在"计算机"或"资源管理器"窗格的空白处右击，在弹出的快捷菜单中选择"新建"子菜单，从中选择"快捷方式"命令，弹出快捷方式向导，如图 2-37 所示。然后在"请键入对象的位置"文本框中输入要创建快捷方式的目标名称；或者单击"浏览"按钮，在弹出的对话框中进行选择。最后，单击"下一步"按钮，此时在"键入该快捷方式的名称"文本框中输入快捷方式的名称，单击"完成"按钮即可完成操作。

在显示上，快捷方式对象的图标左下角有一斜箭头标记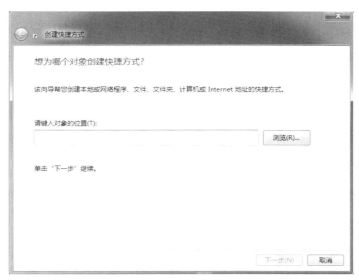。

图 2-37　"创建快捷方式"对话框

3. 快捷方式指向目标的查看

首先右击已创建的快捷方式对象，在弹出的快捷菜单中选择"属性"命令。然后在"属性"对话框的"快捷方式"选项卡中查看"目标"文本框里显示的内容，即可得到该快捷方式所指向的目标。

2.4　Windows 7 的系统设置

Windows 的控制面板是一个重要的系统工具，用户可通过它查看或完成基本的系统配置和控制。Windows 的控制面板窗口可通过"开始"｜"控制面板"命令打开。在控制面板中可进行的系统设置项目很多，用户可以根据自己的需要完成设置。

2.4.1　个性化显示设置

1. 更换桌面背景

Windows 7 的桌面背景可以是个人收集的数字图片，也可以是 Windows 7 提供的纯色或带有颜色框架的图片。可以选择一张图片作为桌面背景，也可以设置幻灯片图片为桌面背景。

（1）设置图片为桌面背景。用户可以根据自己的喜好选择一张图片作为桌面背景。具体操作步骤是：首先通过"开始"｜"控制面板"｜"个性化"命令打开"个性化"窗口，然后在"个性化"窗口中单击窗口下面的"桌面背景"选项；用户可以在"桌面背景"窗口中选择系统自带的图片，也可以单击"浏览"按钮选择其他位置的图片作为桌面背景。

（2）设置幻灯片为桌面背景。在 Windows 7 中可以使用自己的图片制作幻灯片，但所有图片必须位于同一个文件夹中。也可以使用 Windows 7 中某个主题提供的一部分图片。具体操作步骤如下：首先通过"开始"｜"控制面板"｜"个性化"命令打开"个性化"窗口；然后在"个性化"窗口中，单击"Aero 主题"下要应用于桌面的主题，除 Windows 7 主题外，所有的 Aero 主题都包含桌面背景的幻灯片；最后选中要包含在幻灯片中的每张图片对应的复选框，单击"更改图片时间间隔"下拉列表中的项目，选择幻灯片变换图片的时间间隔即可完成操作。选中"无序播放"复选项可以使图片以随机顺序显示。

2. 自定义桌面图标

用户可以通过下面的操作方法把经常使用的图标放到桌面上。

首先通过"开始"|"控制面板"|"个性化"命令打开"个性化"窗口，然后选择窗口左上方的"更改桌面图标"选项，将弹出图 2-38 所示的对话框。选择自己经常使用的图标即可使图标显示在桌面上，这样以后使用时就不需要再到菜单中去层层查找，只需双击该图标即可。

3. 更换桌面主题

在 Windows 操作系统中，"主题"特指 Windows 的视觉外观。计算机主题包含桌面背景、窗口颜色、声音、屏幕保护程序等。Windows 7 系统自带 Aero 主题、基本和高对比主题两大类，每个类别又有各种不同风格的主题供用户选择、使用。用户也可以对现有主题进行个性化的修改，将其保存为自己的主题，如图 2-39 所示。

图 2-38　"桌面图标设置"对话框

图 2-39　更换桌面主题

更换桌面主题的具体操作步骤如下。

首先通过"开始"|"控制面板"|"个性化"命令打开"个性化"窗口，然后用户可以在列表框中直接选择自己喜欢的主题，也可以通过单击"联机获取更多主题"链接，在弹出的 IE 窗口中下载更多主题。

4. 更改显示器分辨率

显示器分辨率是指屏幕画面的组成点数，即像素点数。如果当前的显示分辨率设置为 1024 像素×768 像素，则表示屏幕画面的水平方向由 1024 个像素点组成，垂直方向由 768 个像素点组成。分辨率越高，屏幕上显示的对象越清楚，同时屏幕上的对象显得越小，因此屏幕可以容纳更多内容。分辨率越低，屏幕上的对象显得越大，屏幕容纳的对象越少，但更易于查看。

根据显示器尺寸的大小，一般显示器都有一个推荐分辨率，例如，17in CRT 显示器的推荐分辨率是 1024 像素×768 像素，19in CRT 显示器的推荐分辨率为 1280 像素×1024 像素，19in LCD 显示器的推荐分辨率是 1440 像素×900 像素，22in LCD 显示器的推荐分辨率是 1680 像素×1050 像素。

设置显示器分辨率的具体操作步骤如下。

（1）通过"开始"|"控制面板"|"个性化"命令打开"个性化"窗口。

（2）单击窗口右下方的"显示"超链接，在弹出窗口的左上方单击"调整分辨率"超链接。

（3）在打开的窗口中单击"分辨率"下拉按钮，可以通过拖动调节滑动块调整分辨率大小，如图 2-40 所示。系统会显示针对用户显示器尺寸的推荐分辨率。

5. 设置屏幕保护程序

屏幕保护程序是指计算机在指定时间内如果没有被操作而自动启动的、能保护屏幕的程序。如果计算机长时间没有被操作，屏幕显示长时间固定在同一画面会对屏幕造成一定的损伤，所以屏幕保护程序的作用就是使屏幕画面动起来。移动鼠标或按任意键都能结束屏幕保护程序的运行。

设置屏幕保护程序的具体操作步骤如下。

（1）通过"开始" | "控制面板" | "个性化"命令打开"个性化"窗口。

（2）单击窗口右下方的"屏幕保护程序"超链接，选择所需屏幕保护程序，并设置屏幕保护的等待开启时间，如图 2-41 所示。

（3）如果该屏幕保护程序需要进一步设置，单击"设置"按钮，在弹出的对话框内对屏幕保护的细节进行自定义设置即可。

图 2-40　调整显示器分辨率

图 2-41　设置屏幕保护程序

2.4.2　鼠标设置

鼠标作为基本的输入设备，是用户操作计算机的主要工具。用户可以通过控制面板对鼠标的属性进行自定义设置，如更改鼠标指针的形状、调整鼠标双击速度、调整鼠标移动速度、调整鼠标滑轮属性等。

1. 更改鼠标指针的形状

通常情况下鼠标的指针形状是一个左指向的箭头  ，但用户可以对鼠标指针样式进行更换，具体操作步骤如下。

（1）通过"开始" | "控制面板" | "鼠标"命令打开"鼠标属性"对话框。

（2）单击选择"指针"选项卡，可以在"方案"下拉列表框中选择成套的鼠标方案；也可以通过列表框选择指定的程序事件，然后单击"浏览"按钮，在弹出的"浏览"对话框中选择指定的鼠标指针形状文件，如图 2-42 所示。

2. 调整鼠标双击速度

鼠标双击是指连续快速地按鼠标左键两次。某些初次接触计算机的用户可能不适应鼠标的双击操作，因此可以适当调慢鼠标的双击速度，具体操作步骤如下。

（1）通过"开始"|"控制面板"|"鼠标"命令打开"鼠标属性"对话框。

（2）单击选择"鼠标键"选项卡，在"双击速度"选项区向左拖动调节滑动块，调整双击速度，如图2-43所示。

图2-42　更改鼠标指针的形状

图2-43　调整鼠标双击速度

3. 调整鼠标移动速度

如果鼠标移动速度过快或过慢，可按照以下步骤进行调整。

（1）通过"开始"|"控制面板"|"鼠标"命令打开"鼠标属性"对话框。

（2）单击选择"指针选项"选项卡，在"移动"选项区拖动调节滑动块，单击"确定"按钮即可，如图2-44所示。

4. 调整鼠标滑轮属性

鼠标滑轮为用户浏览文档和网页提供了方便，如果对滑轮的翻页效率不满意，可以对滑轮属性进行自定义，具体操作步骤如下。

（1）通过"开始"|"控制面板"|"鼠标"命令打开"鼠标属性"对话框。

（2）单击选择"滑轮"选项卡，调整参数，如在"垂直滚动"选项区选中"一次滚动一个屏幕"单选项，单击"确定"按钮，如图2-45所示。

图2-44　调整鼠标移动速度

图2-45　调整鼠标滑轮属性

2.4.3 电源设置

用户可以通过控制面板更改电源按钮的功能，通过修改电源计划降低计算机的耗电量或最大限度地提升系统性能。

1. 更改电源按钮功能

通过控制面板可以将电源按钮的功能从"关机"更改为"睡眠"。具体操作步骤是：首先通过"开始"｜"控制面板"｜"电源选项"命令打开"电源选项"窗口；然后在打开的窗口中单击"选择电源按钮的功能"链接，在"按电源按钮时"的下拉列表框中进行选择即可，如图 2-46 所示。

2. 修改电源计划

电源计划是用于管理计算机使用电源与硬件的方式，从而在节能与系统性能上进行自定义配置。自定义配置的步骤是：首先通过"开始"｜"控制面板"｜"电源选项"命令打开"电源选项"窗口；然后在打开的窗口中单击所选计划右侧的"更改计划设置"链接，在打开的页面中单击"更改高级电源设置"链接，如图 2-47 所示；弹出"电源选项"对话框，在其中可以对电源计划进行更详细的设置。建议用户选择"平衡"电源计划，以取得当需要时系统充分发挥性能、当计算机处于不活动状态时系统自动节省电量的效果。

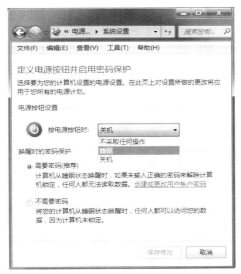

图 2-46　更改电源按钮功能

图 2-47　修改电源计划

2.4.4 网络设置

当今社会，网络已经成为人们生活和工作中必不可少的一部分，网络可以实现资源共享，为人们的生活和工作提供很多方便。

网络和共享中心是 Windows 7 系统中用于显示网络状态的窗口。它为用户提供了一个进行网络相关设置的统一平台，几乎所有与网络有关的功能设置都能在网络和共享中心实现，比如通过该窗口可以查看网络连接设置、诊断网络故障和配置网络属性等。要连接到网络，首先应该进行网络设置。常用的入网方式有通过 ADSL 宽带和通过设置网络适配器属性上网两种。

1. ADSL 宽带上网设置

通过 ADSL 宽带入网的具体操作步骤是：首先通过"开始"｜"控制面板"｜"网络和共享中心"命令打开"网络和共享中心"窗口；然后在打开的窗口中的"更改网络设置"的下方单击"设置新的连接或网络"选项，

打开"设置连接或网络"窗口，如图 2-48 所示，根据需要选择一个连接选项。

窗口中的 4 个连接选项代表的含义如下。

❑　连接到 Internet。设置无线、宽带或拨号连接等方式连接到 Internet。

❑　设置新网络。配置新的路由器或访问点。

❑　连接到工作区。设置到用户工作区的拨号或 VPN 连接。

❑　设置拨号连接。通过拨号方式连接到网络。

以较常用的"连接到 Internet"设置方式为例，具体操作步骤是：首先单击"下一步"按钮，在打开的对话框中选择"显示此计算机未设置使用的连接"选项，然后选择"宽带（PPPoE）（R）"选项。如图 2-49 所示，在文本框中输入从 ISP 那里获得的相应入网账号和密码，输入网络连接名称，单击"连接"按钮即可实现宽带接入 Internet。

图 2-48　"设置连接或网络"对话框

图 2-49　"连接宽带连接"对话框

2. 本地网络连接设置

除了通过 ADSL 宽带上网，还可以通过设置网络适配器属性，如网卡 IP 地址、DNS 服务器地址、网络协议等上网，具体设置方法如下。

（1）通过"开始"|"控制面板"|"网络和共享中心"命令打开"网络和共享中心"窗口。

（2）在打开的窗口左侧单击"更改适配器设置"超链接，在打开的窗口的"本地连接"上右击，选择"属性"命令，打开"本地连接属性"对话框。

（3）在对话框中双击"Internet 协议版本 4（TCP/IPv4）"，进入 IPv4 的属性设置窗口，如图 2-50 所示。在打开窗口的"常规"选项卡中，可以默认选择"自动获得 IP 地址"和"自动获得 DNS 服务器地址"，此时不需要输入自己的 IP 地址，只需要服从服务器的 IP 地址分配即可。如果用户知道 IP 地址及其他的网络属性值，可以选择"使用下面的 IP 地址"单选项，在文本框中输入 IP 地址、子网掩码、网关地址和 DNS 服务器值，单击"确定"按钮即可完成属性的设置。

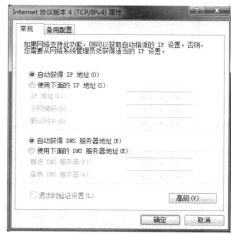

图 2-50　本地网络连接设置

2.4.5　用户账户设置

Windows 7 依然延续了 Windows 系统支持多用户、多任务的风格，但当几个人共用一台计算机时，容易导致桌面设置、文件管理等方面的混乱。这时可进行用户账户设置允许每个用户建立专用的工作环境，包括桌面、"开始"菜单和收藏夹等，并且让它们之间互不干扰。

用户可通过"开始"|"控制面板"|"用户账户"命令打开"用户账户"窗口，在打开的窗口中可实现对用户账户的创建、更改（包括用户名称、密码、图片、账户类型等）及用户登录和注销方式的修改。

1. 新建账户

使用 Windows 7 系统，首先需要新建用户账户。只有通过账户登录系统后，才能使用账户拥有的权限操作计算机。

（1）账户类型。用户账户是系统识别用户身份的标识，是实现访问控制的基础。只有为每个用户分配账户，让账户与用户一一对应，才能通过系统内的访问控制功能限制用户进行存取访问数据及修改系统设置等操作。

用户账户有管理员账户、标准用户账户和来宾账户 3 种不同类型，每种账户类型为用户提供不同的计算机控制级别。管理员账户对计算机拥有最高的控制权限，并且应该仅在必要时才使用此账户；标准账户是日常使用计算机时常用的账户；来宾账户主要供需要临时访问计算机的用户使用。

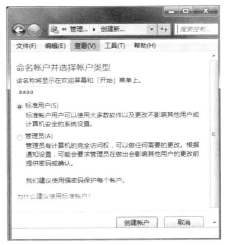

（2）新账户的创建过程。创建一个新账户的具体操作步骤如下。

首先通过"开始"|"控制面板"|"用户账户"命令打开"用户账户"窗口，单击选择"管理其他账户"超链接。然后在打开的窗口中，单击"创建一个新账户"，在打开的新账户创建窗口中输入用户名称，再选择用户账户类型即可完成创建，如图 2-51 所示。如果平时经常需要安装应用程序、执行管理任务，建议选择"管理员"类型。如果平时仅进行文档处理、收发邮件、浏览网页或玩游戏等操作，则可以选择"标准用户"。

图 2-51　创建新账户

2. 管理账户

在安装 Windows 7 时，系统就已经自动创建了两个内置的账户——Administrator 和 Guest，如图 2-52 所示。可以根据需要在"控制面板"窗口的"更改用户账户"选项中实现对用户账户的管理，包括更改用户账户名称、更改用户账户图片、更改用户账户类型和修改用户账户密码等方面的设置，如图 2-53 所示。

图 2-52　两个内置账户

图 2-53　更改用户账户

3．删除用户账户

如果不再需要某个用户账户，可以将其删除。首先通过"开始" | "控制面板" | "用户账户"命令打开"用户账户"窗口，单击选择"管理其他账户"超链接。然后在打开的窗口中，单击选中需要删除的账户。对要删除账户所拥有的文件，可以选择删除文件或保留文件两种操作。

（1）删除文件。如果单击"删除文件"按钮，那么 Windows 系统会删除该账户和相应的配置文件及所有关联到该账户的文件。

（2）保留文件。如果单击"保留文件"按钮，那么 Windows 系统会自动复制用户配置文件夹中的相关内容，以用户账户名作为文件夹名并将其保存在桌面上。所保留的文件包括收藏夹、视频、音乐、文档、图片和桌面的内容，但是不能保留该账户的配置信息和电子邮件等。

2.4.6　软件的安装和卸载

应用程序指的是在操作系统下运行的、辅助用户利用计算机完成日常工作的各种各样的可执行程序，其扩展名通常为".exe"。Windows 7 自带的应用程序有限，如果想要计算机实现多种功能，就需要安装相应的软件。例如，想要处理图像，需要使用图形图像处理程序，如画图工具或 Photoshop 等；要进行网上浏览，需要使用 Web 浏览器程序，如 IE 浏览器等。

1．软件的安装

一个软件通常由很多文件组成，必须将这些文件从软件发行盘复制到硬盘的相关文件夹中，并向 Windows 系统进行相关注册后，该软件才能使用。一般软件会提供一个安装程序自动完成上述复制、注册过程。

如何安装程序取决于程序的安装文件所处的位置。一般情况下，可以通过以下两种途径完成应用程序的安装。

（1）从 CD 或 DVD 自动安装。很多软件使用 CD 或 DVD 作为存储介质，如 Microsoft 公司的 Windows 7、Microsoft　Office 2010 等，光盘上存储了安装所需要的文件和资料。光盘放入光驱后，在文件夹窗口中打开软件盘，双击执行安装程序，然后根据提示一步步操作即可。有些软件的安装程序在软件光盘放入计算机的光驱后会自动运行，执行起来更加方便。要禁止"自动播放"功能，可在放置软件光盘时按住【Shift】键不放。

（2）通过资源管理器进行安装。如果要安装的程序是从网络下载到硬盘上的，或者程序的光盘没有"自动播放"功能，需要通过资源管理器进入保存该安装程序的文件夹，双击安装文件使其运行并安装。安装程序的文件名一般是"Setup.exe"或"Install.exe"，其他的操作按照向导提示完成即可。

2．软件的启动

软件安装完成后，可以在需要时启动。启动一个软件是从运行它的启动程序开始的。从文件角度看，程序是一个可执行文件，其扩展名为.exe 或.com。

一个软件安装到计算机上后，通常会自动在"开始"菜单的"所有程序"中放置该软件启动程序的快捷方式，或者自动在桌面上放置该软件启动程序的快捷方式。双击这两个位置中的任何一个快捷方式都可以启动相应软件。

3．软件的强行终止

有时某种原因会导致一个运行中的软件没有反应，这时就需要强行终止该软件的运行。

强行终止一个软件运行的操作步骤如下。首先在任务栏的空白处右击，打开"Windows 任务管理器"窗口，如图 2-54 所示。然后在"Windows 任务管理器"窗口的"应用程序"选项卡中选择要强行终止的软件，单击"结束任务"按钮即可。

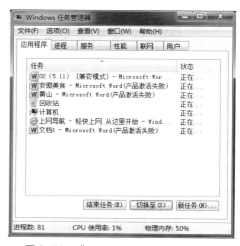

图 2-54　"Windows 任务管理器"窗口

4．软件的卸载

在计算机中安装过多程序，不但会占用硬盘空间，还会影响系统的运行速度。如果不再使用某个程序，或者不经常使用某个程序，应将其从计算机中卸载。用户可以通过程序安装时所创建的菜单来卸载程序，也可以使用"程序和功能"命令来卸载程序。

（1）使用菜单卸载。绝大多数程序在安装的时候会在菜单中生成一个用于卸载的菜单项，通过这个菜单项可以卸载程序。如果软件本身提供了卸载功能，从"开始"菜单的"程序"子菜单中找到该软件卸载程序的快捷方式，执行它的卸载程序即可进行软件的卸载。

（2）使用"程序和功能"卸载。如果程序在安装时没有生成卸载菜单项，就需要使用"程序和功能"命令卸载。通过"开始"｜"控制面板"｜"程序和功能"命令打开"程序和功能"窗口，在打开的窗口中列出了已经安装的程序。选择要卸载的程序，单击"组织"按钮右边出现的"卸载/更改"按钮，并按照提示进行操作即可，如图 2-55 所示。

图 2-55　"程序和功能"窗口

选择不同的程序，出现的按钮可能不一样，某些程序还包含更改或修复程序选项。如果不是要卸载程序，可以单击"更改"或"修复"按钮来实现对程序的修复或更改。

2.4.7　硬件设备的安装和卸载

在计算机的日常使用中，经常需要安装的计算机硬件有两类：一类是即插即用设备，它们通过主机箱上的各种接口与计算机相连，如数码相机、U 盘、打印机和扫描仪等；另一类是非即插即用设备，需要安装到计算机的主机箱内，如主板上的视频显示卡、声卡等各类功能卡。

大多数硬件或设备都需要安装正确的驱动程序才能工作，驱动程序是指能够支持硬件或设备（如打印机或扫描仪等）正常工作的软件。多数情况下，Windows 7 自带驱动程序软件，如果 Windows 7 没有所需的驱动程序，可以在该硬件设备附带的光盘或制造商的网站上找到该驱动程序。

对于常用的即插即用设备，如数码相机、数码摄像头及 U 盘等，Windows 7 一般能自动安装驱动程序。非即插即用设备连接到计算机后需要自行安装驱动程序。驱动程序的安装步骤是：首先单击"开始"菜单，打开"控制面板"窗口，单击"设备管理器"超链接；然后在打开的窗口列表中找到需要查看驱动程序的硬件选项并右击，在弹出的快捷菜单中选择"属性"命令；最后在弹出的设备属性对话框中查看该硬件驱动程序的相关信息，用户可以选择"更新驱动程序"、"禁用"或"卸载"等选项来进行相应的操作，如图 2-56 所示。

图 2-56　硬件设备的安装和卸载

2.5　Windows 7 的附件

Windows 7 的"附件"为用户提供了许多使用方便且功能强大的工具。比如，"画图"工具可以创建和编辑图画，显示和编辑扫描获得的图片；使用"计算器"可以进行各种运算；"记事本"和"写字板"可以进行文本文档的创建和编辑；Windows Media Player 可以实现对多种格式的多媒体文件的管理和播放；磁盘清理可以减少硬盘上不需要的文件数量，以释放磁盘空间；磁盘碎片整理程序可以清理磁盘碎片，加快硬盘的访问速度；系统还原可以将计算机的系统文件及时还原到早期的还原点。附件中的工具软件都非常小巧，运行速度比较快，可以节省很多的时间和系统资源，从而有效地提高工作效率。

2.5.1　记事本和写字板

1. 记事本

记事本是 Windows 7 提供的一个文本编辑工具，其特点是程序小巧、功能简单、只能完成纯文本文件的编辑，无法完成特殊格式文件的编辑。记事本编辑文件存盘后的文件扩展名默认为".txt"。

选择"开始"|"所有程序"|"附件"|"记事本"命令可打开"记事本"窗口，进行文本编辑。

2. 写字板

"写字板"相对于记事本来说是一个更高效的文字处理器，除了可以像记事本那样进行文本编辑外，它还可以进行格式的控制与排版，但相对于后面章节中要介绍的文字处理软件 Word 来说，写字板的功能还是简单得多。选择"开始"|"所有程序"|"附件"|"写字板"命令可打开"写字板"窗口，进行文本编辑。

2.5.2　画图

Windows 7 中的画图程序是一个简单的图形绘制与处理软件，具有绘制图形、编辑图形、为图片添加文字及打印图形文档等功能。

选择"开始"|"所有程序"|"附件"|"画图"命令可打开图 2-57 所示的"画图"窗口，进行图形编辑。

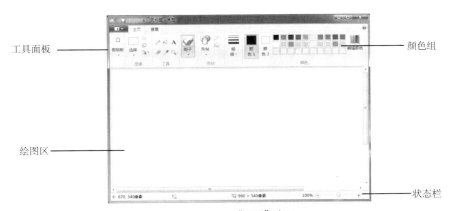

图 2-57　"画图"窗口

工具面板

绘图区

颜色组

状态栏

在"画图"窗口中，绘图区是最大的区域，用于显示和编辑当前的图像效果。工具面板提供了绘制图形时所需的各种工具，主要有铅笔、油漆桶、插入文字、橡皮擦等；颜色组的颜色 1 和颜色 2 选项可以用来设置前景颜色和背景颜色，并提供了基本颜色的调色板；窗口底部是状态栏，可以显示当前操作图形的相关信息，如鼠标指针的像素位置、当前图形的宽度像素和高度像素，以便绘制出更准确的图像。

此外，通过"画图"程序的剪切和粘贴等操作，可将用户创作的图像添加到 Word 文档及许多其他类型的文档中。

2.5.3　计算器

"计算器"是 Windows 7 提供的既可以进行简单的计算，又可以执行高级的科学计算和统计计算的工具。选择"开始"|"所有程序"|"附件"|"计算器"命令可打开"计算器"窗口。"计算器"中包含标准型、科学型、程序员 3 种不同的模式，通过"查看"菜单可在 3 种模式间进行切换。

1. 标准型计算器

在"计算器"窗口中，选择"查看"|"标准型"命令可切换到图 2-58 所示的标准型计算器，该类型的计算器主要用于进行简单的加、减、乘、除运算。

2. 科学型计算器

在"计算器"窗口中，选择"查看"|"科学型"命令可切换到图 2-59 所示的科学型计算器。科学型计算器可以完成复杂的科学计算，如三角函数、幂数、指数、对数的运算等。

图 2-58　标准型计算器

图 2-59　科学型计算器

3. 程序员计算器

在"计算器"窗口中，选择"查看"|"程序员"命令可切换到图 2-60 所示的程序员计算器。程序员计

算器可以完成数制转换、逻辑运算等与计算机知识相关的运算。

图 2-60　程序员计算器

如果要在程序员计算器中实现数制转换，如将十六进制数 BD 转换为八进制数，应该首先选中科学型计算器中的"十六进制"单选项，然后在文本框中输入数据 BD，最后选中"八进制"单选项，此时文本框中显示的数据 275 即为所求。

2.5.4　Windows Media Player

Windows Media Player 是 Windows 7 系统自带的一款多媒体播放器，可以实现多媒体文件的管理和播放。多媒体文件可以是图片，也可以是 CD、MP3、WMA 等格式的音乐文件，还可以是 AVI、WMV、MPEG 等格式的视频文件。除此之外，使用 Windows Media Player 还可以收听全世界各电台的广播，这是一款功能相当强大的播放软件。

单击计算机桌面上的"开始"按钮，在"所有程序"子菜单中选择 Windows Media Player 命令，即可启动 Windows Media Player，启动后的界面如图 2-61 所示。

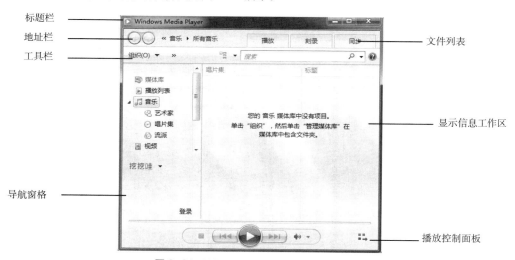

图 2-61　Windows Media Player 界面

❑　标题栏。用于显示 Windows Media Player 播放器窗口的名称。

❑　地址栏。包括"前进"按钮、"后退"按钮和切换按钮，用于在 Windows Media Player 播放器各窗口之间进行切换。

❑ 工具栏。包括各种工具按钮，用于对当前窗口进行操作，还包括用于搜索播放器中媒体内容信息的搜索框。

❑ 导航窗格。用于快速切换并显示不同的媒体信息类别，包括音乐、视频和图片等媒体信息。

❑ 显示信息工作区。用于显示当前媒体类别的详细信息并对这些信息进行管理和操作。

❑ 文件列表。显示相应的列表信息内容。

❑ 播放控制面板。显示媒体信息播放状态，播放控制面板中的各个按钮用于对播放状态进行控制。

1．添加媒体文件

将媒体文件添加到播放列表中，可以使用户方便、快捷地播放文件。

添加媒体文件的具体操作步骤如下。

（1）选择"开始"｜"所有程序"｜"Windows Media Player"命令打开图 2-61 所示的 Windows Media Player 窗口。

（2）在 Windows Media Player 窗口中选择"组织"｜"管理媒体库"命令，确定要添加的媒体库类型。媒体库类型可以是图片、音乐、视频或录制的电视节目。

（3）以添加音乐媒体为例，单击"音乐"选项，弹出"音乐库位置"对话框。然后单击"添加"按钮，在弹出的对话框中选择要添加的文件夹。最后单击"包括文件夹"按钮，此时即可将所选文件夹中的文件添加到媒体库中。

2．创建播放列表

Windows Media Player 中的播放列表是包含一个或多个数字媒体文件的列表类型。播放列表可以包含音乐或视频的任意组合。通过播放列表可对喜欢观看或经常查看的项目进行分组。

创建播放列表的具体步骤如下。

（1）选择"开始"｜"所有程序"｜"Windows Media Player"命令打开 Windows Media Player 窗口。

（2）在窗口中选择"创建播放列表"命令，即可在右侧窗格中为新出现的列表命名。

（3）将媒体库中所需要的文件拖动到播放列表中，即可实现对新创建的播放列表添加文件的功能，创建后的效果如图 2-62 所示。

图 2-62　创建播放列表

3．播放媒体文件

播放媒体文件的具体操作步骤是：选择"开始"｜"所有程序"｜"Windows Media Player"命令，打开

Windows Media Player 窗口，在窗口中右击导航窗格中已建立好的播放列表，在弹出的快捷菜单中选择"播放"选项，就可以按照所选择的播放列表中的文件排列顺序播放媒体文件。

Windows Media Player 除了常用于播放音频文件外，还可以播放图片、视频、录制的电视节目及其他系统支持的格式的媒体文件。播放的步骤和播放音频文件相同，只需在播放不同类别的媒体时把媒体库切换到相应的类别即可。

2.5.5　磁盘清理

计算机在使用了一段时间后，硬盘上会留下一些不需要的文件，如上网时浏览的网页文件、非正常关机时未能及时删除的临时文件等。清除这些文件可以释放被它们占用的磁盘空间，加快计算机的运行速度。Windows 提供的磁盘清理功能就可用于清除这些文件。

磁盘清理的具体操作步骤是：首先选择"开始"|"所有程序"|"附件"|"系统工具"|"磁盘清理"命令，在弹出的"磁盘清理：驱动器选择"对话框中选择需要清理的磁盘；然后在图 2-63 所示的磁盘清理窗口中选择要清理的文件即可。

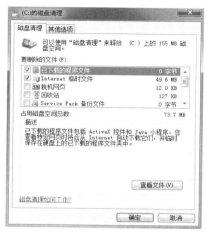

图 2-63　"磁盘清理"窗口

2.5.6　磁盘碎片整理

在使用了一段时间后，磁盘上的剩余空间就不再是"整块整块"的，而是"支离破碎"的。这样，储存一个文件时，其内容就会被"支解"到许多分离的"小块"空间中，从而导致计算机访问磁盘的时间变长。解决这一问题的办法就是对磁盘进行碎片整理，将"支离破碎"的小空间合并到一起，变成方便使用的"大块"空间。

磁盘碎片整理的具体操作步骤如下。

（1）选择"开始"|"所有程序"|"附件"|"系统工具"|"磁盘碎片整理程序"命令，打开图 2-64 所示的"磁盘碎片整理程序"窗口。

图 2-64　"磁盘碎片整理程序"窗口

（2）在"磁盘碎片整理程序"窗口中选择要进行碎片整理的磁盘，然后单击"分析磁盘"按钮以确定是否需要对该磁盘进行碎片整理。在 Windows 完成分析磁盘后，可以在"上一次运行时间"列中检查磁盘上碎片的百分比，如果数字高于 10%，就应该对磁盘进行碎片整理。

（3）单击"磁盘碎片整理"按钮开始整理。磁盘碎片整理程序可能需要几分钟到几小时才能完成，具体取决于磁盘碎片的大小和"破碎"程度，在碎片整理过程中，仍然可以使用计算机。

Windows 7 默认每周三凌晨 1:00 自动开始进行磁盘碎片整理，若要修改时间，单击"配置计划"按钮可设置新的计划时间。

2.5.7　系统还原

系统还原是 Windows 7 的一个组件，利用它可以在计算机发生故障时将系统恢复到以前的状态。启用系统还原功能后，计算机会定期创建系统配置的快照，这些快照叫还原点，还原点中包含 Windows 设置、安装的程序列表等内容。系统还原可以创建多种不同类型的还原点，一种是由操作系统定期自动创建的系统还原点，一种是由安装应用程序时发生的一些事件触发操作系统自动创建的；还有一种由用户手动创建的还原点。建议用户在执行可能给系统带来问题的操作前手动创建一个还原点。

1．配置系统还原

用户可以通过配置系统还原，指定系统还原范围，设置还原文件类型及磁盘空间占用量等，具体操作步骤如下。

（1）选择"开始"｜"所有程序"｜"附件"｜"系统工具"｜"系统还原"命令，在打开的"系统还原"窗口中单击"系统保护"链接。

（2）在弹出的"系统属性"对话框中，在"系统保护"选项卡下单击"配置"按钮。

（3）在弹出的"系统保护本地磁盘"对话框中，在"还原设置"选项组中可以设置还原文件的类型及关闭系统还原；在"磁盘空间使用量"选项组中可以设置还原点的磁盘空间占用量。

2．创建还原点

还原点用于存储某一特定时间计算机的系统文件状态，创建的具体操作步骤如下。

（1）选择"开始"｜"所有程序"｜"附件"｜"系统工具"｜"系统还原"命令，在打开的"系统还原"窗口中单击"系统保护"链接。

（2）在弹出的"系统属性"对话框中，在"系统保护"选项卡下单击"创建"按钮。

（3）在弹出的"系统保护"对话框中的文本框中输入描述性质的信息，如"2020-1-14"，如图 2-65 所示，单击"创建"按钮即可。

3．还原系统

当系统出现故障，导致系统数据丢失时，可以通过系统还原点来还原计算机，具体操作步骤如下。

（1）选择"开始"｜"所有程序"｜"附件"｜"系统工具"｜"系统还原"命令，在打开的"系统还原"窗口中单击"系统保护"链接。

（2）在弹出的"系统属性"对话框中，在"系统保护"选项卡下单击"系统还原"按钮。

图 2-65　"系统保护"对话框

（3）单击"下一步"按钮，在弹出的"系统还原"对话框中单击"下一步"按钮。

（4）在列表框中选择还原点。如果希望查看被系统还原影响的程序，可以单击"扫描受影响的程序"按钮，在列表中的程序将在系统还原时被删除。

习 题

一、单项选择题

1. 下面关于操作系统的叙述中，错误的是（   ）。

    A. 操作系统是用户与计算机之间的接口

    B. 操作系统直接作用于硬件，并为其他应用软件提供支持

    C. 操作系统分为单用户、多用户等类型

    D. 操作系统可直接编译高级语言源程序并执行

2. 下面关于 Windows 窗口的描述中，错误的是（   ）。

    A. 窗口是 Windows 应用程序的用户界面

    B. Windows 的桌面也是 Windows 窗口

    C. 用户可以改变窗口的大小并在屏幕上移动窗口

    D. 窗口主要由边框、标题栏、菜单栏、工作区、状态栏、滚动条等组成

3. Windows 7 操作系统中，将打开的窗口拖动到屏幕顶端，窗口会（   ）。

    A. 关闭   B. 消失   C. 最大化   D. 最小化

4. 下列关于 Windows 桌面图标的叙述，错误的是（   ）。

    A. 所有图标都可以重命名   B. 图标可以重新排列

    C. 图标可以复制   D. 所有的图标都可以移动

5. 在 Windows 中，将当前窗口作为图片复制到剪贴板时，应该使用（   ）键。

    A.【Alt+Print Screen】   B.【Alt+Tab】

    C.【Print Screen】   D.【Alt+Esc】

6. Windows 7 的"开始"菜单包括了 Windows 7 系统的（   ）。

    A. 主要功能   B. 全部功能   C. 部分功能   D. 初始化功能

7. 在 Windows 中，对同时打开的多个窗口进行并排显示时，参加排列的窗口为（   ）。

    A. 所有已打开的窗口   B. 用户指定的窗口

    C. 当前窗口   D. 除已最小化以外的所有打开的窗口

8. 在 Windows 中，利用"回收站"可恢复（   ）上被误删除的文件。

    A. 软盘   B. 硬盘   C. 内存储器   D. 光盘

9. 在 Windows 中，在下拉菜单里的各个命令中，有一类命令被选中执行时会弹出对话框，该命令的显示特点是（   ）。

    A. 命令项的右边标有一个实心三角符号

    B. 命令项的右边标有省略号（…）

    C. 命令项本身以浅灰色显示

    D. 命令项位于一条横线以上

10. 在 Windows 中，在"计算机"窗口中双击"本地磁盘（C:）"图标，将会（   ）。

    A. 格式化该硬盘   B. 将该硬盘的内容复制

    C. 删除该硬盘的所有文件   D. 显示该硬盘中的内容

11. 在 Windows 中，鼠标主要有 3 种操作方式，即单击、双击和（   ）。

    A. 连续交替按下左右键   B. 拖放

    C. 连击   D. 与键盘按键配合使用

12. 在 Windows 中，可使用（　　）进行中英文输入法的切换。

    A.【Ctrl+Space】组合键　　　　　　B.【Shift+Space】组合键

    C.【Ctrl+Shift】组合键　　　　　　　D. 右【Shift】键

13. 文件的类型可以根据（　　）来识别。

    A. 文件的大小　　B. 文件的用途　　　C. 文件的扩展名　　D. 文件的存放位置

14. 在 Windows 中的"计算机"窗口中，若已选定硬盘上的文件或文件夹并按【Shift+Delete】组合键，再单击"确定"按钮，则该文件或文件夹将（　　）。

    A. 被删除并放入"回收站"　　　　　B. 不被删除也不放入"回收站"

    C. 直接被删除而不放入"回收站"　　D. 不被删除但放入"回收站"

15. 以"Administrator"用户名登录 Windows 7 系统后，该用户默认的权限是（　　）。

    A. 受限用户

    B. 一般用户

    C. 可以访问计算机系统中的任何资源，但不能安装/卸载系统程序

    D. 享有对计算机系统的最大管理权限

16. 在 Windows 中，文件夹中只能包含（　　）。

    A. 文件　　　　　B. 文件和子文件夹　C. 子目录　　　　　D. 子文件夹

17. 在 Windows 中，在窗口操作中进行了两次剪切操作，第一次剪切了 5 个字符，第二次剪切了 3 个字符，则剪贴板中的内容为（　　）。

    A. 第一次剪切的后两个字符和第二次剪切的 3 个字符

    B. 第一次剪切的 5 个字符

    C. 第二次剪切的 3 个字符

    D. 第一次剪切的前两个字符和第二次剪切的 3 个字符

18. 在 Windows 中，打开"资源管理器"窗口后，要改变文件或文件夹的显示方式，应通过（　　）。

    A."文件"菜单　　　　　　　　　　B."编辑"菜单

    C."查看"菜单　　　　　　　　　　D."帮助"菜单

19. 在 Windows 中，其自带的只能处理纯文本的文字编辑工具是（　　）。

    A. 写字板　　　　B. 剪贴板　　　　C. Word　　　　　D. 记事本

20. Windows 中"碎片整理"的主要作用是（　　）。

    A. 修复损坏的磁盘　　　　　　　　B. 缩小磁盘空间

    C. 提高文件访问速度　　　　　　　D. 清除暂时不用的文件

二、多项选择题

1. 微型计算机的各种功能中，（　　）是操作系统的功能。

    A. 实行文件管理

    B. 对内存和外部设备实行管理

    C. 充分利用 CPU 的处理能力，采用多用户和多任务方式

    D. 各种计算机语言翻译成机器指令

2. 在启动 Windows 7 的过程中，下列描述正确的是（　　）。

    A. 若上次是非正常关机，则系统会自动进入硬盘检测进程

    B. 可不必进行用户身份验证而完成登录

    C. 在登录时可以使用用户身份验证制度

D．系统在启动过程中将自动搜索即插即用设备

3．在 Windows 中，终止应用程序执行的正确方法是（　　）。

A．双击应用程序窗口左上角的控制菜单框

B．将应用程序窗口最小化成图标

C．单击应用程序窗口右上角的关闭按钮

D．双击应用程序窗口中的标题

4．Windows 中常见的窗口类型有（　　）。

A．文档窗口　　　B．应用程序窗口　　　C．对话框窗口　　　D．命令窗口

5．在 Windows 7 中，个性化设置包括（　　）。

A．主题　　　　　B．桌面背景　　　　　C．窗口颜色　　　　D．屏幕保护程序

6．在 Windows 7 操作系统中，属于默认库的有（　　）。

A．文档　　　　　B．音乐　　　　　　　C．图片　　　　　　D．视频

7．在 Windows 7 中，在打开的文件夹中显示其中的文件（夹）有（　　）方式。

A．大图标　　　　B．小图标　　　　　　C．列表　　　　　　D．详细信息

8．在 Windows 环境中，可对磁盘文件进行有效管理的工具有（　　）。

A．计算机　　　　B．回收站　　　　　　C．文件管理器　　　D．资源管理器

9．当选定文件夹后，下列操作中能删除该文件夹的是（　　）。

A．按【Delete】键

B．右击该文件夹，在弹出的快捷菜单中选择"删除"命令

C．在窗口的"组织"菜单中选择"删除"命令

D．双击该文件夹

10．下列属于 Windows 7 控制面板中设置项目的是（　　）。

A．个性化　　　　B．网络和共享中心　C．用户账户　　　D．程序和功能

三、操作题

1．当打开多个窗口时，如何激活某个窗口，使之变成活动窗口？

2．设置任务栏，要求如下。

（1）将任务栏移到屏幕的右边缘，再将任务栏移回原处。

（2）改变任务栏的宽度。

（3）取消任务栏上的时钟显示并设置任务栏为自动隐藏。

（4）在任务栏靠右的区域显示"电源选项"图标。

3．按照要求完成下列操作。

（1）在桌面上新建一个文件夹，将其命名为 UserTest，再在其中新建两个子文件夹 User1、User2。

（2）更改子文件夹 User2 的名称为 UserTemp。

（3）利用记事本或写字板编辑一个文档，在文档中练习输入汉字，输入一篇约有 500 个汉字、500 个英文字符的文章，以 WD1 为名将文章保存在桌面的 UserTest 文件夹中。

（4）利用"画图"程序练习使用各种绘图工具，绘制一幅图，保存该文件到桌面的 UserTest 下的 User1 子文件夹中，将其命名为 WD2，对此图进行修改后另存到子文件夹 UserTemp 中，命名为 WD3。

（5）将桌面上的 UserTest 文件夹中的文件和子文件夹复制到 D 盘中。

（6）完成以上操作后，为桌面的 UserTest 子文件夹设置只读属性。

（7）删除子文件夹 User1 和 UserTemp 中的文件 WD2 和 WD3，再练习从回收站将 WD3 文件还原。删除桌面上的 UserTest 文件夹。

4．利用控制面板对当前计算机进行个性化设置，如桌面背景、声音及屏幕保护程序等。

5．调整系统的日期和时间。

6．练习输入法的选用、删除或添加。

7．练习使用计算器，如一般的计算、复杂的数理问题及进行不同进制数的转换等，如计算 $\cos\pi+\lg20+（5!）^2$ 的结果。

PART03

第3章

Word 2010文字处理软件

Microsoft Office 是 Microsoft 公司开
发的办公自动化软件，2010 年 5 月
Microsoft 在美国纽约正式发布 Office
2010，它是一个庞大的集成办公软件，
主要包括 Word 2010、Excel 2010、
PowerPoint 2010、Access 2010、
Outlook 2010、InfoPath 2010 及
Publisher 2010 等应用程序（或称组
件）。Office 2010 具备了全新的安全策
略，在密码、权限、邮件线程方面都有
更好的控制。Office 的云共享功能让
Word、Excel、PowerPoint 等 Office
文件可以通过 SharePoint 平台，同时
供多人编辑、浏览，从而提升文件协同
作业的效率。

3.1 Word 2010 的基本知识

Microsoft Word 是一款文字处理软件，使用 Microsoft Word 可创建和编辑文档、信件、报告、网页或电子邮件中的文本和图形。这一节主要讲解 Word 2010 的基础知识。

3.1.1 Office 2010 组件简介

Office 2010 办公组件主要包括 Word 2010、Excel 2010、PowerPoint 2010、Access 2010 和 Outlook 2010。

1. Word 2010——文字处理软件

Word 2010 具有强大的文字编辑能力与编排能力，主要用于日常办公的文字处理。用户可以通过其强大的文字、图片编辑功能，轻松、高效地组织和编写出具有专业外观的文档，如信函、公文、论文、报告和小册子等。

2. Excel 2010——电子表格处理软件

Excel 2010 是一款性能优越的电子表格和数据处理软件，被广泛用于统计、财务、销售、库存管理等领域。它具有强大的表格处理能力，利用 Excel 可以设计制作出各种复杂的报表，同时 Excel 还具有完善的数据管理、计算和分析等功能。

3. PowerPoint 2010——演示文稿制作软件

PowerPoint 2010 是一款专业的演示文稿制作和播放软件，可以制作幻灯片、投影片、演示文稿，甚至是贺卡、流程图、组织结构图等。它有丰富的主题和模板、优美的背景颜色、方便的制作工具、生动的动画演示，能够把用户要表达的信息组织在一组图文并茂的画面中，制作出集文字、图形、图像、声音及视频剪辑等多种多媒体元素于一体的演示文稿。

4. Access 2010——数据库管理软件

Access 2010 是一种小型的关系数据库管理系统，它提供了表、查询、窗体、报表、页、宏、模块等 7 种用来建立数据库系统的对象，提供了多种向导、生成器、模板，把数据存储、数据查询、界面设计、报表生成等操作规范，为建立功能完善的数据库管理系统提供了方便，也使得普通用户不必编写代码，就可以完成大部分数据管理的任务。

5. Outlook 2010——收发电子邮件与个人信息管理

Outlook 2010 可以收发与管理电子邮件，具有日历、联系人和任务清单等功能，用户可将这些功能与电子邮件相结合，加强与外界的结合，轻松完成待办事项。

3.1.2 启动与关闭 Word 2010

1. 启动 Word 2010

可以通过以下几种方法来启动 Word 2010。

（1）单击任务栏上的"开始"按钮，指向"所有程序"菜单项，单击"Microsoft Office"，再单击"Microsoft Word 2010"，出现 Word 2010 窗口。

（2）单击任务栏"快速启动工具栏"或桌面上的 Microsoft Word 2010 快捷方式。

（3）单击任务栏上的"开始"按钮，在"搜索程序和文件"框中输入"WinWord"命令。

（4）双击打开某一个 Word 文档，也可以启动 Word。

2. 关闭 Word 2010

可以使用以下几种方法来关闭（退出）Word 2010。

（1）单击 Word 窗口右上角的关闭按钮。

（2）选择"文件"选项卡中的"退出"命令。

（3）按【Alt+F4】组合键。

（4）双击 Word 窗口左上角的 Word 图标 W 。

3.1.3　操作界面的认识

启动 Word 2010 后，将看到图 3-1 所示的窗口。

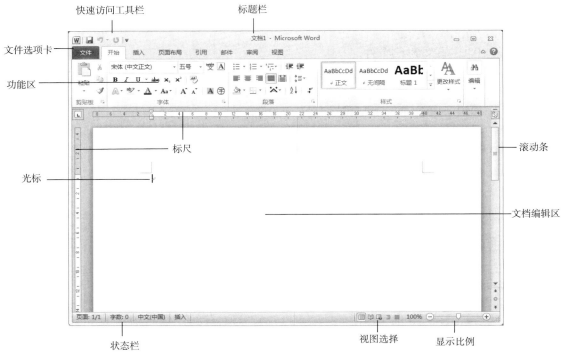

图 3-1　Word 2010 的窗口组成

（1）标题栏。标题栏显示了当前打开的文档名称，在右边还提供了最小化、最大化（还原）和关闭 3 个按钮，借助这些按钮可以快速执行相应的功能。

（2）快速访问工具栏。在快速访问工具栏中，用户可以实现新建、保存、打开、撤销、恢复、打印预览和快速打印等功能。

（3）文件选项卡。单击文件选项卡，弹出的下拉菜单中包含保存、另存为、打开、关闭、信息、最近所用文件、新建、打印、保存并发送、帮助、选项和退出等选项。

（4）功能区。功能区是 Word 的主要组成部分。为了便于浏览，功能区包含若干个围绕特定方案或对象进行组织的选项卡。之前的版本大多以子菜单的模式为用户提供按钮功能，现在 Word 2010 以功能区的模式提供了几乎所有的按钮、库和对话框。在通常情况下，Word 的功能区包含了"文件""开始""插入""页面布局""引用""邮件""审阅"和"视图"8 个选项卡，每个选项卡又细分为不同的工具组。

（5）文档编辑区。文档编辑区是用户工作的主要区域，用来实现文档的显示和编辑。在这个区域中经常使用到的工具还包括水平标尺、垂直标尺、对齐方式、显示段落等。在 Word 默认的新文档中，可以看到在编辑区的左上角有一个闪烁的竖条，称为光标或插入点，其作用是指示下一个键入字符的位置。光标后的灰色折线是文档的结束符。

（6）视图选择。在文本区右下方或在"视图"选项卡中，可以选择"页面视图"、"阅读版式视图"、"Web

版式视图"、"大纲视图"和"草稿"等不同模式。

（7）标尺。标尺由水平标尺和垂直标尺两部分组成。水平标尺位于文本区顶端，在"页面视图"状态下，垂直标尺会出现在文本区左边。标尺的功能在于缩进段落、调整页边距、改变栏宽及设置制表位等。

（8）滚动条。单击滚动条上的滚动框，会出现当前页码等相关信息提示。当拖动滚动条使文档内容快速滚动时，提示信息将随滚动框位置的变化即时更新。

（9）状态栏。状态栏为显示页码、字数统计、拼音语法检查、插入/改写方式以及视图方式、显示比例等辅助功能所在的区域。

3.2　文档操作

当启动 Word 2010 时，如果没有指定要打开的文档，Word 2010 将自动新建一个名为"文档1"的空白文档，可以在文档编辑区直接输入文字，也可以进行编辑和排版。当选择"快速访问工具栏"中的"保存"命令时可保存文档，系统在第一次保存新建"文档1"时会弹出"另存为"对话框，并要求用户选择保存文件的路径并输入文件名。

3.2.1　创建文档

任何 Microsoft Word 文档都是以模板为基础创建的，Word 2010 模板通常指扩展名为.docx 的文件。一个模板文件中包含了一类文档的共同信息，即这类文档的共同文字、图形和样式，甚至包括预先设置的版面、打印方式等。

除了启动 Word 2010 时软件自动新建名为"文档1"的空白文档外，还可以使用以下几种方法来建立新文档。

1. 创建新的空白文档

当要建立新的文档时，有以下 3 种方法。

（1）选择快速访问工具栏的"新建"按钮，可直接创建一个新的 Word 空白文档。

（2）单击"文件"选项卡，单击"新建"按钮，将出现图 3-2 所示的"新建文档"任务窗口。双击"空白文档"模板，即可创建新的空白文档。

（3）按【Ctrl+N】组合键。

图 3-2　"新建文档"任务窗口

2．使用模板创建新文档

如果要创建的不是普通的文档，而是信函、简历或传真等，可以利用 Word 2010 提供的模板，具体操作步骤如下。

（1）单击"文件"选项卡中的"新建"按钮，出现"新建文档"任务窗口。

（2）若要发一封信函，可在"新建文档"任务窗口中选择"样本模板"，则出现图 3-3 所示的对话框，其中有"Office Word 2003 外观""黑领结合并信函""黑领结简历"等模板。

（3）选择某种模板，右侧预览框中将显示这种模板的基本格式。

（4）确定好模板后，单击"创建"按钮，便可进入 Word 文档的创建过程。

图 3-3　利用"样本模板"新建 Word 文档

3.2.2　保存文档

1．新建文档的保存

Word 2010 在建立新文档时给文档赋予了"文档 1""文档 2"等名称，编辑过程中要经常（如每隔 10 分钟）执行保存操作，以避免断电或其他故障导致信息丢失。

要保存文档，可单击快速工具栏的"保存"按钮，或选择"文件"选项卡中的"保存"按钮，或按【Ctrl+S】组合键。新文档第一次执行保存命令时，将出现图 3-4 所示的"另存为"对话框。单击图 3-4 中的"保存"按钮之前，通常要指定文件位置并输入实用的文件名，具体操作步骤如下。

（1）指定保存文档的位置。在图 3-4 所示对话框的左侧有"收藏夹""库""计算机""网络"这 4 种特殊的保存位置，如果用户要将文件存放在其中一种位置中，可以直接单击该位置以进入相应的位置或文件夹，但一定要使特定磁盘或文件夹出现在"文件保存位置"框中。

（2）指定保存文档的类型。Word 默认保存的文件类型为"Word 文档"，扩展名为.docx。若要将文档保存为其他文件类型，可单击"保存类型"栏右侧的下拉按钮，选择相应类型。

（3）指定保存文件的文件名。Word 会根据文档第一行的内容，自动给出默认的文件名。用户也可以按照文档内容或其他需要输入一个新的文件名，取代"文件名"栏中显示的临时文件名。

（4）单击"保存"按钮，则以输入的文件名或默认的文件名将文件保存在指定的磁盘或文件夹中。

2．已存在文档的保存

保存一个新建文档后，可以继续在该文档中进行内容输入和编辑操作。但是，所做的修改并没有保存，在退出 Word 之前，还必须对其进行保存。对一个已命名的文档进行修改后，可单击快速访问工具栏的"保存"按钮，或单击"文件"选项卡中的"保存"按钮，或按【Ctrl+S】组合键。此时 Word 不再出现图 3-4 所示的对话框。

图 3-4 "另存为"对话框

如果希望为打开的文档重命名或更换文件夹保存，可选择"文件"选项卡中的"另存为"按钮，在"文件名"对话框中重新输入新的文件名或在"文件保存位置"选择新的存储位置，单击"保存"按钮即可。

3.2.3 关闭文档

用户完成对文档的编辑操作后，需要将文档关闭，可以通过以下几种方法关闭文档。

（1）单击"文件"选项卡中的"关闭"按钮。

（2）单击文档编辑窗口右上角的关闭按钮 ✖ 。

（3）双击 Word 窗口左上角的 Word 图标 Ｗ 。

（4）按【Alt+F4】组合键。

若对当前文档进行了修改而没有保存，在关闭文档窗口时，Word 2010 会弹出图 3-5 所示的提示对话框，询问是否在关闭文档之前保存对文档的修改。

单击"保存"按钮将先保存当前文档，再关闭该文档窗口；单击"不保存"按钮，则不保存当前文档并关闭文档；如果单击"取消"按钮，则取消关闭文档的操作，返回编辑状态。

图 3-5 关闭文档时提示保存文档修改的对话框

3.2.4 打开文档

要编辑一个已经保存在磁盘上的文档，就需要先打开该文档。所谓打开文档，就是打开一个 Word 窗口，将文档内容从磁盘读到内存，并将文档内容显示在窗口中。

1. 打开最近使用的文件

Word 会记录用户最近使用的文件。在"文件"选项卡中的"最近使用的文档"列表中就可以看到最近使用过的文件（列表中默认显示最近使用的文档数最大值为 25），如图 3-6 所示。如果要打开列表中的某个文件，只需要单击该文件名即可。

图 3-6 "最近所用文件"列表

2. 打开 Word 2010 文档

如果用户要打开一个已存在的 Word 文档，可按下述步骤进行。

（1）单击快速访问工具栏的"打开"按钮，或选择"文件"选项卡中的"打开"按钮，或按【Ctrl+O】组合键，出现图 3-7 所示的"打开"对话框。在该对话框的左侧有"收藏夹""库""计算机"和"网络"这 4 种特殊的打开位置，如果用户的文件已存放在其中某一位置，可以直接单击该位置以进入相应的位置或文件夹并选择相应的文件。

图 3-7 "打开"对话框

（2）用户也可在选定打开位置后，在打开位置右侧的"搜索"栏输入要打开的文件的文件名进行搜索。若找到需要打开的文件，先单击文件名，再按回车键或单击"打开"按钮。文件打开后，文件内容将显示在 Word 2010 窗口的编辑区内，用户可对文件进行编辑。

3.3　编辑文档

Word 2010 提供了强大的文档编辑功能，熟练掌握这些编辑技巧，能高效地完成文档的编辑。下面详细介绍如何在 Word 2010 中对 Word 文档进行编辑。

3.3.1 文本录入

1. 中文输入法选择

当需要录入英文时，可通过键盘直接输入。当需要录入中文时，可单击任务栏上的输入法指示器，在弹出的菜单中选择一种中文输入法。

也可以按【Ctrl+Space】组合键在中、英文输入法之间切换，或按【Ctrl+Shift】组合键选择不同的汉字输入方法，在输入法之间进行切换。

2. 光标定位

打开一个文档后，用户可以在不断闪烁的光标处输入相应的文本；也可以单击欲输入或修改的文字处，将光标定位于此处，然后再输入文本。在输入文本时，光标自动向右移动。

3. 文本录入

在文本录入到达行的末尾时，不要按回车键，Word 会自动将输入的内容换到下一行，只有一段结束时才需要按回车键，产生一个段落标记。录入满一页时 Word 会自动分页，并自动开始录入到新的一页。

4. 删除字符

如果输错了一个字符，可以直接按【Backspace】键删除光标左边的字符，按【Delete】键删除光标右边的字符，然后重新输入正确的字符。

5. 插入、改写模式转换

Word 默认的状态是插入模式，按【Insert】键或单击状态栏上的"插入"和"改写"按钮可实现插入和改写模式的转换。在插入模式下，输入的文本直接插入到光标之前；在改写模式下，输入的文本直接覆盖光标后的字符。

6. 即点即输

Word 2010 的即点即输功能使用户可在文档的空白区域随意地插入文本、图形、表格和其他内容。

Word 2010 默认已启用"即点即输"功能，若"即点即输"功能被关闭，可选择"文件"选项卡中的"Word 选项"按钮，在打开的"Word 选项"对话框中单击"高级"选项卡，在"编辑选项"中选中"启用'即点即输'"复选项，即可启用 Word 2010 "即点即输"功能。此时，将光标移到想要插入文本、图形或表格的空白区域，双击页面后便可输入文本、图形或表格等内容。

7. 插入日期和时间

插入日期和时间一般用于表格、公文、书信等各种应用文中。在文档中插入日期和时间的操作步骤如下。

（1）先将光标"I"移动到要插入日期和时间的位置。

（2）选择"插入"选项卡的"文本"工具组的"日期和时间"按钮，出现图 3-8 所示的"日期和时间"对话框。

（3）在"语言"下拉列表框中选择一种语言。

（4）在"可用格式"列表框中选择一种日期和时间格式。

（5）如果要以全角字符的方式插入选择的日期和时间，那么勾选"使用全角字符"复选框。

（6）如果勾选"自动更新"复选框，则以域的形式插入当前的日期和时间。该日期和时间是一个可以变化的值，能够自动地根据系统的日期和时间而变化。如果想要把插入的日期和时间作为文本永久地保留在文档中，则要取消选择"自动更新"复选框。

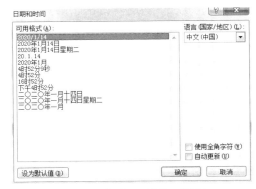

图 3-8 "日期和时间"对话框

（7）单击"确定"按钮完成此操作。

8. 插入符号

在一个文档中如果想要输入一些符号，如希腊字母、数学符号、图形符号及全角字符等，可以利用 Word 2010 提供的插入符号和特殊字符功能，具体操作步骤如下。

（1）将光标"I"移动到要插入符号的位置。

（2）选择"插入"选项卡的"符号"工具组的"符号"按钮，再从下拉列表框中选择常用符号或单击"其他符号"命令，出现图 3-9 所示的"符号"对话框。"符号"对话框中有"字体"和"子集"两个下拉列表，用户可以从中选择不同的字体和子集。

图 3-9 "符号"对话框

（3）"符号"对话框中显示了可供选择的符号。

（4）选择了某个符号之后，它的背景就会变成蓝色，可以单击"插入"按钮，也可以双击此符号，这样就可以在光标插入该符号了。

还可以从"符号"对话框（见图 3-9）中的"特殊字符"选项卡中选择插入特殊字符，如长划线、短划线、版权所有、注册和商标等。

3.3.2 选定文本

在 Word 中，许多操作，如复制、删除、移动或排版都需要选定文本。可采用拖动鼠标指针的方法选定文本块：将光标指向文本块的开始处，按住鼠标左键，拖动鼠标使指针扫过要选定的文本，在文本块结尾处松开鼠标左键，被选定的内容将突出显示。Word 操作遵循"选中谁，操作谁"的原则。选定文本的常用方法还有以下几种。

（1）选定一个英文单词或汉字词组。双击该单词或汉字词组。

（2）选定一个句子。按住【Ctrl】键，单击句子的任意位置，可选中两个句号中间的一个完整的句子。

（3）选定一行。将鼠标指针放置在行的左边，当指针变为向右的箭头时，单击，箭头所指的行即被选中。

（4）选定连续多行。将鼠标指针放置在连续多行的首行或末行左边，当指针变为向右的箭头时，单击，然后向下或向上拖动鼠标即可选定连续的多行。

（5）选定某个段落。将鼠标指针放置在段落的左边，当指针变为向右的箭头时，双击，箭头所指的段落被选中；也可在段落中任意位置连续按 3 下鼠标左键来选定某个段落。

（6）选定多个段落：先选定一个段落，同时按住鼠标左键不要松，拖动鼠标向下或向上移动即可选择多段。

（7）选定整篇文档。将鼠标指针放置在段落的左边，当指针变为向右的箭头时，连续按 3 下鼠标左键或按

【Ctrl+A】组合键选定整篇文档。

（8）选定矩形文本区域。按下【Alt】键的同时，在要选择的文本上拖动鼠标指针，可以选定一个文本区域。

若要取消选定的文本块，只需在选定的文本块内或外单击即可。

按住【Shift】键，配合键盘上的 4 个光标移动键或【Home】、【End】键，可在光标上、下、左、右选定文本。

① 【Shift+↑】组合键：从光标开始选定到上一行相同位置。

② 【Shift+↓】组合键：从光标开始选定到下一行相同位置。

③ 【Shift+←】组合键：选定光标左侧一个字符。

④ 【Shift+→】组合键：选定光标右侧一个字符。

⑤ 【Shift+Home】组合键：选定从光标至行首之间的内容。

⑥ 【Shift+End】组合键：选定从光标至行尾之间的内容。

3.3.3　复制、移动文本

1. 复制文本

（1）选定要复制的文本。

（2）选择"开始"选项卡的"剪贴板"工具组的"复制"按钮，或在选定区域右击并在弹出的快捷菜单中选择"复制"命令，或按【Ctrl+C】组合键，将选定内容放入剪贴板。

（3）把光标移动到欲粘贴的位置，粘贴支持在不同文档之间进行切换。

（4）选择"开始"选项卡的"剪贴板"工具组的"粘贴"命令，或在光标处右击并在弹出的快捷菜单中选择"粘贴"命令，或按【Ctrl+V】组合键，将剪贴板内容粘贴至光标处。

如果要在近距离内复制文本，也可以使用以下方法。

（1）选定要复制的文本。

（2）将鼠标指针移动到选定的文本之上，此时鼠标指针由 I 形变为箭头。

（3）按住【Ctrl】键，将选定的文本拖动至新位置。拖动时有一个点画线表示要粘贴文本的位置。

（4）到达目标位置后，要先松开鼠标左键，再松开【Ctrl】键。

2. 移动文本

如果要将文本从文档的一个位置移到另一个位置，可以按照下述步骤操作。

（1）选定要移动的文本。

（2）选择"开始"选项卡的"剪贴板"工具组的"剪切"按钮，或在选定区域右击并在弹出的快捷菜单中选择"剪切"命令或按【Ctrl+X】组合键，此时，选定的内容已从原位置删除，并被存放在剪贴板中。

（3）在目标位置处单击以放置光标。

（4）选择"开始"选项卡的"剪贴板"工具组的"粘贴"按钮，或在光标处右击并在弹出的快捷菜单中选择"粘贴"命令，或按【Ctrl+V】组合键，将剪贴板内容粘贴至光标处。

如果要在近距离内移动文本，也可以使用以下方法。

（1）选定要移动的文本。

（2）将鼠标指针移动到选定的文本之上，此时鼠标指针由 I 形变为箭头。

（3）按住鼠标左键，将选定的文本拖动至新位置。拖动时有一个点画线表示要粘贴文本的位置。

（4）到达目标位置后，松开鼠标左键，即完成移动。

3.3.4　重复、撤销和恢复

每次插入、删除、移动或复制文本时，每一步操作和内容变化 Word 都会进行记录，之后可以进行多次撤销或重复在文档中所做的修改。Word 的这种暂时存储功能使撤销与重复操作变得十分方便。

如果要重复上一步进行的操作，单击快速访问工具栏的"重复"按钮 ↻ 或按【Ctrl+Y】组合键。

如果由于错误或其他原因，想要撤销刚刚完成的最后一次输入或刚刚执行的一个命令时，可以单击快速访问工具栏的"撤销"按钮 ↺ 或按【Ctrl+Z】组合键。

Word 2010 还有一个"恢复"命令，它可以将用户刚刚撤销的操作恢复。当用户执行了"撤销"命令后，快速访问工具栏的"重复"按钮将变成"恢复"按钮 ↻，单击此按钮就可以恢复刚刚撤销的操作。

3.3.5　查找和替换文本

1. 查找文本

"开始"选项卡的"编辑"工具组的"查找"按钮一般只起搜索的作用，"替换"工具既可以查找内容，又可以用指定的内容去替换查找到的内容。

（1）选择"开始"选项卡的"编辑"工具组的"查找"按钮，在"导航"|"搜索文档"栏中键入要查找的文本。若要设定查找范围或要对查找对象进行一定限制，则可单击"查找"工具旁边的下拉按钮，选择"高级查找"命令，出现图 3-10 所示的"查找和替换"对话框，再单击"更多"按钮，在搜索选项中可设置搜索范围、选择"区分大小写"等。

图 3-10　"查找和替换"对话框

（2）在"查找内容"文本框中键入要查找的文本。

（3）单击"查找下一处"按钮开始查找，并定位到查找到的第一个目标处，找到的内容将反白显示，用户可以对查找到的目标进行修改。

（4）如果还想继续查找下一个相同的内容，可以再次单击"查找下一处"按钮，Word 会逐一反白显示文档中出现该内容的位置。当找到想要的位置之后，单击"取消"按钮即可关闭"查找和替换"对话框，并返回当前被反白显示的位置。

如果要查找特定的格式或特殊字符，如"制表符"等，可单击"更多"按钮，选择对话框底部的"格式"或"特殊格式"按钮。

2. 替换文本

利用 Word 的查找功能仅能找出某个文本的位置，而替换功能可以在找到某个文本后，将其用新的文本取代，具体操作步骤如下。

（1）将光标 I 置于文档的开始处。

（2）单击"开始"选项卡的"编辑"工具组的"替换"按钮，出现图 3-11 所示的"查找和替换"对话框的"替换"选项卡。

（3）在"查找内容"文本框中键入要查找的文本。

（4）在"替换为"文本框中键入要替换成的文本。如果要从文档中删除查找到的内容，则将"替换为"这一栏清空。

图 3-11 "替换"选项卡

（5）单击"查找下一处"按钮。当查找到指定的内容后，单击"替换"按钮，则用"替换为"栏中的内容替换"查找内容"栏中的内容，并且继续进行查找；单击"全部替换"按钮，则将文档中所有与"查找内容"栏中的内容一样的文本替换为"替换为"栏中的内容。

除了查找或替换输入的文本外，有时需要查找或替换某些特定的格式和符号等，这就要通过"更多"按钮来扩展"查找和替换"对话框，如图 3-12 所示。

图 3-12 "查找和替换"对话框的扩展

"搜索"下拉列表框：设置搜索的范围。

"格式"按钮：涉及"查找内容"栏或"替换为"栏内容的排版格式，如字体、段落、样式的设置等。

"特殊格式"按钮：查找对象是特殊字符，如通配符、制表符、分栏符、分页符等。

"不限定格式"按钮：取消"查找内容"栏或"替换为"栏指定的所有格式。

3.3.6 文本框的使用

文本框属于图形对象，可以利用"绘图"工具栏中的工具对其进行格式设置。

1. 建立文本框

（1）把现有的内容纳入文本框。先选取欲纳入文本框的所有内容；再单击"插入"选项卡的"文本"工具组的"文本框"按钮，在下拉菜单中选择"绘制文本框"命令，完成以后，选中的文本就都被放进了文本框中。也可以利用同样的方法，在"文本框"按钮的下拉菜单中选择"绘制竖排文本框"，将文本插入竖向排列的文本框中。

（2）插入空文本框。单击"插入"选项卡的"文本"工具组的"文本框"按钮，在打开的内置文本框面板中选择合适的文本框类型，即可在文档中插入一个文本框，此时的文本框处于编辑状态，用户可直接输入文本内容。

2. 编辑文本框

文本框具有图形属性，对其编辑如同设置图形的格式。选中已插入的文本框，在出现的绘图工具"格式"

选项卡（见图 3-13）中，可对文本框的线型、线宽、线条色、填充色、环绕方式等进行设置；也可以利用鼠标拖动文本框的 8 个方向的控点对文本框进行缩放、定位等操作。

图 3-13 绘图工具"格式"选项卡

3.3.7 插入图片

在 Word 2010 中可以插入多种格式的图形文件，常用的图形文件格式有 BMP（位图）、WMF（图元）、JPG（JPEG 文件交换格式）等，具体操作步骤如下。

（1）将光标置于文档中要插入图片的位置。

（2）单击"插入"选项卡的"插图"工具组的"图片"按钮，将出现图 3-14 所示的"插入图片"对话框。

（3）选择图形文件所在的文件夹、文件类型和文件名后，单击"插入"按钮就可将图形插入当前文档中。

图 3-14 "插入图片"对话框

3.3.8 插入剪贴画

Office 2010 提供了一个剪辑库，其中包含了大量的剪贴画、图片，如果要插入剪贴画，可以按照下述步骤进行。

（1）将光标置于文档中要插入剪贴画的位置。

（2）单击"插入"选项卡的"插图"工具组的"剪贴画"按钮，屏幕右侧将出现"剪贴画"任务窗格。

（3）单击"搜索"按钮即可显示所有媒体文件类型的剪贴画，如图 3-15 所示。

（4）在"搜索文字"文本框中输入需要的剪贴画的主题，如输入"计算机"，然后选择结果类型；如果当前计算机处于联网状态，则可以选中"包括 Office.com 内容"复选项。单击"搜索"按钮即可在结果显示区域中显示和主题相关的剪贴画。

（5）单击窗格中的一幅图片，便可将该幅图片插入文档。

3.3.9 绘制图形

Word 2010 提供了很多自选图形绘制工具，其中包括各种线条、矩形、基

图 3-15 "剪贴画"任务窗格

本形状、箭头和流程图等。

1. 绘制自选图形

绘制自选图形的操作步骤如下。

（1）单击"插入"选项卡的"插图"工具组的"形状"下面的下拉按钮，将出现最近使用的形状、线条、矩形、基本形状、箭头总汇、公式形状、流程图、标注、星与旗帜等9种形状，如图3-16所示。

（2）选择所需的类型及该类型中所需的形状。

（3）将鼠标指针移到要插入形状的位置，此时鼠标指针变成十字形，拖动鼠标指针使图形达到所需的大小。如果要画一个圆或正方形等正对称图形，只需在拖动时按住【Shift】键即可。

自选图形插入文档后，功能区中会出现用于自选图形编辑的绘图工具"格式"选项卡（如图3-13所示），通过此选项卡可对自选图形进行更改边框、填充色、阴影、发光、三维旋转及文字环绕等设置。

2. 在自选图形中添加文字

在自选图形（直线和任意多边形除外）上添加的文字可以进行字符格式的设置，也可以随着图形的移动而移动，具体操作步骤如下。

右击需要添加文字的图形对象，从弹出的快捷菜单中选择"添加文字"命令，Word 2010 将自动在图形对象上显示文本框，用户可进行文字的输入。

图 3-16　形状面板

3.3.10　插入艺术字

在 Word 2010 中，可以使用艺术字功能来生成具有特殊视觉效果的标题和文字等。艺术字是文字图形，创建艺术字的操作步骤如下。

（1）单击"插入"选项卡的"文本"工具组的"艺术字"按钮，将出现图3-17所示的艺术字预设样式面板。

（2）选择所需的艺术字样式，打开艺术字文字编辑框，直接输入艺术字文本。

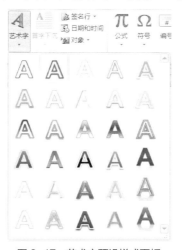

图 3-17　艺术字预设样式面板

生成艺术字后，选定艺术字对象，在功能区中将显示绘图工具"格式"选项卡，用户可对艺术字进行边框、填充、阴影、发光、三维效果等的设置。

3.3.11　插入 SmartArt 图形

Word 2010 中的 SmartArt 工具增加了大量新模板和新类别，提供了更丰富多彩的图表绘制功能，能帮助用户制作出精美的文档图表对象。使用 SmartArt 工具，可以非常方便地在文档中插入用于演示流程、层次结构、循环或关系的 SmartArt 图形。在文档中插入 SmartArt 图形的操作步骤如下。

（1）将光标置于文档中要插入 SmartArt 图形的位置。

（2）单击"插入"选项卡的"插图"工具组的"SmartArt"按钮，打开"选择 SmartArt 图形"对话框，如图 3-18 所示。

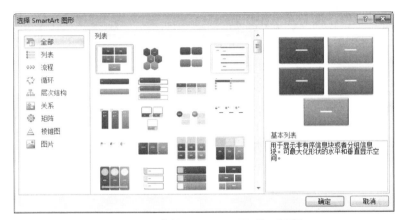

图 3-18　"选择 SmartArt 图形"对话框

（3）图中左侧列表中显示的是 Word 2010 提供的 SmartArt 图形分类列表，单击某一种类别，会在对话框中间显示出该类别下的所有 SmartArt 图形的图例，在此选择"层次结构"分类下的组织结构图。

（4）单击"确定"按钮，即可在文档中插入图 3-19 所示的组织结构图。

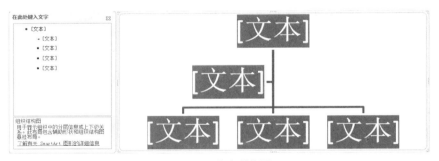

图 3-19　组织结构图

在文档中插入组织结构图后，功能区会显示用于编辑 SmartArt 图形的"设计"和"格式"选项卡，如图 3-20 所示。通过 SmartArt 工具可以为 SmartArt 图形添加新形状、更改布局、更改颜色、更改形状样式，还能为文字更改边框、填充色并设置发光、阴影、三维旋转等效果。

图 3-20　SmartArt 工具

3.3.12　插入表格

表格由水平的"行"与垂直的"列"组成，表格中的每一格称为"单元格"，单元格内可以输入数字、文字、图形，甚至另外一个表格。建立表格时，一般先指定行数、列数，生成一个空表，然后在单元格中输入内容；也可以把已输入的文本转换成表格。

1. 插入空表

（1）利用"插入"选项卡的"表格"按钮。

① 将光标定位在需要插入表格的位置。

② 单击"插入"选项卡的"表格"按钮，打开"表格"下拉菜单，如图 3-21 所示。

③ 在制表示意框中向右、向下滑动鼠标指针，扫描过需要的行数和列数，然后单击即可。

（2）使用"表格"菜单插入表格。

① 将光标定位在需要插入表格的位置。

② 单击"插入"选项卡的"表格"按钮，在弹出的菜单中选择"插入表格"命令，打开"插入表格"对话框，如图 3-22 所示。

图 3-21　"表格"下拉菜单

图 3-22　"插入表格"对话框

③ 在"插入表格"对话框中指定表格的行数和列数，单击"确定"按钮后，表格框架随即生成。

2. 将文本转换成表格

按规律分隔的文本可以转换成表格，文本的分隔符可以是空格、制表符、逗号或其他符号等。

（1）选定要转换的文本。

（2）单击"插入"选项卡的"表格"按钮，在弹出的菜单中选择"文本转换成表格"命令，打开"将文字转换成表格"对话框，如图 3-23 所示。

（3）在该对话框内选择文本的分隔符、行数和列数，单击"确定"按钮。

图 3-23　"将文字转换成表格"对话框

3.3.13　插入公式

数学公式是科学研究文档或论文必不可少的内容，它通常包含一些特殊的符号和比较复杂的格式。利用 Word 2010 的公式编辑器，用户可方便地制作具有专业水准的数学公式。创建数学公式的一般方法如下。

（1）将光标放置到相应位置。

（2）单击"插入"选项卡的"文本"工具组的"对象"按钮，在"对象"对话框中选择"Microsoft 公式 3.0"选项，如图 3-24 所示，单击"确定"按钮后进入公式编辑状态，显示"公式"编辑框和工具栏，如图 3-25 所示。

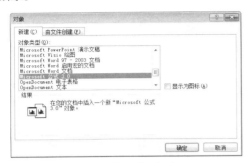

图 3-24　"对象"对话框

图 3-25　公式编辑框和公式工具栏

"公式"工具栏的上面一行是符号，可以插入各种数学字符；下面一行是模板，模板有一个或多个空插槽，可插入积分、矩阵等公式符号。

（3）在公式编辑框中编辑公式，编辑结束后，在公式编辑框以外的地方单击以退出公式编辑状态。

若要对创建的公式进行图形编辑，则单击该图形，将出现带有 8 个方向的控点的虚框，利用它们可以进行图形移动、缩放等操作；双击该公式，进入该图形公式编辑器环境，可对公式进行修改。

也可单击"插入"选项卡的"符号"工具组的"公式"按钮，在下拉菜单中选择内置公式或通过"插入新公式"命令来新建公式，利用公式工具的"设计"选项卡（见图 3-26）编辑公式。

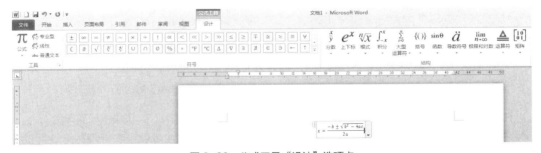

图 3-26　公式工具"设计"选项卡

3.4　文档的排版

Word 最大的特色是"所见即所得"，可以直接在屏幕上看到设置的效果。文档的排版就是要改变文本的外观，如改变字体、段落设置及页面设置等，以使文档具有更漂亮的外观并便于阅读。

3.4.1　工作视图的选择

Word 提供了不同的视图方式，用户可以根据自己的需要选择最适合自己的视图方式来显示文档。例如，可以使用页面视图来观看与打印效果相同的页；使用大纲视图来查看文档结构等。

1. 页面视图

"页面视图"可以显示 Word 2010 文档的打印结果外观，主要包括页眉、页脚、图形对象、分栏设置、页面边距等元素，是最接近打印结果的视图方式。页面视图也是编辑、排版最常用的视图之一。

要切换到页面视图方式，可以单击"视图"选项卡的"文档视图"工具组的"页面视图"按钮。

2. 阅读版式视图

"阅读版式视图"把整篇文档分屏显示，文档中的文本为了适应屏幕自动换行。在该视图中没有页的概念，不显示页眉与页脚，在屏幕的顶部显示了文档的当前屏数和总屏数。在阅读版式视图中，用户还可以单击"工具"按钮来选择各种阅读工具。

要切换到阅读版式视图方式，可以单击"视图"选项卡的"文档视图"工具组的"阅读版式视图"按钮。

3. Web 版式视图

"Web 版式视图"以网页的形式显示 Word 2010 文档，Web 版式视图适用于发送电子邮件和创建网页。在 Web 版式视图方式下，可以看到为 Web 文档添加的背景，文本将自动适应窗口的大小。

要切换到 Web 版式视图方式，可以单击"视图"选项卡的"文档视图"工具组的"Web 版式视图"按钮。

4. 大纲视图

"大纲视图"主要用于 Word 2010 文档的设置和显示标题的层级结构，并可以方便地折叠和展开各种层级的文档。在大纲视图中，可以折叠文档，只查看标题，也可以展开文档，这样可以更好地查看整个文档的内容，移动、复制文字和重组文档都比较方便。

要切换到大纲视图方式，可以单击"视图"选项卡的"文档视图"工具组的"大纲视图"按钮。

5. 草稿

"草稿"视图取消了页面边距、分栏、页眉、页脚和图片等元素，仅显示标题和正文。在该视图方式下，可以完成大部分文本输入和编辑工作。

要切换到草稿视图方式，可以单击"视图"选项卡的"文档视图"工具组的"草稿"按钮。

3.4.2 设置字符格式

字符是用户输入的文字信息，包括中文汉字、西文字母、阿拉伯数字及一些特殊符号。字符的格式包括字符的字体、字号、粗细、字符间距及各种表现形式。一般的字符格式设置可以通过"开始"选项卡的"字体"工具组中的按钮来完成，有一些特殊的设置需要通过"字体"对话框来完成。在字符输入前或输入后，都能对字符格式进行设置。输入前可以通过选择新的格式定义将要输入的文本；对已输入的文本格式进行修改时，遵循"先选定，后操作"的原则，首先选定需要进行格式设置的文本，然后对选定的文本进行格式的设置。

1. 通过功能区进行设置

（1）改变字体

① 选定要改变字体的文本。

② 单击"开始"选项卡的"字体"工具组（如图 3-27 所示）中的"字体"下拉按钮，出现"字体"下拉列表框。

③ 从"字体"下拉列表框中选择所需的字体。

图 3-27　"字体"工具组

（2）改变字号。所谓字号，就是字的大小，一般采用"号"作为表示字体大小的单位。另一种衡量字号的单位是"磅"。部分"字号"与"磅"的对应关系如表 3-1 所示。

表 3-1　部分"字号"与"磅"的对应关系

字　号	磅　值	字　号	磅　值	字　号	磅　值
初号	42	三号	16	六号	7.5
一号	26	四号	14	七号	5.5
二号	22	五号	10.5	八号	5

如果要改变文本的字号，可按下述步骤进行。

① 选定要改变字号的文本。

② 单击"开始"选项卡的"字体"工具组中的"字号"下拉按钮，出现"字号"下拉列表框。

③ 从"字号"下拉列表框中选择所需的字号。

如果对"字号"列表框中的字号不满意，可以单击该文本框中的字号，然后输入自己需要的字号。

（3）设置加粗、倾斜和下划线

① 选定要改变字形的文本。

② 单击"开始"选项卡的"字体"工具组中的"加粗"按钮 **B**，"加粗"按钮呈选取状态。如果想取消加粗，可以再次单击"加粗"按钮，也可以通过【Ctrl+B】组合键来设置加粗格式。

图3-28 "字体"对话框

设置文本的倾斜和下划线的方法与加粗的方法类似。同样，可以分别通过【Ctrl+I】组合键和【Ctrl+U】组合键来设置倾斜和下划线。

（4）设置文字颜色。

① 选定要改变颜色的文本。

② 单击"开始"选项卡的"字体"工具组中的"字体颜色"按钮右边的下拉按钮，再从颜色框中选择要用的颜色。

2. 通过对话框进行设置

功能区的"字体"工具组中仅给出了一些常用的字符格式设置，更多的字符格式设置需要通过"字体"对话框来实现。

单击"开始"选项卡的"字体"工具组右下角的对话框启动器按钮，显示"字体"对话框，如图3-28所示，该对话框有2个选项卡。

（1）"字体"选项卡用来设置字体、字形、下划线、颜色及效果等字符格式。用户可根据需要选择各项参数，例如，英文字母的大小写转换、加着重号、加阴影、改变字体颜色等。

（2）"高级"选项卡用来设置字符的缩放、间距及位置等。缩放有缩放比；间距有标准、加宽、紧缩；位置有标准、提升、降低。

3. 通过浮动工具栏进行设置

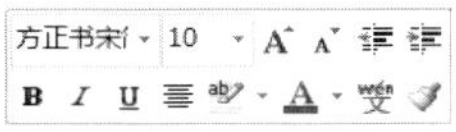

图3-29 浮动工具栏

当选中字符并将鼠标指针指向该字符后，在选中字符的右上角会出现图3-29所示的浮动工具栏，利用它设置字符格式的方法与通过功能区的命令按钮进行设置的方法相同。

3.4.3 设置段落格式

在 Word 中，段落就是文本、图形、对象或其他项目等的集合，后面跟着一个段落标记。可以改变段落的对齐方式、缩进、行距、段间距并为其添加边框和底纹等。

段落标记不仅标识了一个段落的结束，还存储了该段的格式信息。如果删除了一个段落标记，该段文本将采用下一段文本的格式。如果要查看文档中的段落标记，单击"文件"选项卡的"选项"按钮，在弹出的"Word 选项"中选择"显示"选项，即可设置显示段落标记。

在进行段落排版操作之前，一般不需要选定文字内容，只需要将光标置于所需排版的段落中。当然，如果同时对多段或全文进行段落排版（对各段的排版要求相同），则需要选定这些段落或全文。

1. 文本对齐

Word 2010"开始"选项卡的"段落"工具组（见图3-30）中提供了5种对齐方式："左对齐" ≡ 、"居中"≡、"右对齐"≡、"两端对齐"≡和"分散对齐"≡。

（1）左对齐：正文以页面左侧页边距为基准对齐。

（2）居中：正文居于左、右页边的正中，一般用于标题、表格的居中对齐。

（3）右对齐：正文以页面右侧页边距为基准对齐。

（4）两端对齐：段落除最后一行外，其他行通过词与词间自动增加空格的宽度，使正文沿页的左、右页边对齐，对英文文本有效，对中文的效果同"左对齐"。

（5）分散对齐：以字符为单位，均匀地分布在一行上，对中、英文均有效。

也可使用"段落"对话框来对齐文本，具体操作步骤如下。

（1）选定要改变对齐方式的段落，如果只想对一个段落改变对齐方式，可以选定该段落或将光标移到该段落中；如果想一次改变多个段落的对齐方式，则需要将这几段内容全部选定。

（2）单击"开始"选项卡的"段落"工具组右下角的对话框启动器按钮，打开图 3-31 所示的"段落"对话框。

图 3-30 "段落"工具组　　　　　图 3-31 "段落"对话框

（3）在"段落"对话框中选择"缩进和间距"选项卡，单击"对齐方式"下拉按钮，从下拉列表框中选择所需的对齐方式。

（4）选择完毕后，单击"确定"按钮。

2．缩排文本

对于普通的文档段落而言，段落的首行通常缩进两个字符；为了强调某些段落，有时候适当地进行缩进，可以使整体的编排效果更佳。Word 提供了多种段落缩进的方法，例如，使用标尺、"段落"工具组中的按钮或"段落"对话框等。

（1）使用标尺缩排文本：首先选定想缩进的段落，然后在水平标尺上把相应的缩进标记拖到适当的位置即可，水平标尺如图 3-32 所示。

图 3-32 水平标尺

首行缩进：拖动该标尺，控制段落中第一行第一个字的起始位置。

悬挂缩进：拖动该标尺，控制段落中首行以外的其他行的起始位置。

左缩进：拖动该标尺，控制段落左边界缩进的位置。

右缩进：拖动该标尺，控制段落右边界缩进的位置。

（2）使用"段落"工具组缩进按钮："段落"工具组中的缩进按钮能很快地设置一个或多个段落的首行缩进格式。每次单击"增加缩进量"按钮 ▦ 可使所选段落右移一个汉字；同样，每次单击"减少缩进量"按钮 ▦ 可使所选段落左移一个汉字。

（3）"段落"对话框：使用"段落"对话框中的设置来缩排文本，可以按照下述操作步骤进行。

① 选定要缩排的段落，如果只想对一个段落进行缩进，可以选定该段落，也可以将光标移到该段落中；如果想一次缩进多个段落，则需要将这几段内容全部选定。

② 单击"开始"选项卡的"段落"工具组右下角的对话框启动器按钮，打开"段落"对话框。

③ 选择"段落"对话框中的"缩进和间距"选项卡，出现图 3-31 所示的对话框。

④ 在"缩进"选项区域中有"左侧"、"右侧"和"特殊格式"3 个选项。在"左侧"数值框中可以设置段落从左页边距缩进的距离，输入一个正值表示向右缩进，输入一个负值表示向左缩进。在"右侧"数值框中可以设置段落从右页边距缩进的距离，输入一个正值表示向左缩进，输入一个负值表示向右缩进。在"特殊格式"下拉列表框中可以选择首行缩进或悬挂缩进，然后在"磅值"框中输入缩进量。例如，在"特殊格式"下拉列表框中选择"首行缩进"选项，并在"磅值"框中输入或选择"2 字符"，表示首行缩进 2 个字符。

⑤ 设置完毕后，单击"确定"按钮。

3. 行间距、段间距

（1）设置行距：用于设置段落内每一行的间距，可以将行距设置为单倍行距、1.5 倍行距、2 倍行距、最小值、固定值、多倍行距等。如果要设置行距，可以按照下述操作步骤进行。

① 将光标移到要改变行距的段落中。如果要同时改变多个段落的行距，可以先选定这几个段落。

② 单击"开始"选项卡的"段落"工具组右下角的对话框启动器按钮，打开"段落"对话框。

③ 选择"缩进和间距"选项卡，出现图 3-31 所示的对话框。

④ 单击"行距"数值框右边的下拉按钮，选择想要设置的行距类型。

⑤ 单击"确定"按钮。

（2）设置段间距：如果要设置段间距，可以按照下述操作步骤进行。

① 将插入点移到想改变段间距的段落中。如果要同时改变多个段落的行距，可以先选定这几个段落。

② 单击"开始"选项卡的"段落"工具组右下角的对话框启动器按钮，打开"段落"对话框。

③ 选择"缩进和间距"选项卡，如图 3-31 所示。

④ 在"间距"选项区域中有"段前"、"段后"和"行距"3 个选项。其中，"段前"选项用于设置选定段落与上一段之间的距离，单位默认为"行"，同样也可以设置为"厘米"或"磅"等单位。"段后"选项用于设置选定段落与下一段之间的距离。

⑤ 单击"确定"按钮完成段间距的设置。

3.4.4 设置边框与底纹

在 Word 2010 中，可以为文本或段落添加边框和底纹。

1. 添加边框

（1）选中要添加边框的文字或段落。

（2）单击"开始"选项卡的"段落"工具组的"下框线"按钮 ▦ ▾ 右侧的下拉按钮，在弹出的下拉菜单中选择"边框和底纹"选项，弹出图 3-33 所示的对话框。

（3）在"设置"选项区域中选择要应用的边框类型。

（4）在"样式"列表框中选择边框的线型。

（5）单击"颜色"下拉按钮，在下拉列表框中选择边框的颜色。

（6）单击"宽度"下拉按钮，在下拉列表框中选择边框的宽度。

（7）若是给文字加边框，要在"应用于"下拉列表框中选择"文字"选项，文字的四周都会有边框；若是给段落加边框，要在"应用于"下拉列表框中选择"段"选项，给段落加边框时可根据需要有选择性地添加上、下、左、右 4 个方向上的边框，可利用"预览"区域中的上边框、下边框、左边框、右边框 4 个按钮来为所选段落添加或删除相应方向的边框。

图 3-33 "边框和底纹"对话框

（8）若在"应用于"下拉列表框中选择了"段落"选项，则"选项"按钮变为可选状态。

（9）如果要设置段落正文与边框之间的间距，则单击"选项"按钮，出现图 3-34 所示的"边框和底纹选项"对话框。用户可以在相应的文本框中输入正文与边框之间的距离。

2．添加页面边框

为文档添加页面边框要通过图 3-33 所示的"页面边框"选项卡来完成，页面边框的设置方法与为段落添加边框的方法基本相同。除了可以添加线型页面边框外，用户还可以添加艺术型页面边框。打开"页面边框"选项卡页面中的"艺术型"下拉列表框，选择相应的边框类型，再单击"确定"按钮即可。

3．添加底纹

（1）选定要添加底纹的文字或段落。

（2）单击"开始"选项卡的"段落"工具组的"下框线"按钮 右侧的下拉按钮，在弹出的下拉菜单中选择"边框和底纹"选项，打开"边框和底纹"对话框。

（3）选择"底纹"选项卡，出现图 3-35 所示的对话框。

图 3-34 "边框和底纹选项"对话框

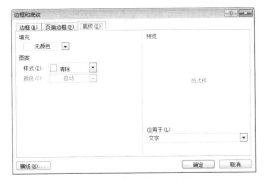

图 3-35 "底纹"选项卡

（4）在"填充"选项区中选择底纹的颜色。

（5）在"样式"下拉列表框中选择底纹的样式，即选择底纹百分比。

（6）在"颜色"下拉列表框中选择底纹内填充的颜色。"预览"列表框中将显示效果。

（7）在"应用于"下拉列表框中选择应用于"文字"或"段落"选项。

（8）单击"确定"按钮，即可为文字或段落添加底纹。

也可通过"段落"工具组中的"底纹"按钮 为所选内容设置底纹。

如果要删除已添加的底纹，可以选定已添加底纹的文本或将光标移到已添加底纹的段落中，在"底纹"选项卡中选择"无颜色"选项，然后单击"确定"按钮。

3.4.5　设置超链接

超链接可以在两个对象之间建立连接关系，当单击一个对象的时候就会跳到另一个对象的位置。我们在网页制作上经常会用到超链接，它非常便于查找、阅读。Word 中的超链接分为链接文档外部的对象和链接文档内部对象两种方式，链接文档内部对象通常以书签作为中介。

设置超链接的步骤如下。

（1）选中要设置超链接的文字或其他对象。

（2）单击"插入"选项卡的"链接"工具组的"超链接"按钮，弹出"插入超链接"对话框，如图 3-36 所示。

图 3-36　"插入超链接"对话框

（3）若要将文字或对象链接到"现有文件或网页"，则在"查找范围"下拉列表框中选择要链接的文件或在"地址"框中输入要链接的地址。

（4）若要将文字或对象链接到"本文档中的位置"，则在这之前必须要先添加书签（单击"插入"选项卡的"链接"工具组的"书签"按钮添加或删除书签）。

3.4.6　项目符号和编号

Word 可以快速为列表添加项目符号或编号，使文档结构变得更加清晰、易于阅读和理解。Word 2010 中可以在输入时自动地产生项目符号或带编号的列表，当然也可以在输入文本之后进行设置，具体操作步骤如下。

1. 项目符号

（1）选择要添加项目符号的段落。

（2）单击"开始"选项卡的"段落"工具组的"项目符号"按钮 ≡·，可直接在段落前插入系统默认的项目符号。也可单击"项目符号"按钮旁的下拉按钮，弹出图 3-37 所示的"项目符号库"下拉列表框，选择不同的项目样式；单击"定义新项目符号"还可拥有更多的选择。

2. 段落编号

（1）选择要添加段落编号的段落。

（2）单击"开始"选项卡的"段落"工具组的"编号"按钮 ≡，可直接在段落前插入系统默认的编号，该段落之后的段落将自动按序编号。当在这些段落中增加或删除一段时，系统将自动重新编号。

系统默认的自动编号列表的样式为"1.2.3.…"。单击"编号"按钮旁的下拉按钮，弹出图 3-38 所示的"编号库"下拉列表框，可选择不同的编号样式，单击"定义新编号格式"还可拥有更多的选择。

图 3-37 "项目符号库"下拉列表框

图 3-38 "编号库"下拉列表框

3.4.7 格式刷

利用格式刷可以快速地将一个文本的格式设置应用到其他文本上，操作步骤如下。

（1）选定要复制样式的文本。

（2）单击"开始"选项卡的"剪贴板"工具组的"格式刷"按钮 ✧。

（3）移动鼠标，将指针指向欲排版的文本开始处，此时鼠标指针旁出现一个小刷子的图标，按下鼠标左键不放，拖动鼠标指针到文本结尾处，此时欲排版的文本被突出显示，然后放开鼠标左键完成文本格式的复制。

若要将格式应用到多个文本上，则双击 ✧ 按钮；完成格式复制后，再单击 ✧ 按钮，复制结束。

3.4.8 利用样式编排文档

在 Word 中，样式是字符格式和段落格式的总体格式信息的集合。如果对某一段落设置了格式，而文档中的其他段落也要反复用到这种相同的格式集，就可以利用样式来编排文档。

1. 使用样式

Word 提供的空白文档模板中已预设了一些标准样式，如正文、标题、强调等。应用样式时，只需先选中要设置样式的文本或段落，再选择"开始"选项卡的"样式"工具组（如图 3-39 所示）中的某一种样式，或单击"样式"工具组右下角的对话框启动器按钮，从"样式"窗口中选择一种样式。要删除某文本已应用的样式，可先将文本选中，再选择"样式"窗口中的"全部清除"命令即可。

图 3-39 "样式"工具组

2. 新建样式

单击"样式"工具组右下角的对话框启动器，选择"样式"窗口左下角的"新建样式"按钮 🖳，出现图 3-40 所示的"根据格式设置创建新样式"对话框，在其中设定样式名、样式类型和具体格式。使用新建样式的方法与使用系统提供的样式的方法一样。

3. 修改样式

右击样式库中需要修改的样式，在弹出的快捷菜单中选择"修改"命令，将出现图 3-41 所示"修改样式"对话框，在其中对字体或段落格式进行修改，然后单击"确定"按钮。若选中"自动更新"复选项，则文档中所有使用这个样式的段落都将根据修改后的样式自动改变格式。

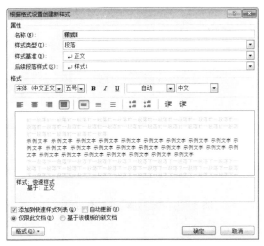
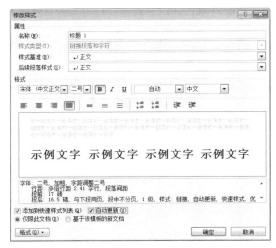

图 3-40 "根据格式设置创建新样式"对话框   图 3-41 "修改样式"对话框

3.4.9 自动生成目录

在撰写学位论文或书籍等类型的文档时，通常需要创建目录，方便读者快速地浏览文档中的内容，并可通过目录右侧显示的页码找到所需内容。在 Word 2010 中，可以非常方便地创建目录。

1. 标记目录项

在创建目录之前，需要先将要在目录中显示的内容标记为目录项，步骤如下。

（1）选中要成为目录的文本。

（2）单击"开始"选项卡的"样式"工具组右下角的对话框启动器按钮，弹出"样式"选择窗口。

（3）根据所要创建的目录项级别，选择"标题 1"、"标题 2"或"标题 3"等样式选项，也可选择自己新建的样式。

2. 创建目录

（1）将光标定位在准备生成文档目录的位置，如文档的开始位置。

（2）单击"引用"选项卡的"目录"工具组中"目录"按钮，在下拉菜单中选择"插入目录"命令，弹出图 3-42 所示的"目录"对话框。

图 3-42 "目录"对话框

（3）选择是否显示页码、页码是否右对齐，并设置制表符前导符的样式。

（4）在"常规"区选择目录的格式及目录的显示级别，一般目录显示级别为 3 级。

（5）单击"确定"按钮即可。

3. 更新目录

当文档中的目录内容发生变化时，就需要对目录进行及时更新。要更新目录，可单击"引用"选项卡的"目录"工具组中的"更新目录"按钮，在弹出的"更新目录"对话框中选择"只更新页码"或"更新整个目录"。

3.4.10 设置图形格式

可以利用图片工具"格式"选项卡（见图 3-43）对插入的图片进行缩放、裁剪、艺术效果设置等。

图 3-43 图片工具"格式"选项卡

1. 缩放图片

使用鼠标可以快速缩放图片，具体操作步骤如下。

（1）在图片中的任意位置单击，图片四周将出现有 8 个方向不同的控点，如图 3-44 所示。

（2）将鼠标指针指向某控点时，鼠标指针变为双向箭头，按住鼠标左键沿缩放方向拖动鼠标指针。

（3）当图片变为合适大小后，松开鼠标左键，就可以改变图片大小。

2. 裁剪图片

在 Word 中可以裁取部分图片，具体操作步骤如下。

（1）在图片中的任意位置单击，图片四周将出现有 8 个方向不同的控点。

（2）单击图片工具的"格式"选项卡的"大小"工具组中的"裁剪"下拉按钮，在弹出的菜单中选择"裁剪"命令。

（3）将裁剪形状的指针移到图片的某个控点上按住鼠标左键，朝图片内部移动，就可以裁剪掉相应部分，如图 3-45 所示。

图 3-44 缩放图片　　　　　　　　　　图 3-45 裁剪图片

另外，也可单击"裁剪"下拉按钮，在弹出的菜单中选择"裁剪为形状"项，将图片裁剪为其他的形状。

3. 设置图片的艺术效果

在 Word 2010 文档中，用户可以为图片设置艺术效果，这些艺术效果包括铅笔素描、影印、图样等多种效果，操作步骤如下。

（1）双击图片，或选择图片后单击"格式"选项卡的"调整"工具组中的"艺术效果"下拉按钮，弹出图 3-46 所示的菜单。

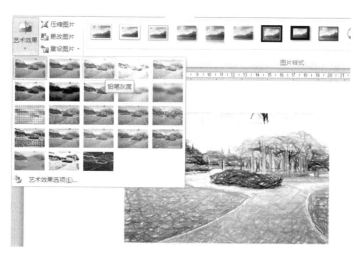

图 3-46　设置图片艺术效果

（2）在弹出的下拉菜单中为图片选择合适的艺术效果选项。

4．设置图片阴影

在文档中插入剪贴画或自选图形后，有时还需要为图片添加阴影并对阴影进行编辑，具体操作步骤如下。

（1）双击图片，或选择图片后单击"格式"选项卡的"图片样式"工具组中的"图片效果"右侧的下拉按钮，弹出图 3-47 所示的菜单。

图 3-47　设置图片阴影

（2）在弹出的下拉菜单中选择"阴影"选项，在弹出的列表框中为图片选择合适的阴影效果。

5．设置图片位置

插入剪贴画或图片时，Word 将其默认为"嵌入型"，既不能随意移动位置，也不能在其周围环绕文字。用户可以像对文字一样对它进行段落的格式排版操作。要更改图片位置，可按如下步骤设置。

（1）单击要设置文字环绕的图片。

（2）选择图片工具"格式"选项卡的"排列"工具组中的"位置"下方的下拉按钮，弹出设置对象位置下拉列表框，如图 3-48 所示，在其中做相应选择。

（3）若要为图片设置其他布局，可在图 3-48 中选择"其他布局选项"，打开"布局"对话框，如图 3-49 所示，在其中做相应选择。

图 3-48　设置对象位置下拉列表框　　　　图 3-49　"布局"对话框

6.制作水印

单击"页面布局"选项卡的"页面背景"工具组中"水印"按钮，在弹出的下拉菜单中选择一种系统预设
的水印效果或选择"自定义水印"命令，弹出"水印"图 3-50
所示的对话框，选择"图片水印"或"文字水印"，相应灰色
的按钮自动变成可用状态。如果要用图片作为水印，则需要单
击"选择图片"按钮，浏览选择需要作为水印的图片，最后单
击"确定"按钮即可。如果要用文字作为水印，则需要在"文
字"文本框中输入需要作为水印的文本，设置好格式单击"确
定"按钮即可。若要删除已经设置的水印，只需在图 3-50 所
示的"水印"对话框中选中"无水印"单选项即可。

图 3-50　"水印"对话框

3.4.11　表格的操作

1.在表格中移动

在文档中插入一个表格之后，可以在表格中输入文本。为了将文本输入不同的单元格中，需要在表格中移
动光标。使用鼠标移动光标的方法比较简单，只需将鼠标指针指向要设置光标的单元格中，然后单击即可。

2.在表格中选定

在表格中选定文本或图形与在文档中选定文本或图形的方法一样。另外，在 Word 2010 的表格中选定单
元格、行或列还有一些技巧。

- ❑　鼠标指针指向单元格左上角并单击，选中该单元格。
- ❑　拖动鼠标指针从一个单元格移动至另一个单元格，即选中鼠标移动所覆盖的单元格。
- ❑　鼠标指针指向某行左边位置并单击，选中该行。
- ❑　拖动鼠标指针从某行左边位置向上或下移动，即选中鼠标移动所覆盖的行。
- ❑　鼠标指针指向某列上边位置（鼠标指针显示为↓形状）并单击，选中该列。
- ❑　拖动鼠标使光标从列上边位置向左或右移动，选中光标移动所覆盖的列。
- ❑　单击表格左上角的⊞，选中整个表格。

在需要同时对多个单元格进行操作（如设置字体等）时，应先选中这些单元格。

3.单元格的合并、拆分

在实际的表格中，某些单元格需要"大"一些，这可以通过单元格的合并得到。合并单元格时，先选中参

加合并的单元格，然后选择功能区中的表格工具的"布局"选项卡中的"合并"工具组的"合并单元格"按钮即可；或右击选中的单元格，在弹出的快捷菜单中也有"合并单元格"命令。

一个单元格也可以细分为多个单元格，这就是单元格的拆分。拆分单元格时，先将光标置于相应单元格中，然后执行功能区中的表格工具的"布局"选项卡的"合并"工具组的"拆分单元格"按钮即可；或右击单元格，在弹出的快捷菜单中也有"拆分单元格"命令，在弹出的"拆分单元格"对话框中设置需拆分的列数和行数。

4．行高和列宽的调整

拖动表格线即可进行行高或列宽的调整。也可通过功能区中的表格工具的"布局"选项卡的"表"工具组的"属性"按钮弹出的对话框来调整行高或列宽。

5．单元格的设置

在某个单元格处或选中的单元格处右击，然后通过快捷菜单中的"单元格对齐方式"子菜单进行相关单元格对齐方式的设置；也可通过功能区中的表格工具的"布局"选项卡的"对齐方式"工具组中的相关按钮进行设置。

6．绘制斜线表头

在创建一些表格时，需要在首行的第一个单元格中分别显示出行标题和列标题，有时还需要显示出数据标题，这就需要绘制斜线表头。

将光标定位在表格首行的第一个单元格中，并将此单元格的尺寸调大，然后选择功能区中的表格工具的"设计"选项卡，在"表格样式"工具组的"边框"按钮下拉菜单中选择"斜下（或上）框线"选项，在单元格中即会出现一条斜线。

7．插入行或列

将光标置于相应单元格中，选择功能区中的表格工具的"布局"选项卡的"行和列"工具组中的插入按钮就可以向表格中插入行或列；或在选中单元格中右击，在弹出的快捷菜单中也有"插入"命令。

在进行插入行或列操作前，如果选中了多行或多列，则将一次性插入多行或多列。

8．删除行、列或整个表格

将光标置于相应单元格中，单击功能区中的表格工具的"布局"选项卡的"行和列"工具组中的"删除"按钮就可以删除表格的行或列；或选中要删除的行或列，右击，在弹出的快捷菜单中选择"删除行"或"删除列"命令。

在进行删除行或列操作前，如果选中了多行或多列，则可一次性删除多行或多列。

将光标置于表格的任何单元格中，单击功能区中的表格工具的"布局"选项卡的"行和列"工具组的"删除"按钮的"删除表格"命令即可删除整个表格。选中整个表格后按退格键也能删除表格。

9．表格内容的删除

选中相应单元格，按【Delete】键即可删除表格中的内容。

10．表格的移动

表格移动通常有以下两种方法。

❑　拖动表格左上角的 ⊞ ，可以进行表格的移动。

❑　选中整个表格，然后通过"剪切"和"粘贴"操作也能实现表格的移动。

11．表格的复制

选中整个表格，然后通过"复制"和"粘贴"操作即可实现表格的复制。

3.5　其他排版

除了上述常见的排版方法之外，还有其他一些比较常用的排版方法，包括首字下沉、为汉字添加拼音、分栏排版、设置页眉与页脚、添加页码等。另外，编辑好的文档如果需要打印，Word 2010 还提供了页面设置与打印预览等功能，用户可以方便地进行打印。

3.5.1 首字下沉

在报刊中，经常能看到段落的第一个字被放大数倍以引人注目。Word 也提供了首字下沉功能，具体操作步骤如下。

（1）将光标移到要设置首字下沉的段落中。

（2）单击"插入"选项卡的"文本"工具组中的"首字下沉"按钮，在弹出的下拉菜单中选择"首字下沉选项"，出现图 3-51 所示的对话框。

（3）根据需要选择"下沉"或"悬挂"方式，如选择"下沉"选项。

（4）还可以为首字设置不同的字体，单击"字体"下拉按钮，即可从下拉列表框中选择所需的字体。

（5）在"下沉行数"数值框中设置首字将要占据几行，默认值为 3。

（6）在"距正文"数值框中设置首字与正文之间的距离。

（7）设置完毕后，单击"确定"按钮。

图 3-51 "首字下沉"对话框

下沉的首字实际上为图文框所包围，用户可调整其大小、位置，双击图文框还可以对选定的首字的文字环绕方式等进行设置。

3.5.2 为汉字添加拼音

可以运用 Word 2010 提供的"拼音指南"功能为汉字自动添加拼音，具体操作步骤如下。

（1）选中要添加拼音的汉字。

（2）单击"开始"选项卡的"字体"工具组中的"拼音指南"按钮，弹出图 3-52 所示的对话框。

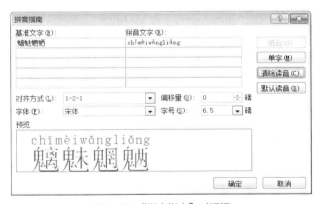

图 3-52 "拼音指南"对话框

（3）在该对话框中可以对拼音的对齐方式、偏移量、字体、字号等进行设置。单击"组合"按钮，可以把这些汉字组合成一行。

（4）单击"确定"按钮。

3.5.3 分栏排版

如果要对整个文档或文档中的部分内容进行分栏，可以按照下述步骤进行操作。

（1）选定整个文档或要进行分栏的文本。

（2）单击"页面布局"选项卡的"页面设置"工具组的"分栏"按钮，在出现的下拉菜单中选择"更多分栏"命令，出现图3-53所示的"分栏"对话框。

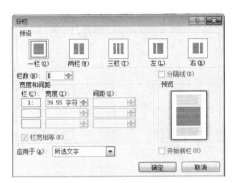

图3-53 "分栏"对话框

（3）在"预设"选项区中单击要使用的分栏样式，如单击"两栏"选项。若选择"一栏"选项，则无分栏效果。

（4）在"宽度和间距"选项区中，可以设置栏的宽度及栏与栏之间的距离。

（5）"分隔线"复选项用于确定是否在栏间加上分隔线，选中该复选项即在栏间加上分隔线。

（6）"应用于"用于选择分栏的范围。

（7）单击"确定"按钮，即可得到分栏效果。

执行完分栏操作后，选定文本部分的前、后将自动插入分节符，分节符把整个文档分成了格式不同的两部分。分节符属非打印字符，由虚点双线构成，其显示或隐藏状态可通过"开始"选项卡中的"段落"工具组的"显示/隐藏编辑标记"按钮 来设置。

3.5.4 设置页眉和页脚

页眉和页脚是指在每一页顶部和底部加入的信息。可以是文字或图形，内容可以是文件名、标题名、日期、页码等。

创建页眉和页脚的操作步骤如下。

（1）单击"插入"选项卡。

（2）要插入页眉，应单击"页眉和页脚"工具组的"页眉"按钮，在弹出的下拉列表框中选择内置的页眉样式或选择"编辑页眉"命令，之后输入页眉内容。

（3）要插入页脚，单击"页眉和页脚"工具组的"页脚"按钮，在弹出的下拉列表框中选择内置的页脚样式或选择"编辑页脚"命令，之后输入页脚内容。

在进行页眉和页脚设置的过程中，页眉和页脚的内容会突出显示，而正文中的内容则变为灰色，同时在功能区中会出现用于编辑页眉和页脚的"设计"选项卡，如图3-54所示。

❑ 在"页眉和页脚"工具组的"页码"按钮的下拉菜单中可以设置页码出现的位置，还可以设置页码的格式。

❑ 利用"插入"工具组的"日期和时间"按钮可以在页眉和页脚中插入日期和时间，并可以设置其显示格式。

❑ 单击"文档部件"下拉菜单中的"域"按钮，在之后弹出的"域"对话框中的"域名"列表框中选择某种域名，可以在页眉和页脚中显示作者、文件名等信息。

图 3-54　页眉页脚工具"设计"选项卡

❑ "选项"工具组的复选项可以设置首页不同或奇偶页不同的页眉和页脚。

对建立的页眉和页脚可以利用"开始"选项卡的"字体""段落"工具组中的按钮进行格式设置；若要删除插入的页眉和页脚，只需要选中要删除的内容并按【Delete】键；单击"页眉/页脚"工具栏中的"关闭"按钮即可退出页眉和页脚编辑状态。

3.5.5　添加页码

页码是作为页眉或页脚的一部分插入文档的。如果只想为文档添加页码，就不必费心去处理页眉和页脚了。Word 提供了一种非常快捷的、可以为文档添加页码的方法，操作步骤如下。

（1）单击"插入"选项卡的"页眉和页脚"工具组的"页码"按钮，出现图 3-55 所示的下拉菜单。

（2）选择页码出现的位置和样式。

（3）如果要改变页码的格式，可以单击下拉菜单中的"设置页码格式"选项，出现图 3-56 所示的"页码格式"对话框。

图 3-55　"页码"下拉菜单

图 3-56　"页码格式"对话框

（4）在"数字格式"下拉列表框中可以选择一种页码格式，默认的页码格式为"1，2，3，…"，另外还有大、小写英文字母，大、小写罗马数字，大、小写中文数字等格式。

（5）设置完毕后，单击"确定"按钮关闭"页码格式"对话框。

3.5.6　页面设置

在新建一个文档时，Word 2010 提供了默认的文档，其页面设置适用于大部分文档。当对某个文档版面有特殊要求时，Word 允许修改版面的设置，如纸张大小、页边距等。

1. 设置纸张大小

单击"页面布局"选项卡的"页面设置"工具组的"纸张大小"按钮，选择下拉菜单中已经列出的页面，也可以单击"其他页面大小"命令，在弹出的"页面设置"对话框中选择"纸张"选项卡，如图 3-57 所示。

（1）"纸张大小"选项区可选定用于打印的纸张的大小，也可以自定义纸张大小。在"纸张大小"选项区域中选择"自定义纸张"选项，在"宽度"和"高度"数值框中输入相应的数值。

（2）"应用于"下拉列表框用于设置当前设置的作用范围，默认对整篇文档生效。

（3）大多数打印机都有一个默认自动进纸盒和一个手动进纸盒，用户可通过"页面设置"对话框的"纸张"选项卡，查看纸盒和改变打印机送纸方式。

2. 设置页边距

Word 设置的页边距与所用的纸张大小有关，当选择一种纸张大小的时候，系统有一个默认的页边距，如果不满意，则可以自己设置。

在"页面设置"对话框中选择"页边距"选项卡，如图 3-58 所示。

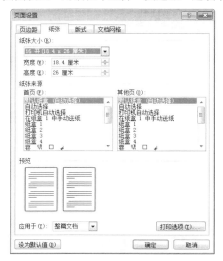

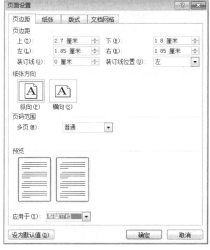

图 3-57 "页面设置"对话框   图 3-58 "页边距"选项卡

（1）页边距。页边距是指文本与纸张边缘的距离。Word 通常在页边距以内打印正文，而页码、页眉和页脚等都打印在页边距上下的位置。在设置页边距的同时，还可以添加装订边，便于装订。

（2）纸张方向。用于设定横向纸张打印还是纵向纸张打印，当内容是表格且较宽的时候就可以选择横向纸张打印。

3.5.7　打印预览与打印

Word 2010 将打印预览、打印设置及打印功能都融合在"文件"选项卡的"打印"面板中，该面板分为两部分，左侧是打印设置及打印，右侧是打印预览，如图 3-59 所示。左侧面板整合了所有打印相关设置，包括打印份数、打印机、打印范围、打印方向及纸张大小等，用户可根据右侧的预览效果进行页边距的调整及设置双面打印，还可通过左侧面板右下角的"页面设置"打开最常用的"页面设置"对话框。在右侧面板中能看到当前文档的打印预览效果，通过预览区下方左侧的翻页按钮能进行前后翻页预览，调整右侧的滑动块能改变预览视图的大小。

图 3-59 "打印预览"选项卡

文档排版完成后，经打印预览查看满意并对打印进行相关设置后，就可打印文档。要顺利打印文档，必须确保所用打印机已经连接到主机端口，并正确安装了打印驱动程序，电源已接通并开启。可通过 Windows 控制面板中的"设备和打印机"选项来查看打印机的情况。

习 题

一、单项选择题

1. 启动 Word 2010 时，系统将自动创建一个（　　　）的新文档。
  A. 以用户输入的前八个字符作为文件名　　　B. 没有文件名
  C. 名为"*.doc"　　　　　　　　　　　　　D. 名为"文档 1"

2. 在 Word 2010 的（　　　）视图方式下，可以显示分页效果。
  A. Web 版式　　　　B. 大纲　　　　C. 页面　　　　D. 草稿

3. 在 Word 2010 主窗口的右上角，可以同时显示的按钮是（　　　）。
  A. 最小化、还原和最大化　　　　　　　B. 还原、最大化和关闭
  C. 最小化、还原和关闭　　　　　　　　D. 还原和最大化

4. 在 Word 2010 的编辑状态下，从当前的汉字输入状态转换到英文字符输入状态的组合键是（　　　）。
  A.【Ctrl+空格键】　　　　　　　　　　B.【Alt+Ctrl】
  C.【Shift+空格键】　　　　　　　　　　D.【Alt+空格键】

5. 在 Word 2010 的编辑状态下，单击"开始"选项卡的"剪贴板"工具组的"复制"按钮后（　　　）。
  A. 被选中的内容被复制到光标处　　　　B. 被选中的内容被复制到剪贴板
  C. 光标所在的段落内容被复制到剪贴板　D. 光标所在的段落内容被复制到剪贴板

6. 下列操作中，（　　　）能关闭打开的所有 Word 文档。
  A. 单击"文件"选项卡中的"关闭"按钮　B. 单击"文件"选项卡中的"退出"按钮
  C. 按【Alt+F4】组合键　　　　　　　　D. 双击 Word 窗口左上角的 Word 图标

7. Word 2010 的"段落"工具组中，不能设定文本的（　　　）。
  A. 缩进　　　　　B. 段落间距　　　　C. 字形　　　　D. 行间距

8. 若要进入页眉页脚编辑区，可以通过单击（　　　）选项卡的"页眉和页脚"工具组相应按钮。
  A."文件"　　　　B."开始"　　　　C."插入"　　　　D."页面布局"

9. 关于 Word 2010 的分栏，下列说法正确的是（　　　）。
  A. 最多可以分 2 栏　　　　　　　　　　B. 各栏的宽度必须相同
  C. 各栏的宽度可以不同　　　　　　　　D. 各栏之间的间距是固定的

10. 在 Word 2010 的"开始"选项卡的（　　　）工具组中，可为所选文本设置文本效果（如阴影、映像、发光和柔化边缘等）。
  A."字体"　　　　B."段落"　　　　C."样式"　　　　D."编辑"

11. Word 2010 在"开始"选项卡的（　　　）工具组中提供了查找与替换功能，可以用于快速查找信息或成批替换信息。
  A."字体"　　　　B."段落"　　　　C."样式"　　　　D."编辑"

12. 在 Word 2010 中，要将表格中的一个单元格变成两个单元格，在选定该单元格后应单击功能区中的表格工具的"布局"选项卡的"合并"工具组的（　　　）按钮。

A. "删除单元格"　　　B. "合并单元格"　　　C. "拆分单元格"　　　D. "绘制表格"

13. 在 Word 2010 的编辑状态下，可以按【Delete】键来删除光标后面的一个字符，按（　　　）键删除光标前面的一个字符。

A.【Backspace】　　B.【Insert】　　C.【Alt】　　D.【Ctrl】

14. 在 Word 2010 的文本编辑状态中，按（　　）键可以在插入和改写两种状态间切换。

A.【Delete】　　B.【Backspace】　　C.【Insert】　　D.【Home】

15. 在录入 Word 文档时，按（　　）键可产生段落标记。

A.【Shift+Enter】　　B.【Ctrl+Enter】　　C.【Alt + Enter】　　D.【Enter】

16. 在 Word 2010 中插入的图片默认使用（　　）环绕方式。

A. 嵌入型　　　B. 四周型　　　C. 紧密型　　　D. 上下型

17. 在 Word 2010 中，要使文档内容横向打印，在"页面设置"对话框中应选择的选项卡是（　　）。

A. 纸张　　　B. 文档网络　　　C. 版式　　　D. 页边距

二、多项选择题

1. 在 Word 2010 中，文本对齐方式有（　　）。

A. 左对齐　　　B. 居中　　　C. 右对齐　　　D. 两端对齐

2. 在 Word 2010 中，可以为（　　）加边框。

A. 表格　　　B. 段落　　　C. 图片　　　D. 选定文本

3. 在 Word 2010 中，通过"页面设置"对话框可以完成（　　）的设置。

A. 页边距　　　B. 纸张大小　　　C. 打印页码范围　　D. 纸张的打印方向

4. 关于 Word 2010 的撤销操作，下列说法正确的是（　　）。

A. 只能撤销一步操作　　　　　　B. 可以撤销多步操作
C. 不能撤销页面设置　　　　　　D. 撤销的命令可以恢复

5. 在 Word 2010 中，下列关于查找与替换的操作说法错误的是（　　）。

A. 查找与替换只能对文本进行操作　　B. 查找与替换不能对段落格式进行操作
C. 查找与替换可以对指定格式进行操作　D. 查找与替换不能对指定字体进行操作

三、填空题

1. Word 2010 文件的默认扩展名是_____。

2. 在 Word 2010 中输入文本时，按【Enter】键后将产生_____符。

3. 在 Word 2010 中，编辑文本文件时用于保存文件的快捷键是_____。

4. 在 Word 2010 中，要查看文档的页数、字数、段落数等信息，可以单击"审阅"选项卡的"校对"工具组中的_____按钮。

5. 在 Word 2010 中，用户在用【Ctrl+C】组合键将所选内容复制到剪贴板后，可以使用_____组合键将其粘贴到所需要的位置。

6. 使用"插入"选项卡"符号"工具组中的_____按钮，可以插入特殊字符、国际字符和符号。

7. Word 2010 可以通过_____选项卡中的按钮打开最近打开的文档。

8. 选定文本后，拖动鼠标指针到需要处即可实现文本块的移动；按住_____键拖动鼠标指针到目标位置即可实现文本块的复制。

四、操作题

打开 Word 2010，输入下面的内容。

生存周期之综合测试阶段

这个阶段的关键任务是通过各种类型的测试（及相应的调试）使软件达到预定的要求。最基本的测试是集成测试和验收测试。

所谓集成测试是根据设计的软件结构，把经过单元测试检验的模块按某种选定的策略装配起来，在装配过程中对程序进行必要的测试。

所谓验收测试则是按照规格说明书的规定（通常在需求分析阶段确定），由用户（或在用户积极参加下）对目标系统进行验收。必要时还可以再通过现场测试或平行运行等方法对目标系统进行进一步测试检验。

为了使用户积极地参加验收测试，并且在系统投入生产性运行以后能够正确有效地使用这个系统，通常需要以正式的或非正式的方式对用户进行培训。通过对软件测试结果进行分析，可以预测软件的可靠性；反之，根据对软件可靠性的要求也可以决定测试和调试过程什么时候可以结束。应该用正式的文档资料把测试计划、详细测试方案及实际测试结果保存下来，并将其作为软件配置的一个组成部分。

输入结束后，将 Word 文档保存为 myword.docx，并执行下列操作。

（1）将标题"生存周期之综合测试阶段"的字间距加宽为 2 磅，字体缩放为 90%，加蓝色双下划线，添加茶色，设置背景2、深色 25%底纹，隶书三号字，居中对齐。

（2）将正文第一段的字符格式设置为楷体、四号，段落格式设置为首行缩进 2 个字符，两端对齐，行间距为 1.5 倍行距，段前距为 1 行，段后距为 2 行。

（3）将正文第二段分为 2 栏，栏宽相等，加分隔线。

（4）设置正文第三段的段落边框为 0.5 磅红色细实线线型，要求正文内容距离边框上下左右各3 磅。

（5）设置页眉内容为"综合测试阶段"，宋体，小五号，右对齐。

（6）设置文档的纸张为"16 开"，左、右页边距为"2 厘米"。

（7）在文后插入如下表格。

星期 节次		星期一	星期二	星期三	星期四	星期五
上午	1、2 节					
	3、4 节					
中午		12:40—13:10　午　休				
下午	5、6 节					
	7、8 节					
晚上	9、10 节					
	11、12 节					

第4章

Excel 2010电子表格
处理软件

Excel 是 Microsoft 公司于 1987 年首次推出的，经过不断的升级与完善，目前广为流行的电子表格处理软件。在其发展历程中，Excel 经历了 Excel for Windows、Excel 5.0 for Windows、Excel 7.0 for Windows、Excel 97、Excel 2000、Excel 2002、Excel 2003、Excel 2007 和 Excel 2010 等版本，它们使 Excel 的功能逐步完善。本章将介绍 Excel 2010 版本的使用。

4.1 Excel 2010 概述

Excel 是 Microsoft Office 中常用的组件，能够帮助用户方便地建立、编辑和管理各种类型的电子表格，自动处理数据，产生和输出与原始数据链接的各种类型的图表；同时它还可以进行各种统计分析和辅助决策操作，被广泛地应用于管理、统计、财经、金融等众多领域。Excel 2010 具有强大的运算与分析能力，其改进后的功能区使操作更直观、更快捷，实现了用户体验上质的飞跃。

4.1.1 Excel 2010 窗口界面

Excel 2010 的启动与退出操作与 Word 2010 类似，在此不再重复。启动 Excel 2010 后，工作界面如图 4-1 所示，Excel 2010 窗口由标题栏、功能区、数据编辑栏、工作表编辑区和状态栏等组成。

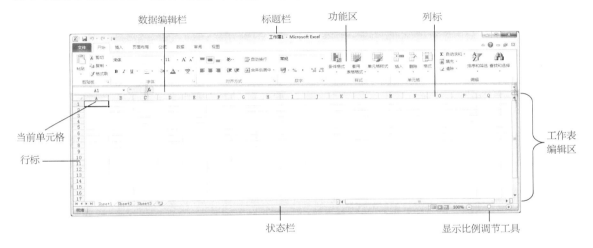

图 4-1　Excel 2010 工作界面

（1）标题栏。标题栏位于窗口顶部，从左到右依次显示的是控制菜单按钮、快速访问工具栏 ![icons]、正在编辑的文件名、程序名及右侧的"最小化"、"最大化"（或"还原"）和"关闭"3 个按钮。

快速访问工具栏：用于显示常用的工具按钮，默认显示的按钮有"保存""撤销""重复""自定义快速访问工具栏"按钮。

用户可以根据自己的习惯自定义快速访问工具栏。例如，在快速访问工具栏中添加"打印预览与打印"按钮，操作步骤如下。

① 单击快速访问工具栏右侧的"自定义快速访问工具栏"按钮 ▾。

② 在弹出的菜单选项中选择"打印预览和打印"即可，如图 4-2 所示。

若需要其它命令按钮，可以选择"其它命令"，在弹出的"Excel 选项"对话框中进行设置，如图 4-3 所示。

（2）功能区。功能区是操作界面的主要组成部分，包含若干个围绕特定方案或对象进行组织的选项卡。在默认情况下，功能区包含了"文件""开始""插入""页面布局""公式""数据""审阅""视图"8 个选项卡，每个选项卡的控件又细分为不同的工具组。

（3）数据编辑栏。数据编辑栏是 Excel 所特有的，用来输入或编辑单元格的数据、公式或函数。数据编辑栏包括名称框、按钮组、编辑框 3 个部分。

名称框。名称框显示当前活动的单元格的地址或区域的左上角单元格的名称。

按钮组。当对某个单元格进行编辑时，按钮组会显示为 ![buttons]，单击 ✖ 取消编辑，单击 ✔ 确认编辑，

单击 f_x 弹出"插入函数"对话框。

图4-2　自定义快速访问工具栏

图4-3　"Excel 选项"对话框

编辑框。显示当前活动单元格中的内容。在一个单元格内输入内容或公式时，可以在编辑区内看到输入情况，也可以在编辑区中输入、修改或删除当前单元格的内容。当用户双击单元格或按【F2】键时，可以直接在单元格中修改当前单元格的内容。

（4）工作表编辑区。Excel 窗口中间的空白网状区域就是工作表编辑区，包括行标、列标、编辑区域、工作表标签及水平和垂直滚动条。默认情况下，打开的新工作簿中有3张工作表，分别命名为"Sheet1"、"Sheet2"和"Sheet3"，中呈白色显示的"Sheet1"就是当前工作表。如果要增加工作表，可以单击工作表标签右侧的"插入工作表"按钮快速添加新工作表。

（5）状态栏。状态栏位于 Excel 窗口底部，用来显示当前工作区的状态。多数情况下，状态栏显示"就绪"字样，表明工作簿正在准备接收新的信息。在输入数据时，状态栏的左端将显示"输入"字样。状态栏中的 3 个按钮分别表示"普通"、"页面布局"和"分页预览"。右侧的显示比例调节工具用于调整文档的显示比例。

4.1.2　Excel 中的基本概念

在 Excel 2010 中，所有的工作都是围绕着工作簿文件、工作表与单元格展开的。因此，在熟练掌握 Excel 操作之前，需要了解最基本的概念，如工作簿、工作表、单元格与地址等。

1.　工作簿与工作表

工作簿就是一个 Excel 文件。当启动 Excel 后，Excel 将自动创建一个新的工作簿文件，简称工作簿，如"工作簿 1.xlsx"。一个工作簿由一个或多个工作表组成，系统一般默认为设置 3 个工作表，用户可以根据需要创建更多的工作表。Excel 2007 之后的版本，一个工作簿中理论上可以有无数个工作表，具体取决于计算机的内存大小，多个工作表是以重叠方式排列的，最上面的工作表称为当前工作表。单击工作表标签，可以将相应工作表设为当前工作表。工作表是工作簿中编辑二维表格的场所，每个工作表的列标题（列标）用字母 A～XFD 表示，共 16384 列，行标题（行标）用数字 1～1048576 表示。为了区分工作表，每个工作表都有一个名称显示在工作表标签上，如 Sheet1、Sheet2、……即为工作表名，用户可以根据表格内容更改工作表名。

2.　单元格及当前单元格

Excel 中把工作表中的格子称为单元格。单元格的名称是列标题与行标题的组合，如 A1 单元格、R28 单元格等。单击某一单元格，该单元格周围出现粗线框，表示该单元格为当前单元格。通过键盘上的【Tab】键、回车键或【↑】、【↓】、【←】、【→】4 个方向键可以移动粗线框更换当前单元格。工作表中的单元格是规则的，用户可以单击“开始”选项卡的“对齐方式”工具组中的“合并后居中”按钮，合并单元格或取消合并单元格，从而实现不规则表格的设计。

3. 单元格区域

单元格区域是工作表中的矩形区域，用户可以对单元格区域进行编辑，如复制、移动、清除和删除等。单元格区域以用冒号“:”分隔其左上角的单元格地址、右下角单元格地址的形式表示，如 A1:R6、C7:G16。

4. 单元格的引用地址

单元格是工作表的基本单位，Excel 中，利用列标题与行标题的组合可实现对单元格的引用，如 A1 单元格表示的是第 A 列第 1 行的单元格，R6 单元格表示第 R 列第 6 行的单元格。A1、R6 这种表示是单元格的相对引用地址。单元格的地址有以下 3 种引用方式。

（1）相对引用地址。单元格相对引用地址的表示方法是列标号加行标号，如 B3、E26。单元格地址的相对引用反映了该地址与引用该地址的单元格之间的相对位置关系。如果将引用的相对地址中的公式或函数复制到其它单元格时，这种相对位置关系也随之被复制，如图 4-4 所示。

F2　fx　=SUM(C2:E2)

	A	B	C	D	E	F	G	H
1	学号	姓名	语文	数学	英语	总分	平均分	名次
2	001	张强	88	80	89	257		
3	002	刘明	84	95	87			
4	003	李旭	70	78	55			
5	004	王海洋	90	87	70			
6	005	王平	80	56	90			
7	006	周斌	81	80	88			
8	007	张艳	82	95	86			
9	008	王旭	83	78	84			
10	009	姜平	83	87	82			

图 4-4　单元格的相对引用

在图 4-4 中，F2＝SUM(C2:E2)，复制 F2 单元格到 F3 单元格，则 F3=SUM(C3:E3)，可见单元格地址的相对引用对于复制公式或函数非常方便。如果利用 Excel 的自动填充功能，实现公式或函数的复制，则单元格地址的相对引用将快速地计算出每一位学生的总分，自动填充将在后文中进行介绍。

（2）绝对引用地址。单元格的绝对引用地址是指将其复制到其它单元格时其地址不变。绝对引用地址的表示是在行标题和列标题前加上“$”，如$A$1、$R$6。在输入或编辑公式时，利用【F4】键可以变换单元格引用地址的方式，每按一次【F4】键，其单元格地址就按绝对方式、混合方式、相对方式循环变化。如果公式或函数中有绝对引用地址，在进行公式或函数的复制或填充时，则该绝对引用地址不会发生变化。如图 4-5 所示，C3 是 C2 公式的复制，相对地址引用由 B2 变成了 B3，而绝对地址引用$B$4 没有发生变化。

C2　fx　=B2/$B$4

	A	B	C	D
1		人数	比例	
2	男	29	56.9%	
3	女	22	43.1%	
4	总人数	51		
5				

C3　fx　=B3/$B$4

	A	B	C	D
1		人数	比例	
2	男	29	56.9%	
3	女	22	43.1%	
4	总人数	51		
5				

图 4-5　绝对引用地址的填充

（3）混合引用地址。单元格的混合引用地址是指在行标题和列标题中，一个使用绝对引用地址，另一个使用相对引用地址，如$A1、R$6。在公式的复制等操作中，混合引用地址中的绝对引用不会改变，相对引用随地址改变而改变。

通过使用单元格地址，用户可以在一个公式或函数的表达式中使用工作表的不同单元格的内容或不同工作表中的单元格内容。在输入公式或插入函数的过程中，除非特别指明，Excel 一般使用相对地址来引用单元格中的内容。

三维引用地址是指在工作簿中从不同的工作表中引用单元格内容。三维引用地址的一般格式为：工作表!单元格引用地址。

三维引用地址的表达形式是在单元格引用地址前面加上工作表名称和"!"，三维引用地址一般出现在公式或函数计算中。例如，在 Sheet1 的"A1"单元格中输入公式"=A2+Sheet2!A2"，则表示公式中参与运算的两个单元格分别是当前工作表的 A2 单元格中的数值与 Sheet2 中的 A2 单元格中的数值，数值相加后，结果放在 Sheet1 的"A1"单元格中，此例中参与运算的是不同工作表中的单元格。用户也可以利用以下方法输入该公式。首先在 Sheet1 的"A1"单元格中输入"="，其次利用单击选择当前工作表中的 A2 单元格，然后输入"＋"，最后单击选择 Sheet2 中的 A2 单元格。在编辑栏中可以看到输入的公式，单击"✓"按钮或回车键，确定公式输入完成。

5．填充柄

在选定的单元格右下角，会看到"方形黑点"，当鼠标指针移动到上面时，它会变成实心加号，即"＋"，这种状态称为"填充柄"。当选定某单元格，鼠标呈填充柄状态时，按住鼠标左键拖动，可将选定单元格的内容填充或复制到所拖动的单元格区域，利用此方法也可以填充文本、数据、自定义序列、公式或函数等。在图 4-5 所示的实例中，选择 C2 为当前单元格，利用填充柄填充 C3 单元格，可快速实现公式的复制。

4.2 Excel 2010 的基本编辑操作

Excel 2010 的基本编辑操作包括创建工作簿，单元格内容的输入及单元格与工作表的插入、复制和删除等编辑操作。

4.2.1 创建工作簿

启动 Excel 2010 后，Excel 将自动创建一个新的工作簿。

创建工作簿的操作步骤如下。

（1）单击"文件"选项卡中的"新建"按钮，如图 4-6 所示。

图 4-6 "新建工作簿"窗口

（2）选择"空白工作簿"选项，单击右侧的"创建"按钮或直接双击"空白工作簿"选项，将创建一个空白工作簿。工作簿的文件名是"工作簿*.xlsx"，其中"*"代表数字。Excel 将自动按顺序给新工作簿命名，如工作簿 1.xlsx、工作簿 2.xlsx、工作簿 3.xlsx、……。

Excel 2010 还提供了丰富的电子表格模板，利用这些模板，用户可以方便快捷地创建符合要求的工作簿。选择"样本模板"选项，用户可以根据自己的需要选择合适的模板，预览窗口中将显示所选模板的样式，如图 4-7 所示。

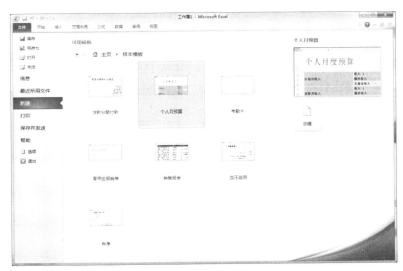

图 4-7　样本模板

电子表格文件的打开、保存与关闭的方法与 Word 2010 类似，在此不再重复。

4.2.2　输入数据

Excel 中常用的数据类型包括数字、文本、日期、时间等常量数据以及公式、函数、批注、超链接等内容。Excel 提供了多种数据输入方法及输入技巧来提高数据输入的速度。

在单元格中输入内容有 3 种方法：单击单元格输入、双击单元格输入和数据编辑栏输入，如图 4-8 所示。

单击单元格输入。选择需要输入内容的单元格，直接输入内容，若原单元格中有内容，则覆盖原有内容，输入完成后，按【Tab】键选取下一个单元格，如图 4-8（a）所示。

双击单元格输入。直接双击需要输入内容的单元格，定位输入点，然后在单元格中输入内容，输入完成后，按【Tab】键选取下一个单元格，如图 4-8（b）所示。

数据编辑栏输入。选择需要输入内容的单元格，然后在数据编辑栏中输入内容，单元格中会随之自动显示输入的内容，如图 4-8（c）所示。

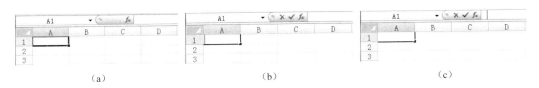

（a）　　　　　　　　　　　（b）　　　　　　　　　　　（c）

图 4-8　3 种单元格内容输入方法

下面具体介绍不同类型数据的输入。

1. 输入文本

文本数据主要包括数字、文字及符号等内容。默认情况下，所有的文本在单元格中都是左对齐的，数字都是右对齐的。

（1）直接输入文本。单击某一单元格，直接输入文本，输入完毕后，按回车键、【Tab】键或方向键即可选取下一个单元格继续输入。

（2）在一个单元格中输入多行文本。如果在一个单元格中输入多行文字，可以在输入过程中按【Alt+Enter】组合键换行。或者单击"开始"选项卡的"单元格"工具组的"格式"按钮，再从下拉菜单中选择"设置单元格格式"，在打开的对话框中选择"对齐"选项卡，在"文本控制"中选中"自动换行"复选项，即可实现根据单元格的宽度让文本自动换行的功能。

（3）在多个单元格中输入相同的文本。利用【Shift】键或【Ctrl】键，选中多个连续或不连续的单元格，输入内容，如"语文"，按住【Ctrl】键，然后按回车键，则选中的所有单元格中都将显示"语文"内容。利用此方法可以提高输入效率，如图4-9所示。

图4-9　在多个单元格中输入相同的文本

（4）输入文本形式的数字。当输入"00001"时，数字前的0一般不会显示。用户可以在"设置单元格格式"对话框的"数字"选项卡中，将该单元格设置为文本类型，即输入的数字以文本形式显示，然后再输入"00001"，数字前的0就会显示出来，并且按文本方式左对齐，如图4-10所示。

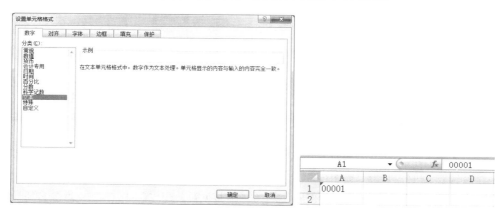

图4-10　文本格式的设置

用户也可以在输入的数字前加上英文输入状态下的撇号，即"'"，如输入00001，可以采用"'00001"的输入方式，则单元格中显示的就是"00001"，如图4-11所示。如果输入的数值超过11位，如身份证号，可以采用这种方式输入，否则输入内容将以科学计数法显示。

在单元格中输入分数，如3/5，要先输入"0"与一个空格符，再输入相应的分数。例如，输入"0 3/5"则显示"3/5"，否则将显示3月5日，如图4-12所示。

2. 输入时间和日期

Excel能够识别常用的时间和日期格式，如果希望输入日期，输入格式可以是"年-月-日""年/月/日""月/

日""月–日"等格式。例如，2008 年 1 月 1 日，可以用 2008/1/1、2008 年 1 月 1 日、2008–1–1 等格式。如果希望输入时间，输入格式可以是"时：分：秒""时：分：""时：分""时："等格式，如 13 时 30 分，可以采用"13：30""13 时 30 分""13：30："等格式。在 Excel 中，系统默认的是 24 小时制，如果要按 12 小时制表示，就需要在时间后输入空格，再加上"AM"或"PM"来表示上午或下午。

图 4-11　特殊数字的输入

图 4-12　分数的输入

如果 Excel 识别出一个有效的日期或时间格式，则将在单元格中以右对齐的方式显示这个日期和时间值；如果不能识别，则输入的内容将被视为文本，以左对齐的方式显示。如果要使输入的日期或时间以其它格式显示，可以单击"开始"选项卡的"单元格"工具组的"格式"按钮，再从下拉菜单中选择"设置单元格格式"，在打开的对话框中单击"数字"选项卡中的"时间"选项，在右侧的"类型"列表框中选择时间的显示样式。也可以直接单击"开始"选项卡的"数字"工具组右下角的对话框启动器按钮，也可以快速打开"设置单元格格式"对话框，如图 4-13 所示。

图 4-13　"设置单元格格式"对话框

Excel 以数值的形式存储日期和时间，所以在显示正确的日期和时间时采用的是右对齐的方式，并且可以对日期和时间进行相关的数值运算。

如果要在单元格中输入当天的系统日期，可以按【Ctrl+；】组合键；如果要输入当前的系统时间，就按【Ctrl+Shift+；】组合键。

3．输入公式或函数

Excel 利用公式和函数进行数据计算，公式和函数是 Excel 的核心内容。公式是在单元格中进行某些计算的表达式，例如，D1=A1+B1+C1 就是一个简单的公式，其中 A1、B1 和 C1 是 3 个单元格的相对引用地址，参与计算的是单元格中的值。函数是 Excel 提供的一些特殊公式，它利用一些单词与符号代替计算公式，如 D1 = SUM(A1:C1)，这个函数与前述公式等价，都是将 A1:C1 单元格区域中的单元格的值相加放在 D1 单元格中。

（1）输入公式。如果在单元格中输入公式，必须以等号"="开头，接着再输入表达式。表达式中的运算对象可以是常量，也可以是单元格地址。表达式中的运算符是数学中常见的加"+"、减"–"、乘"*"、除"/"、乘方"^"、百分号"%"等。

例 4.1　计算总分。

操作步骤如下。

① 选择要输入公式的单元格，即 F2。

② 利用键盘输入 "="。

③ 在 "=" 后直接输入表达式 "C2+D2+E2"，输入结束后按回车键或在数据编辑栏中单击 ✔ 按钮即可实现公式的输入；如果要取消输入，单击 ✖ 按钮。Excel 会自动计算表达式的值，并在单元格中显示结果，在数据编辑栏中显示表达式。

在图 4-14 中，张强的总分 257 是利用公式 "＝C2＋D2＋E2" 求出的结果。在输入公式时，单元格地址可以手动输入，也可以单击参与运算的单元格，则单元格的地址将自动显示在表达式中。运算结束后运算结果将在单元格中显示，公式 "＝C2＋D2＋E2" 在数据编辑栏中显示。当修改公式时，可直接在数据编辑栏中进行修改。张强的平均分是利用公式 "=F2/3" 计算得出的结果。

	A	B	C	D	E	F	G	H
1	学号	姓名	语文	数学	英语	总分	平均分	名次
2	001	张强	88	80	89	257	85.67	
3	002	刘明	84	95	87			
4	003	李旭	70	78	55			
5	004	王海洋	90	87	70			
6	005	王平	80	56	90			
7	006	周斌	81	80	88			
8	007	张艳	82	95	86			
9	008	王旭	83	78	84			
10	009	姜平	83	87	82			

（G2 ＝F2/3）

图 4-14 输入公式后运算结果的显示

（2）复制公式。当单元格中的公式类似时，根据相对引用地址的特点，可以通过公式的复制自动计算出其它单元格中的结果。例如在图 4-14 中，刘明的总分和平均分与张强的总分和平均分的计算方法是相同的，因此，复制 F2:G2 单元格区域，选择 F3 单元格或 F3:G3 单元格区域，在 "开始" 选项卡中的 "剪贴板" 工作组中单击 "粘贴" 按钮，实现公式的复制。刘明的总分在数据编辑栏中显示为 "=C3+D3+E3"，平均分为 "=F3/3"。可见，复制公式时表达式中的单元格相对地址引用会发生变化。

（3）填充公式。复制公式可以利用上述方法，也可以利用填充柄功能填充公式，从而实现更快捷的操作。选择要复制的公式所在的单元格，如 F2:G2 单元格区域，将鼠标指针指向该单元格区域右下角的填充柄位置，鼠标指针将变为黑色的实心加号 "+"，在此位置单击并向下拖曳，释放鼠标左键后，便得到 F3:G10 单元格区域的值，观察数据编辑栏中填充的单元格的公式，如图 4-15 中的 F10 单元格。因此可以得出，单元格的相对引用地址在使用填充柄填充时也会发生变化。

	A	B	C	D	E	F	G
1	学号	姓名	语文	数学	英语	总分	平均分
2	001	张强	88	80	89	257	85.67
3	002	刘明	84	95	87	266	88.67
4	003	李旭	70	78	55	203	67.67
5	004	王海洋	90	87	70	247	82.33
6	005	王平	80	56	90	226	75.33
7	006	周斌	81	80	88	249	83.00
8	007	张艳	82	95	86	263	87.67
9	008	王旭	83	78	84	245	81.67
10	009	姜平	83	87	82	252	84.00

（F10 ＝C10+D10+E10）

图 4-15 填充公式

（4）输入函数。函数就是系统预先定义好的公式，使用函数可以简化计算过程，提高计算效率。下面利用函数计算总分与平均分，操作步骤如下。

① 选择要输入函数的单元格，即 F2。

② 单击 "开始" 选项卡 "编辑" 工具组的 "自动求和" 按钮 Σ，则数据编辑栏中将快速生成函数

"=SUM(C2:E2)"，C2:E2 是函数默认的参数。如果总分不是全部课程的分数，可以重新选择单元格区域，也可以利用函数对话框进行详细设置。单击"自动求和"旁边的下拉按钮，在下拉菜单中选择"其它函数"命令，或单击数据编辑栏中的 f_x 按钮，或单击"公式"选项卡的"函数"工具组的插入函数按钮 f_x，都将弹出"插入函数"对话框，如图 4-16 所示。选择 SUM 函数，单击"确定"按钮，弹出"函数参数"对话框，如图 4-17 所示。

③ 确定函数参数正确无误后，单击"确定"按钮即可。若参数不正确，可以单击数据编辑栏中的 f_x 按钮，在弹出的"函数参数"对话框中重新选择正确的参数。

图 4-16　"插入函数"对话框

图 4-17　"函数参数"对话框

④ 利用"AVERAGE"函数求平均分的步骤与上述操作相同，但默认的函数参数不正确，如图 4-18 所示。

图 4-18　"函数参数"对话框

在"函数参数"对话框中，张强的平均分是 B2、C2 和 D2 这 3 个单元格值的平均分，而"Number1"后的文本框中显示的是"C2:F2"，因此用户必须重新选择函数参数。利用鼠标在工作表中重新选择正确的单元格区域 C2:E2 作为参数，也可以直接修改单元格区域地址。

⑤ 选择 F2：G2 单元格区域，利用填充柄对下面的单元格进行填充。

SUM 函数的参数 number1 是必需的，number2，number3，……可选。表 4-1 是 SUM 函数的常见示例。表中的第一个表达式，参数 3 和 2 可以都放在 number1 中，如 3，2；也可以分别放在 number1 和 number2 中，其它的表达式也可采用这两种操作方法。

表4-1　SUM示例

表达式	说明
=SUM(3,2)	将3和2相加
=SUM("5",15,TRUE)	将5、15和1相加。文本值"5"首先被转换为数字，逻辑值TRUE被转换为数字1
=SUM(A2:A4)	将当前工作表中的单元格A2至A4中的数字相加
=SUM(A2:A4,15)	将当前工作表中的单元格A2至A4中的数字相加，然后将结果与15相加
=SUM(Sheet1!A5,Sheet2!A5)	将Sheet1工作表中的单元格A5与Sheet2工作表中的单元格A5中的数字相加

例4.2　利用性别求男生与女生人数，如图4-19所示。

	A	B	C	D	E	F	G	H
1	学号	姓名	性别	语文	数学	英语	总分	平均分
2	001	张强	男	88	80	89	257	85.67
3	002	刘明	女	84	95	87	266	88.67
4	003	李旭	男	70	78	55	203	67.67
5	004	王海洋	男	90	87	70	247	82.33
6	005	王平	女	80	56	90	226	75.33
7	006	周斌	男	81	80	88	249	83.00
8	007	张艳	女	82	95	86	263	87.67
9	008	王旭	男	83	78	84	245	81.67
10	009	姜平	女	83	87	82	252	84.00
11								
12	男生人数							
13	女生人数							

图4-19　数据表

操作步骤如下。

① 选择要输入函数的单元格，即B12。

② 单击数据编辑栏中的 *fx* 按钮，设置"选择类别"为"全部"，在全部函数的列表框中选择COUNTIF函数。单击"确定"按钮，出现"函数参数"对话框，如图4-20所示。

图4-20　"函数参数"对话框

COUNTIF函数有两个参数，Range参数表示要计算其中的非空单元格数目的区域，Criteria参数表示以数字、表达式或文本形式定义的条件。根据对参数的理解确定数据对象，如图4-21所示。

Range参数使用了绝对地址，原因是女生人数也是判断这个范围，Criteria参数是"男"。然后利用填充柄进行填充，并修改Criteria参数的值为"女"，其数据编辑栏显示的函数是"=COUNTIF($C$2:$C$10, "女")"，绝对地址在填充时没有发生变化。

当公式或函数中的单元格的值发生变化时，公式或函数单元格的结果也会自动随之调整。这也是Excel进行科学计算的优点。

图 4-21　设置函数参数

（5）快速输入函数。对于一些常用的函数，如 SUM 求和、AVERAGE 求平均值、COUNT 计数、MAX 最大值或 MIN 最小值等，用户可以单击"开始"选项卡的"编辑"工具组的"自动求和"旁边的下拉按钮，或单击"公式"选项卡的"函数库"工具组的"自动求和"的下拉按钮，在下拉菜单中选择所需的函数，可以实现快速计算。例如，选择图 4-22 所示的区域，直接单击"自动求和"按钮，可以实现大范围的快速求和。

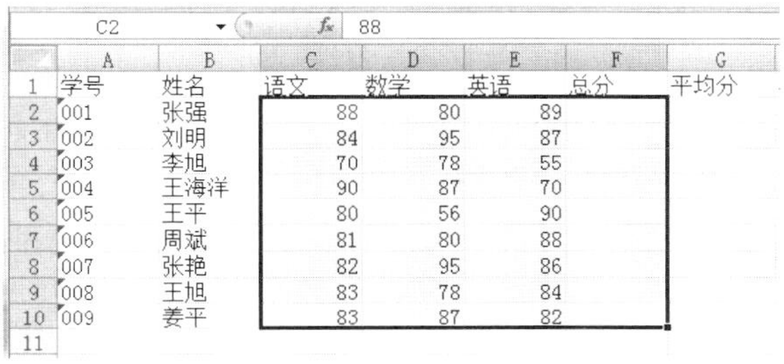

图 4-22　自动求和

但计算平均分就不能再利用这种方法，如图 4-23 所示。因为这种快速输入函数的方法，其默认的参数是之前的相邻单元格，所以要将"C2:F2"改为"C2:E2"，使计算出的张强的平均分正确，然后利用填充柄对其它同学的平均分进行填充。

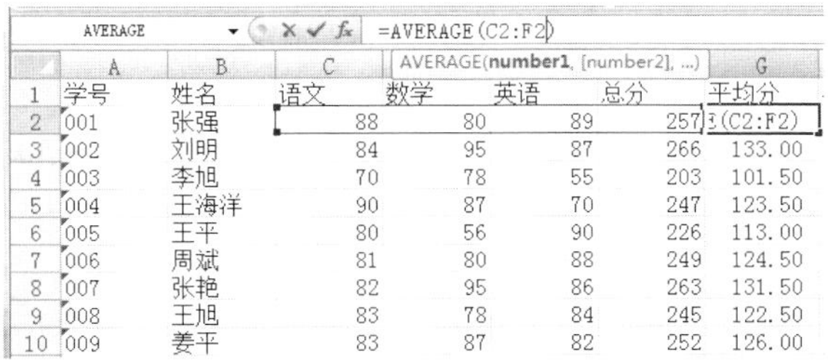

图 4-23　自动求平均值

4．输入序列数据

如果要输入序列数据，如星期一、星期二……或 2、4、6、8……这些有规律的数据，Excel 提供了一种自动填充数据的功能。填充的内容可以是 Excel 提供的自定义序列，也可以是数字、文本、文本与数字的混合形式，甚至可以是公式或函数。有以下两种方法可以实现自动填充。

（1）菜单方法。利用菜单中的选项进行自动填充，操作步骤如下。

① 首先选定包含源单元格的单元格区域，如图 4-24 所示。

② 单击"开始"选项卡的"编辑"工具组的"填充"按钮，再从下拉菜单中选择"向下"命令，则所选

的单元格区域中就会被填充和 B1 单元格数据相同的内容。如果选择"向上"命令，则所选的单元格区域中就会被填充和 B6 单元格数据相同的内容。所以根据选择区域的不同，填充的效果也有所不同。如果选择"系列"命令，在打开的"序列"对话框中设置"序列产生在"行或列以及填充类型，即可实现不同类型的填充，如图 4-25 所示。

（2）鼠标拖动方法。利用填充柄进行自动填充，操作步骤如下。

① 在需要输入序列的第一个单元格内输入序列的初始值，如"星期一"、"一月"、"子"或"sunday"等，或者在连续的两个单元格中输入具有一定规律的数值序列，如图 4-26 所示。

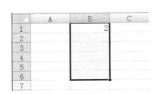

图 4-24　选定 B1:B6 单元格区域

图 4-25　"序列"对话框

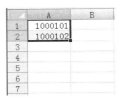

图 4-26　自动填充的初始值

② 将鼠标指针指向该单元格右下角的填充柄位置，鼠标指针将变为黑色的实心加号"+"。

③ 按住鼠标左键沿着要填充的方向拖动填充柄，如图 4-27 所示。

④ 松开鼠标左键，填充结束。如果无法使用鼠标拖动法，即没有填充柄，则单击"文件"选项卡中的"选项"按钮，在"Excel 选项"窗口的"高级"选项卡中，选中"启用填充柄和单元格拖放功能"复选项，即可利用鼠标拖动方法实现自动填充。

（3）数据填充的几种应用。若源单元格数据是 Excel 中预先定义的序列类型，如星期日、二月、February 等，则按序列顺序循环填充，否则按源单元格数据填充。Excel 提供了 12 个预定义的序列，用户也可以添加自定义序列，操作步骤如下。

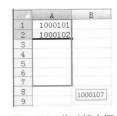

图 4-27　拖动填充柄

单击"文件"选项卡中的"选项"按钮，在"Excel 选项"窗口的"高级"选项卡中单击"编辑自定义列表"按钮，打开"自定义序列"对话框，在"自定义序列"列表框中选择"新序列"选项，然后在"输入序列"文本框中输入新的序列，如"一班,二班,三班,四班,五班"，序列数据间要用逗号","分隔或分行输入，如图 4-28 所示。输入结束后，单击"添加"按钮，将输入序列加入自定义序列中。

图 4-28　"自定义序列"选项卡

源单元格是一个单元格，若单元格数据是纯数字，填充相当于数据复制，按住【Ctrl】键的同时进行填充，则按差为 1 的等差序列递增填充；若源单元格数据是文字数字混合形式，如 A1、产品 2、第 3 名、8 号等，则按数字顺序递增填充，按住【Ctrl】键的同时进行填充，则填充相当于数据复制。

当源单元格是两个连续的单元格时，若两个单元格的数据是数值形式或文字、数字混合形式，则按两数值的关系进行等差序列填充，如 A1 = 第 2，A2 = 第 4，则向下填充的结果是 A3 = 第 6，A4 = 第 8，……按住【Ctrl】键的同时进行填充，则填充相当于数据复制，此时的 A3 = 第 2，A4 = 第 4，……如图 4-29 所示。

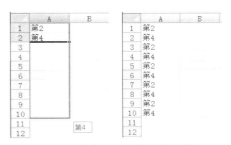

图 4-29　按【Ctrl】键进行拖动填充

单元格内容、所选单元格数目及填充方向不同，填充的结果也各不相同。牢固地掌握、熟练地操作、灵活地运用填充，能够提高数据输入的效率。

5. 插入批注

所谓批注，就是给单元格添加注释。操作步骤如下。

① 选中目标单元格，右击，在弹出的快捷菜单中选择"插入批注"命令。

② 在弹出的编辑框中输入批注内容，然后单击表格中的任意一处即可保存批注。

③ 将鼠标指针放到目标单元格上，批注会自动显示，不需要单击。

当不需要批注时，在有批注的单元格上右击，在弹出的快捷菜单中选择"删除批注"命令即可。

4.2.3　选择编辑区

不管是对单元格还是对工作表进行操作，都要首先确定操作对象，如一个单元格，多个连续或不连续的单元格、行、列，一个或多个工作表，等等。

1. 选择单元格

选择单元格主要有 3 种方法。

（1）最简单的方法是直接单击该单元格。被选中的单元格外面有一个黑框，数据编辑栏的"名称框"中会显示该单元格的名称。

（2）单击"开始"选项卡"编辑"工具组的"查找和选择"按钮，再从下拉菜单中选择"转到"命令，在弹出的"定位"对话框中输入要选择的单元格或单元格区域的位置，单击"确定"按钮即可。

（3）在数据编辑栏的"名称框"中直接输入单元格位置，然后按回车键也可以选中该单元格或单元格区域。

2. 选择单元格区域

单元格区域是指多个单元格，可以是连续的或不连续的，选择的方法有以下几种。

（1）最简单的方法是鼠标拖动法。当鼠标指针的形状是空心加号时，拖动鼠标指针可以选择一个连续的单元格区域。

（2）在"定位"对话框中输入单元格区域的地址，如 A1:B5。

（3）在数据编辑栏的"名称框"中直接输入单元格区域的地址。

（4）要选择不连续单元格区域，首先选择一个单元格，然后按住【Ctrl】键，单击选择其它的单元格。要选择连续单元格区域，首先选择一个单元格，然后按住【Shift】键，单击单元格区域斜对角的最后一个单元格即可。

3. 选择整行或整列

在行标题或列标题上直接单击，即可选中该行或该列。在行标题或列标题上拖动鼠标指针可以选择多行或多列。结合【Ctrl】键或【Shift】键可以选择不连续或连续的多行或多列。

4. 选择整个工作表

选择整个工作表可以利用【Ctrl+A】组合键实现。但最常用的方法是单击行标题和列标题交叉处的"全选"按钮，即可快速地选择整个工作表。

有时需要同时选择多个工作表，如复制多个工作表的操作中需要选择多个工作表，Excel提供了以下几种方法。

（1）先选定某个工作表，然后按住【Ctrl】键，再分别单击其它工作表的标签。

（2）先选定某个工作表，然后按住【Shift】键，再单击另一个工作表的标签，这样，这两个工作表之间的所有工作表将被选中。

（3）在任一工作表标签处右击，然后从弹出的快捷菜单中选择"选定全部工作表"命令，则工作簿中所有的工作表被选中。

多个工作表被选定后，单击另外未被选定的工作表的标签，将取消对多个工作表的选定；如果所有工作表被选定，则单击任一工作表标签都会取消对所有工作表的选定。

4.2.4　编辑单元格

单元格的基本编辑操作包括单元格的插入、行高和列宽的调整、复制和移动、删除以及设置单元格格式等。

1. 插入单元格

鼠标指针指向某一单元格，右击，在弹出的快捷菜单中选择"插入"命令，弹出"插入"对话框，如图4-30所示。

在该对话框中可以选择"活动单元格右移"、"活动单元格下移"、"整行"或"整列"单选项，用户可以根据需要选择某一选项。选择"整行"或"整列"选项，可以直接在选定的单元格的上方插入行或左侧插入列。如果选定的区域是多个连续的单元格，如A1:A3单元格区域，则插入的行为3行，如果选择的是A1:D1单元区域，则插入的列是4列。

图4-30　"插入"对话框

2. 调整单元格的行高和列宽

为了适应数据的长度并让排版美观，常常需要调整单元格的行高和列宽。有3种调整方法，具体操作如下。

（1）鼠标拖动法。最简单的方法是直接拖动行标题或列标题的边界，当鼠标指针处在边界位置时，鼠标指针变成一个双向箭头，此时按住鼠标左键拖动即可改变行的高度或列的宽度。如果在边界位置双击，Excel将自动调整行高或列宽以适应单元格中内容的长度或高度；如果选中多个整行或多个整列，再拖动边界时，Excel将同时调整全部所选的行或列的尺寸。

（2）对话框方法。

首先选择需要调整的行或列，然后单击"开始"选项卡的"单元格"工具组的"格式"按钮，再从下拉菜单中选择"行高"命令或"列宽"命令，分别弹出的对话框如图4-31所示。

在"行高"对话框或"列宽"对话框中输入具体的值，单击"确定"按钮即可。

打开对话框也可以用快捷菜单方法。在选定的整行或整列上右击，在弹出的快捷菜单中选择"行高"或"列宽"命令，同样会弹出"行高"对话框或"列宽"对话框，输入需要的值并单击"确定"按钮即可。

3. 移动和复制单元格

单元格的复制与移动同Word中文本的复制与移动的操作方法类似，都有菜单方法、快捷菜单方法、鼠标拖动法和快捷键方法，单元格的移动和复制可以在一个工作表中进行，也可以在不同的工作表或工作簿之间进行。具体的操作步骤如下。

图4-31　"行高"对话框和"列宽"对话框

（1）选择需要移动或复制的单元格或单元格区域。

（2）利用菜单方法、快捷菜单方法或快捷键（【Ctrl+C】或【Ctrl+X】组合键）选择“复制”或“剪切”命令。

（3）选择目标位置的单元格。同样利用菜单方法、快捷菜单方法或快捷键（【Ctrl+V】组合键）选择“粘贴”命令。如果移动或复制的是单元格区域，则选定的目标位置是所移动或复制区域的左上角单元格的位置。

利用鼠标拖动法实现移动或复制与 Word 中文本的移动或复制只有一点不同，即鼠标指针的形状。在 Excel 中，鼠标指针的形状通常是空心十字形“✣”，当鼠标指针移到被选中单元格区域的边缘，鼠标指针的形状变成“✥”形状时，按住鼠标左键拖动即可实现单元格区域的移动；如果是复制操作，在拖动的过程中要按住【Ctrl】键。

单击“开始”选项卡“剪贴板”工具组的“粘贴”按钮，可以复制整个单元格的内容，包括公式、数值、批注和单元格格式等。用户也可以有选择地进行粘贴，单击“粘贴”命令下方的下拉按钮，再从下拉菜单中选择“选择性粘贴”，打开“选择性粘贴”对话框，如图 4-32 所示。

在“选择性粘贴”对话框中，用户可以选择粘贴的内容，可以是“数值”，也可以是“公式”或“数字格式”，还可进行表格的转置，如图 4-33 所示。

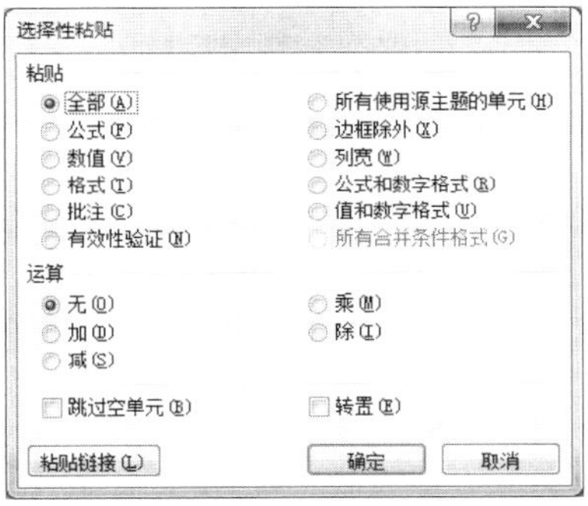

图 4-32 “选择性粘贴”对话框

	A	B	C	D	E	F	G
1		第1节	第2节	第3节	第4节	第5节	第6节
2	星期一	语文	数学	音乐	阅读	语文	体育
3	星期二	语文	数学	数学	美术	写字	英语
4	星期三	数学	语文	音乐	品德	语文	班会
5	星期四	语文	数学	体育	音乐	综合实践	美术
6	星期五	数学	数学	信息	语文	品德	健康教育
7							
8							
9		星期一	星期二	星期三	星期四	星期五	
10	第1节	语文	语文	数学	语文	数学	
11	第2节	数学	数学	语文	数学	数学	
12	第3节	音乐	数学	音乐	体育	信息	
13	第4节	阅读	美术	品德	音乐	语文	
14	第5节	语文	写字	语文	综合实践	品德	
15	第6节	体育	英语	班会	美术	健康教育	

图 4-33 转置前后的对比

4. 删除或清除单元格数据

在编辑过程中，如果要删除单元格数据，首先应选择需要删除内容的单元格区域，然后按【Delete】键或单击“开始”选项卡的“编辑”工具组的“清除”按钮，如图 4-34 所示，再从下拉菜单中选择“全部清除”，就可以清除单元格中的所有内容。如果只想清除格式、内容或批注等，可以在下拉菜单中选择相应选项，实现针对特定内容的清除。

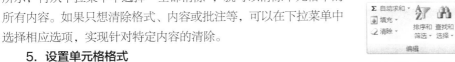

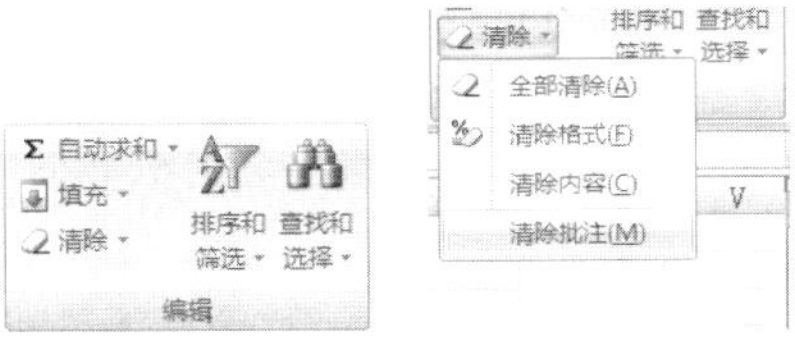

图 4-34 “编辑”工具组与“清除”命令

5. 设置单元格格式

单元格格式包括数字类型、对齐样式、字体样式、边框样式、单元格底纹（即填充样式）和单元格保护。设置单元格格式的操作步骤如下。

（1）选中需要进行格式设置的单元格或单元格区域。

（2）单击“开始”选项卡的“单元格”工具组的“格式”按钮，再从下拉菜单中选择“设置单元格格式”命令，打开“设置单元格格式”对话框，如图 4-35 所示。

（3）在“设置单元格格式”对话框中有 6 个选项卡，分别是“数字”选项卡、“对齐”选项卡、“字体”选项卡、“边框”选项卡、“填充”选项卡和“保护”选项卡。

“数字”选项卡如图 4-35 所示，用户可以选择 Excel 提供的各种数值格式或货币格式等。

“对齐”选项卡如图 4-36 所示。在“对齐”选项卡中，用户可以设置单元格内容的对齐方式、文本方向及“自动换行”“合并单元格”等文本控制。

图 4-35　"设置单元格格式"对话框

图 4-36　"对齐"选项卡

　　"字体"选项卡中的设置与 Word 中对文字的设置类似，"边框"选项卡和"填充"选项卡中的设置与 Word 中的"边框和底纹"对话框中的设置类似，在此不再重复。

　　"保护"选项卡如图 4-37 所示。在"保护"选项卡中，锁定单元格和隐藏公式只有在工作表被保护的前提下才有效。

图 4-37　"保护"选项卡

4.2.5　编辑工作表

一个工作簿可以包含多个工作表，每个工作表可以输入不同的内容，一个工作表也可以分成多个部分分别编辑数据。编辑工作表包括添加工作表、删除工作表、重命名工作表、移动和复制工作表、工作表窗口的拆分与冻结、保护工作表等操作。

1. 添加工作表

在 Excel 2010 中，一个工作簿默认有 3 个工作表，如果用户需要添加更多的工作表，操作方法有 4 种。

（1）单击工作标签 右侧的"插入工作表"按钮快速添加新工作表。

（2）单击"开始"选项卡的"单元格"工具组的"插入"下方的下拉按钮，再在下拉菜单中选择"插入工作表"命令，Excel 将在当前工作表前插入一个工作表，被插入的工作表标签依次命名为 Sheet4、Sheet5、……。

（3）选中多个连续的工作表，然后单击"开始"选项卡的"单元格"工具组中的"插入"下方的下拉按钮，在下拉菜单中选择"插入工作表"命令，Excel 将插入和选中的工作表数目相同的工作表。

（4）在工作表标签上直接选择一个工作表或多个连续的工作表，在选定的标签上右击，在弹出的快捷菜单中（如图 4-38 所示）选择"插入"命令，弹出"插入"对话框，如图 4-39 所示。

图 4-38　快捷菜单

图 4-39　"插入"对话框

在"插入"对话框中，选择要插入的类型是"工作表"，然后单击"确定"按钮即可在当前选定的工作表之前插入一个或多个工作表。

2. 删除工作表

如果要删除一个或多个工作表，可以按以下步骤操作。

（1）选中需要删除的一个或多个连续或不连续的工作表，在工作表标签上右击，在弹出的快捷菜单中选择"删除"命令，若工作表中有内容，将弹出一个警告提示，如图 4-40 所示。

如果确定删除，单击"删除"按钮，否则单击"取消"按钮。

（2）选中需要删除的一个或多个连续或不连续的工作表，单击"开始"选项卡的"单元格"工具组的"删除"下方的下拉按钮，再从下拉菜单中选择"删除工作表"命令即可。

图 4-40　删除工作表的警告提示

3. 重命名工作表

当编辑的工作表较多时，使用 Sheet1、Sheet2 作为工作表名称很难区分不同的工作表，如果赋予每个工作表一个有意义的名称，这个问题便解决了。重命名工作表的操作步骤如下。

（1）双击工作表标签或在工作表标签上右击，在弹出的快捷菜单中选择"重命名"命令，此时标签名处于反白显示状态，如图4-41所示。

图4-41 重命名前后的工作表名称

（2）直接输入新的工作表名称，如"第一学期成绩""销售情况"等。

（3）输入完毕后，单击标签外的任何位置或按回车键，即可完成对工作表的重命名。

4．移动和复制工作表

Excel允许在一个或多个工作簿中移动工作表或为其建立副本（复制），具体操作方法如下。

（1）鼠标拖动法。单击要移动的工作表标签并拖动，在拖动过程中标签的上方将出现一个黑色的三角形，提示工作表要插入的位置。如果要复制工作表，在拖动过程中要按住
【Ctrl】键。用户也可以选择拖动多个连续或不连续的工作表，实现多个工作表的移动或复制。

（2）对话框方法。首先选中要移动或复制的一个或多个工作表，然后单击"开始"选项卡的"单元格"工具组的"格式"按钮，再从下拉菜单中选择"移动或复制工作表"命令；或者在被选定的工作表标签上右击，在弹出的快捷菜单中选择"移动或复制工作表"命令，弹出对话框，如图4-42所示。

图4-42 "移动或复制工作表"对话框

在"移动或复制工作表"对话框中，选择要移至的工作簿和插入位置，如果要复制工作表，选中"建立副本"复选项即可，最后单击"确定"按钮完成工作表的移动或复制。

5．工作表窗口的拆分与冻结

（1）工作表窗口的拆分。拆分窗口一般适用于列数、行数较多的表格，它可以在不隐藏行或列的情况下使相隔很远的行或列移动到较近的地方进行编辑，以便更准确地输入数据。

先选择需要进行窗口拆分的工作表，单击"视图"选项卡的"窗口"工具组的"拆分"按钮，或拖动工作表中的水平滚动条最右边的滑动块和垂直滚动条最上边的滑动块，如图4-43所示。

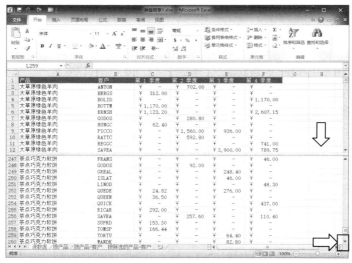

图4-43 拆分窗口

用户可以根据需要将编辑区拆分为2个窗口或4个窗口，拖动拆分条，可以调节窗口的大小。再次选择"窗

口"工具组的"拆分"按钮或双击拆分条，即可取消拆分。

（2）工作表窗口的冻结。冻结窗口是为了在拖动滚动条的时候，始终保持某些行或列在可视区域，以便进行对照或操作。被冻结的部分一般是标题行或标题列，即表头部分。

选择要进行窗口冻结的工作表，选定一个单元格，单击"窗口"工具组的"冻结窗格"按钮，在下拉菜单中可选择"冻结拆分窗格"、"冻结首行"或"冻结首列"。选择"冻结拆分窗格"，可以将该单元格上方的行和左方的列冻结，如图 4-44 所示，选择 C2 单元格，则冻结的是行 1 和列 A～列 B。

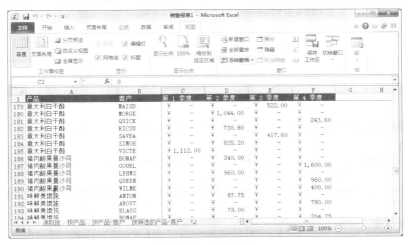

图 4-44　冻结窗口

取消冻结操作应单击"窗口"工具组的"冻结窗格"按钮，在列表中选择"取消冻结窗格"选项。

6. 保护工作表

保护工作表可以防止自己或他人改变工作表中的内容、对象等。单击"审阅"选项卡"更改"工具组的"保护工作表"按钮，弹出"保护工作表"对话框，如图 4-45 所示。

在"保护工作表"对话框中，用户可以选择要保护的内容，如"内容""格式""对象"等。"取消工作表保护时使用的密码"下面的文本框允许用户设置口令。当要取消保护时，单击"审阅"选项卡的"更改"工具组的"撤销工作表保护"按钮，在弹出的"撤销工作表保护"对话框中输入正确的口令，才能解除工作表的保护。

单击"审阅"选项卡的"更改"工具组的"保护工作簿"按钮，可以防止改变工作簿的结构和窗口，如图 4-46 所示。

图 4-45　"保护工作表"对话框

图 4-46　"保护结构和窗口"对话框

在"保护结构和窗口"对话框中，如果选中"结构"复选项，则可防止对修改工作簿结构，其中的工作表就不能被删除、移动、隐藏，也不能插入新的工作表；如果选中"窗口"复选项，则可防止移动与缩放工作簿窗口。在"密码"文本框中允许用户设置口令，也可以不设置，一旦设置了口令，如果用户要撤销对工作簿的保护，就必须正确输入口令才能解除对工作簿的保护。

4.3 Excel 2010 的数据管理

工作表中的数据通常是由一条条的记录组成的，就像一个数据库，Excel 不但能够通过记录单来增加、删除和移动数据，而且能够对数据清单进行设置条件格式、排序、筛选、分类汇总与统计等数据管理。

4.3.1 数据清单

所谓数据清单，就是包含有关数据的一系列工作表的数据行。它具备数据库的多种管理功能，是 Excel 中常用的工具。数据清单中的行相当于数据库中的记录，行标题相当于记录名。数据清单中的列相当于数据库中的字段，列标题相当于数据库中的字段名称。

1. 创建数据清单的准则

（1）要避免在一个工作表中建立多个数据清单，因为数据清单的某些处理功能（如筛选）一次只能在同一个工作表的一个数据清单中使用。如果必须在一张工作表中建立多个数据清单，应通过空白行或空白列划分清楚，以免造成混乱。

（2）在工作表的数据清单与其它数据间至少留出一个空白行或空白列，以便在进行排序、筛选等操作时系统检测和选定数据清单。

（3）避免将关键数据放到数据清单的左右两侧，因为这些数据在筛选数据清单时可能会被隐藏。

2. 创建数据清单

数据清单至少要有一行文字作为标题行，标题行的下面是连续的表格数据区，这是数据清单与普通表格的差别。创建数据清单只需在工作表的某一行输入每列的标题，即字段名，如学号、姓名、语文、数学、英语、总分、平均分和备注等字段名，如图 4-47 所示，在标题下面逐行输入每条记录，一个数据清单就建成了。

	A	B	C	D	E	F	G	H
1	学号	姓名	语文	数学	英语	总分	平均分	备注
2	001	张强	88	80	89	257	85.67	
3	002	刘明	84	95	87	266	88.67	
4	003	李旭	70	78	55	203	67.67	
5	004	王海洋	90	87	70	247	82.33	
6	005	王平	80	56	90	226	75.33	
7	006	周斌	81	80	88	249	83.00	
8	007	张艳	82	95	86	263	87.67	
9	008	王旭	83	78	84	245	81.67	
10	009	姜平	83	87	82	252	84.00	
11								

图 4-47 数据清单

3. 管理数据清单

当需要在数据清单中添加、删除或编辑记录时，可以利用记录单对其进行有效的管理。单击"文件"选项卡中的"选项"按钮，在弹出的"Excel 选项"对话框中选择"快速访问工具栏"选项卡，在右侧"从下列位置选择命令"下拉列表框中找到"不在功能区中的命令"，在下面的列表框中找到"记录单"，如图 4-48 所示。单击"添加"按钮，然后单击"确定"按钮，Excel 窗口左上角的快速访问工具栏中将出现"记录单"按钮。

选择当前单元格为数据清单中的任意单元格，单击"记录单"按钮，打开"Sheet1"对话框，"Sheet1"为数据清单所在的工作表的名称，如图 4-49 所示。

在该对话框中，用户可以查询、新建、删除或编辑记录，操作起来十分方便。

图 4-48　Excel 选项对话框

图 4-49　"Sheet1" 对话框

4.3.2　条件格式

使用条件格式可以根据指定的公式或数值确定搜索条件，然后将格式应用到符合搜索条件的单元格中，并突出显示满足指定条件的数据。例如，下面的例子中对不及格的分数进行了突出显示，以方便查询不及格的分数。

（1）选择条件格式的使用范围，即 C2:E10 单元格区域，如图 4-50 所示。

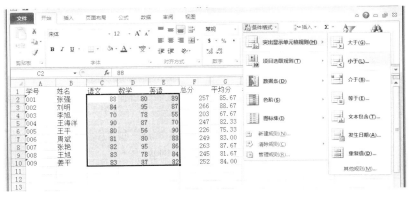

图 4-50　选定单元格区域

（2）单击"开始"选项卡的"样式"工具组的"条件格式"按钮，再从下拉菜单中选择"突出显示单元格规则"中的"小于"命令，弹出"小于"对话框，在"小于"对话框中输入数据的条件，如图 4-51 所示。自定义格式为红色、加粗和下划线。

图 4-51　"小于"对话框

（3）最后单击"确定"按钮，完成条件格式的设置，效果如图4-52所示。

	A	B	C	D	E	F	G	H
1	学号	姓名	语文	数学	英语	总分	平均分	名次
2	001	张强	88	80	89	257	85.67	
3	002	刘明	84	95	87	266	88.67	
4	003	李旭	70	78	55	203	67.67	
5	004	王海洋	90	87	70	247	82.33	
6	005	王平	80	56	90	226	75.33	
7	006	周斌	81	80	88	249	83.00	
8	007	张艳	82	95	86	263	87.67	
9	008	王旭	83	78	84	245	81.67	
10	009	姜平	83	87	82	252	84.00	
11								

图4-52　设置条件格式后的效果

若要清除条件格式，可以单击"开始"选项卡的"样式"工具组中的"条件格式"按钮，再从下拉菜单中选择"清除规则"中的"清除所选单元格的规则"或"清除整个工作表的规则"命令，如图4-53所示。

图4-53　清除条件格式

4.3.3　排序

对工作表中的数据记录进行排序，可以方便用户进行查询、分析和处理等操作。排序方法有以下两种。

1. 简单排序

简单排序是利用"数据"选项卡的"排序和筛选"工具组的升序和降序按钮进行的，操作步骤如下。

（1）在工作表中选定参与排序的单元格区域，如图4-54所示。

	A	B	C	D	E	F	G	H
1	学号	姓名	语文	数学	英语	总分	平均分	名次
2	001	张强	88	80	89	257	85.67	
3	002	刘明	84	95	87	266	88.67	
4	003	李旭	70	78	55	203	67.67	
5	004	王海洋	90	87	70	247	82.33	
6	005	王平	80	56	90	226	75.33	
7	006	周斌	81	80	88	249	83.00	
8	007	张艳	82	95	86	263	87.67	
9	008	王旭	83	78	84	245	81.67	
10	009	姜平	83	87	82	252	84.00	
11								
12								
13								

Sheet1 / Sheet2 / Sheet3

图4-54　选定单元格区域

（2）按【Tab】键，将光标移至关键字所在的列，如"平均分"列。单击"数据"选项卡"排序和筛选"

工具组的"升序排序"按钮 或"降序排序"按钮 ，Excel 将根据这一列数据为选定的单元格区域重新排序。

如果在排序前没有选定单元格区域，而是选中了排序所依据的列，单击"升序排序"按钮 或"降序排序"按钮 ，Excel 将弹出"排序提醒"对话框，如图 4-55 所示。

选中"扩展选定区域"单选项，单击"排序"按钮，Excel 将自动识别单元格区域并进行重新排序。

2. 自定义排序

（1）在工作表中选定参与排序的单元格区域。

（2）单击"数据"选项卡的"排序和筛选"工具组的"排序"按钮，打开"排序"对话框。

（3）在"排序"对话框中，分别对主要关键字、排序依据、次序进行设置。

（4）如果按主要关键字进行排序时出现数值相等的情况，例如，主要关键字是"平均分"，有两位或更多同学的平均分都相等时，用户可以通过设置"次要关键字"进行进一步排序。如图 4-56 所示，主要关键字是"平均分"，次要关键字是"英语"。如果又出现相等情况，可以通过"添加条件"按钮增加"第三关键字"。

（5）当所有的排序条件都设置好后，单击"确定"按钮完成排序操作。

注意，在"排序"对话框中，如果选中"数据包含标题"复选项，Excel 将显示"英语""总分""平均分"等字段名；若不选，则只显示"按列 A""按列 B"等，并且在排序时字段名也参与排序，因此，用户要注意该复选项的选择。

如果单击"选项"按钮，将弹出"排序选项"对话框，如图 4-57 所示，用户可以在其中更详细地设定排序的方向和方法。

图 4-56 "排序"对话框

图 4-57 "排序选项"对话框

4.3.4 筛选

筛选数据是指从庞大的数据集中筛选出符合一定条件的记录，并将它们显示或打印出来，同时隐藏不符合条件的记录。筛选数据主要有以下两种方法。

1. 自动筛选

自动筛选的操作步骤如下。

（1）选定要进行筛选的字段名或参与筛选的单元格区域，如图 4-58 所示。

（2）单击"数据"选项卡的"排序和筛选"工具组的"筛选"按钮，此时选中的区域中每列数据的字段名旁边都会出现一个下拉按钮。

（3）单击工作表中"平均分"字段名旁边的下拉按钮，如图 4-59 所示。

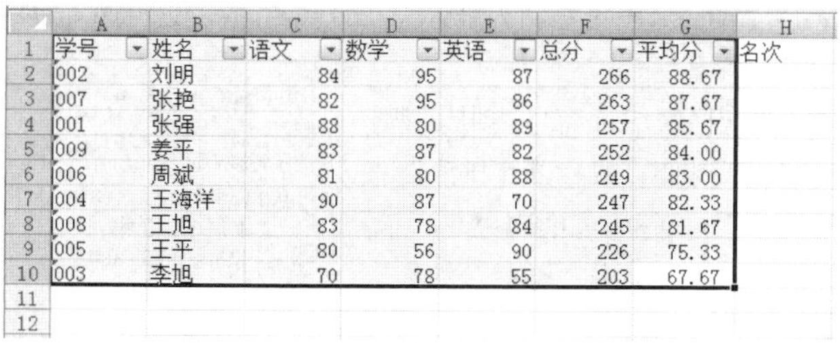

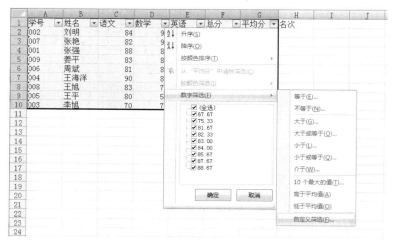

图4-58　选定单元格区域

图4-59　自动筛选的下拉菜单

在下拉菜单中包含了该列所有的值，如果选择"81.67"选项则只显示王旭这一条记录。如果选择"数字筛选"中的"10个最大的值"选项，则Excel只显示10条平均值最大的记录。如果选择"自定义筛选"命令，则弹出"自定义自动筛选方式"对话框，如图4-60所示，在该对话框中用户可以设置筛选条件，如"平均分＜80"、"平均分介于70和80之间"等。

（4）设置完成后，单击"确定"按钮，完成自动筛选并显示筛选后的结果。

如果取消自动筛选，只需单击"数据"选项卡的"排序和筛选"工具组的"筛选"按钮，就可以回到初始状态，重新显示全部数据。

图4-60　"平均分介于70和80之间"的设置

2. 高级筛选

使用自动筛选方式寻找符合特定条件的记录方便且快捷，但当条件较多且较复杂时，可以采用高级筛选方式。使用高级筛选必须要建立条件区域。条件区域中的条件标志必须与列表区域具有相同的字段名，以作为匹配条件的依据。

高级筛选的操作步骤如下。

（1）在工作表中输入高级筛选条件，"语文大于80并且平均分大于等于85的女生"，图4-61所示的A1:C2就是条件区域，A1:C1单元格区域显示字段名，A2:C2单元格区域显示是条件表达式。

（2）选择数据记录中的A3:H12单元格区域，如图4-61所示。

（3）单击"数据"选项卡的"排序和筛选"工具组的"高级"按钮，弹出图4-62所示的"高级筛选"对话框。

	A	B	C	D	E	F	G	H
1	性别	语文	平均分					
2	女	>80	>=85					
3	学号	姓名	性别	语文	数学	英语	总分	平均分
4	001	张强	男	88	80	89	257	85.67
5	003	李旭	男	70	78	55	203	67.67
6	004	王海洋	男	90	87	70	247	82.33
7	006	周斌	男	81	80	88	249	83.00
8	008	王旭	男	83	78	84	245	81.67
9	002	刘明	女	84	95	87	266	88.67
10	005	王平	女	80	56	90	226	75.33
11	007	张艳	女	82	95	86	263	87.67
12	009	姜平	女	83	87	82	252	84.00

图 4-61　输入高级筛选条件

图 4-62　"高级筛选"对话框

（4）在"高级筛选"对话框中，筛选方式有两种。"在原有区域显示筛选结果"方式，顾名思义，会将筛选结果显示在原来的数据区域；而"将筛选结果复制到其它位置"方式，则会将筛选结果显示在指定的数据区域中，可以在"复制到"文本框中设置显示结果的初始放置位置。"列表区域"文本框中可以设置参与筛选的源数据区域，而"条件区域"文本框中放置的则是高级筛选的条件区域，用户可以直接输入条件区域 A1:C2，也可以直接利用鼠标在工作表中选择高级筛选条件所在的单元格区域。

（5）最后单击"确定"按钮，Excel 将显示满足高级筛选条件的记录。

取消高级筛选的操作是：单击"数据"选项卡的"排序和筛选"工具组的"清除"按钮，可以取消第一种筛选方式下的筛选结果；因为第二种筛选方式将筛选结果放置在其它位置，因此如果不需要，可以直接将其删除。

4.3.5　分类汇总与统计

分类汇总是 Excel 提供的一项统计计算功能，可以对相同类别的数据进行统计汇总，如按性别比较不同科目的平均分情况，按地区比较总销售额情况等。分类汇总必须在数据已按类别排序的基础上进行。

分类汇总的操作步骤如下。

（1）对学生成绩表按性别进行排序，然后选中参与分类汇总的单元格区域 A1:H10。

（2）单击"数据"选项卡的"分级显示"工具组的"分类汇总"按钮，打开"分类汇总"对话框，如图 4-63 所示。

（3）在"分类字段"下拉列表框中选择"性别"选项（即排序的依据），表示按"性别"进行分类；在"汇总方式"下拉列表框中选择"平均值"选项；在"选定汇总项"列表框中选择要进行汇总的数据列字段名，如图

图 4-63　"分类汇总"对话框

4-63 所示，选择"语文"、"数学"和"英语"3 门课程。另外再选中"替换当前分类汇总"和"汇总结果显示在数据下方"两个复选项。

（4）单击"确定"按钮，即可达到按性别比较 3 门课程的平均分的目的，如图 4-64 所示。

		A	B	C	D	E	F	G	H
1		学号	姓名	性别	语文	数学	英语	总分	平均分
2		001	张强	男	88	80	89	257	85.67
3		003	李旭	男	70	78	55	203	67.67
4		004	王海洋	男	90	87	70	247	82.33
5		006	周斌	男	81	80	88	249	83.00
6		008	王旭	男	83	78	84	245	81.67
7				男 平均值	82.4	80.6	77.2		
8		002	刘明	女	84	95	87	266	88.67
9		005	王平	女	80	56	90	226	75.33
10		007	张艳	女	82	95	86	263	87.67
11		009	姜平	女	83	87	82	252	84.00
12				女 平均值	82.25	83.25	86.25		
13				总计平均值	82.33333	81.77778	81.22222		
14									

图 4-64　分类汇总结果

在图 4-64 中，行标题左侧有 3 个数字按钮，称为概要标记按钮，每个按钮的下方都有对应的标记。

如果单击概要标记按钮 3，就显示全部数据。

如果单击概要标记按钮 2，只显示分类汇总结果与全部数据的汇总结果，其它的数据将被隐藏，并且概要标记变为"＋"，如图 4-65 所示。

图 4-65　只显示汇总结果

如果单击概要标记按钮 1，就只显示一个全部数据的汇总结果。用户也可以直接单击"＋""−"按钮，对数据进行展开与折迭。

取消分类汇总的方法是：单击"数据"选项卡的"分级显示"工具组的"分类汇总"按钮，在打开的"分类汇总"对话框中单击"全部删除"按钮，即可删除分类汇总结果。

4.3.6　数据透视表

数据透视表（Pivot Table）是一种交互式报表，可以快速合并和比较大量数据，可以动态地改变数据的版面布置，以便按照不同的方式分析数据，也可以重新安排行号、列标和页字段。每一次改变版面布置时，数据透视表会立即按照新的布置重新计算数据。另外，如果原始数据发生变化，则应更新数据透视表。

数据透视表的用途如下。

（1）提高 Excel 报告的生成效率。Excel 数据透视表能够快速汇总、分析、浏览和显示数据，对原始数据进行多维度展现。数据透视表能够依次完成筛选、排序和分类汇总等操作，并生成汇总表格，这是 Excel 强大的数据处理能力的具体体现。

（2）实现 Excel 的一般功能。数据透视表涵盖了 Excel 中大部分的功能，如图表、排序、筛选、计算和函数等。

（3）实现人机交互。数据透视表最大的特点就是交互性，它可以实现数据透视表报告的人机交互功能。

例如，在生产生活中，如果有图 4-66 所示的数据表，应如何统计员工制作每种产品的总数量？

操作步骤如下。

（1）选中 A16 单元格，单击"插入"选项卡的"表格"工具组的"数据透视表"的下拉按钮，在下拉菜单中选择"数据透视表"选项，打开"创建数据透视表"对话框，如图 4-67 所示。

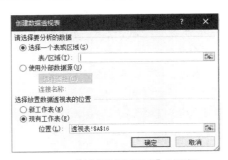

图 4-66　数据表　　　　　　　　图 4-67　"创建数据透视表"对话框

（2）在"请选择要分析的数据"中的"选择一个表/区域"下方的文本框中输入 A1:D12，或利用鼠标选择 A1:D12 单元格区域；在"选择放置数据透视表的位置"中的"现有工作表"下方的文本框中输入 A16，单击"确定"按钮后，将显示"数据透视表字段列表"窗格，如图 4-68 所示。

图 4-68　"数据透视表字段列表"窗格

（3）在"数据透视表字段列表"窗格中，将"员工""产品"拖到"行标签"里；将"数量"拖到"数值"里，然后选中"值"，在下拉菜单中选择"值字段设置"选项，打开"值字段设置"对话框，如图 4-69 所示，"选择用于汇总所选字段数据的计算类型"为"求和"，单击"确定"按钮。

（4）生成的数据透视表如图 4-70 所示。汇总的结果清晰地显示了 4 天里每个员工每种产品的生产数量及每个员工生产数量的汇总。

图 4-69　"值字段设置"对话框　　　　　　　　　　　图 4-70　生成的数据透视表

4.4 图表的应用

在 Excel 中，图表是指将工作表中的数据用图的方式表示出来，如“柱形图”“条形图”“折线图”等。在工作表中引入图表，可以使数据分析更加清晰、直观。

4.4.1 创建图表

Excel 2010 可以很轻松地创建图表，下面以 4.3 节的学生成绩表为例，介绍创建图表的方法。

（1）选择需要创建图表的数据区域，利用【Ctrl】键选取 B1:B10 和 D1:F10 单元格区域，如图 4-71 所示。

	A	B	C	D	E	F	G	H
1	学号	姓名	性别	语文	数学	英语	总分	平均分
2	001	张强	男	88	80	89	257	85.67
3	003	李旭	男	70	78	55	203	67.67
4	004	王海洋	男	90	87	70	247	82.33
5	006	周斌	男	81	80	88	249	83.00
6	008	王旭	男	83	78	84	245	81.67
7	002	刘明	女	84	95	87	266	88.67
8	005	王平	女	80	56	90	226	75.33
9	007	张艳	女	82	95	86	263	87.67
10	009	姜平	女	83	87	82	252	84.00
11								

图 4-71　选中数据区域

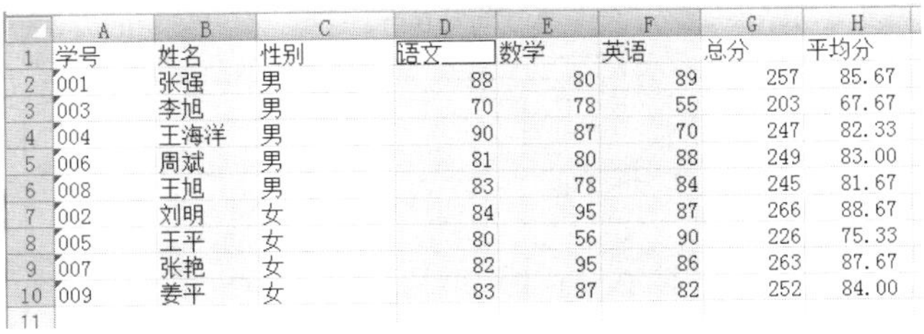

（2）选择“插入”选项卡的“图表”工具组的“柱形图”中的“三维柱形图”，如图 4-72 所示。也可以单击“插入”选项卡的“图表”工具组右下角的对话框启动器按钮，打开图 4-73 所示的“插入图表”对话框，在左侧列表框中选择图表类型，在右侧选择子类型。

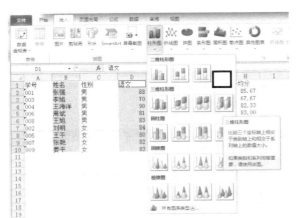

图 4-72　选择图表类型

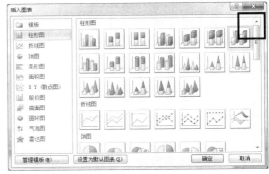

图 4-73　“插入图表”对话框

（3）单击“确定”按钮，即可在当前工作表中插入图表，如图 4-74 所示。

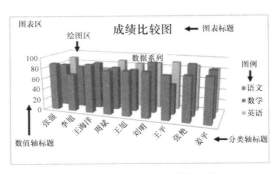

图 4-74　学生成绩的三维柱形图

4.4.2　编辑图表

根据数据对象创建的图表由许多部分组成，如图 4-74 所示。

❑　图表标题。它是整个图表的名称，位于图表的顶端，如"成绩比较图"。

❑　数值轴标题。它是数值轴的名称，如图 4-74 中的 y 轴代表的分数。

❑　分类轴标题。它是分类轴的名称，如图 4-74 中的 x 轴代表的姓名。

❑　图例。标明图表中各种颜色所对应的含义，如图 4-74 右侧的图例的不同颜色代表不同的科目。

❑　图表区。整个图表就是图表区。

❑　绘图区。图表中图所在的区域，位于图表的中间，如图 4-74 中的柱形图。

❑　数据系列。绘图区中各数据量的图形系列，如图 4-74 中的柱状图形系列。

对图表的编辑就是对组成图表的各部分进行编辑。当图表创建好以后，功能区将出现图表工具"设计"选项卡，如图 4-75 所示。用户可以改变图表类型、修改数据源、改变图表布局、更改图表样式、改变图表位置等。

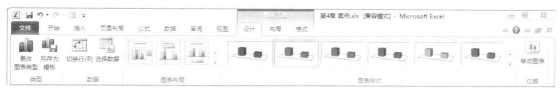

图 4-75　"设计"选项卡

1. 改变图表大小

当图表太小时，有些内容无法显示出来，用户可以通过如下步骤改变图表大小。

（1）单击图表区选中图表。

（2）移动光标到 4 个角或 4 条边的中心位置，按住鼠标左键拖动，即可调整图表的大小。

2. 改变图表类型

操作步骤如下。

（1）选中图表。

（2）单击图表工具"设计"选项卡的"类型"工具组的"更改图表类型"按钮，弹出"更改图表类型"对话框，在对话框中重新选择新的图表子类型。

3. 修改数据源

要改变数据源，操作步骤如下。

（1）选中图表区，单击"设计"选项卡的"数据"工具组的"选择数据"按钮，在弹出的"选择数据源"对话框中修改数据源，如图 4-76 所示。

图 4-76　"选择数据源"对话框

（2）在"选择数据源"对话框中的"图表数据区域"中，"=图表!$B$1:$B$10,图表!$D$1:$F$10"表示当前的数据源是"图表"工作表中的 B1：B10 和 D1:F10 单元格区域。当其反白显示时，用户可以直接在工作表中选择新的数据源将其替换。也可以单击 按钮，

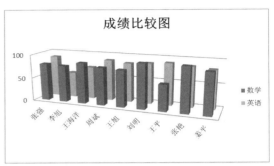

图 4-77 删除语文系列后的图表

然后在工作表中重新选择数据源，再单击 按钮，回到"选择数据源"对话框中，最后单击"确定"按钮。

修改数据源还有以下两种方法。

① 删除数据系列。将图 4-76 中的图例项（系列）中的语文系列选中，单击"删除"按钮，可以删除该系列，与此同时，图表也发生变化，如图 4-77 所示。

② 增加数据系列。在图 4-76 中，单击图例项（系列）中的"添加"按钮，弹出"编辑数据系列"对话框，如图 4-78 所示。

在系列名称中，在工作表中选择语文所在的单元格，即 D1，用户也可以直接输入"语文"或"语文成绩"，这也是修改数据系列名称的方法，如图 4-79 所示；在系列值中，在工作表中选择下面的数据区域，即 D2：D10 单元格区域，图 4-78 中的系列名称与系列值都是单元格与单元格区域的绝对地址引用。最后单击"确定"按钮，便可实现数据系列的增加。

图 4-78 "编辑数据系列"对话框

图 4-79 数据系列名称的修改

4. 修改图表选项

如果用户要修改图表标题、图例位置或网格线等内容，就要在"图表选项"列表中修改，操作步骤如下。

（1）选中图表区，单击"设计"选项卡的"图表布局"工具组的按钮，出现图 4-80 所示的"图表选项"列表。

图 4-80 "图表选项"列表

（2）选择"布局 9"，图表的样式增加了坐标轴的标题，修改标题后的图表如图 4-81 所示。

5. 更改图表样式

单击"设计"选项卡的"图表样式"工具组的按钮，出现图 4-82 所示的"图表样式"列表，选择一种样式后，即可看到更改后的效果。

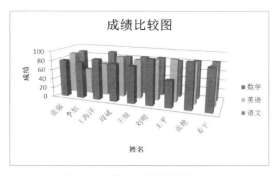

图 4-81　增加坐标轴标题的图表

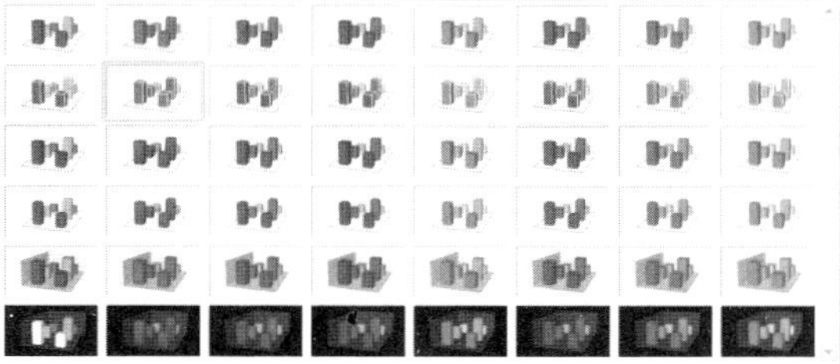

图 4-82　"图表样式"列表

6. 修改图表位置

如果用户要修改图表的位置，操作步骤如下。

（1）选中图表区，单击"设计"选项卡的"位置"工具组的"移动图表"按钮，弹出"移动图表"对话框，如图 4-83 所示。

（2）用户可以重新选择图表的位置，然后单击"确定"按钮即可。

图 4-83　"移动图表"对话框

4.4.3　图表格式

图表主要由文字和图形构成，对其进行格式设置，可以使图表更加美观。

1. 设置字体

图表中的文字有图表标题、数值轴和分类轴的标题以及图例文字等，设置字体的操作步骤如下。

（1）选择一个包含文字的图表对象，如图表标题、图例或分类轴等。

（2）在选定区域右击，在弹出的快捷菜单中选择"字体"命令，弹出"字体"对话框。图 4-84 所示为图例的"字体"对话框。

图 4-84　图例的"字体"对话框

（3）在"字体"选项卡与"字符间距"选项卡中设置新的字体样式与字符间距等。

（4）单击"确定"按钮等。

2. 设置背景图案

Excel 中的标准类型的图表的背景通常是白色的，设置背景图案的操作步骤如下。

（1）选中图表对象，如图表区、图例、绘图区或图表标题等。

（2）在选定区右击，选择与背景图案相关的命令，如"设置图表区格式"、"设置绘图区格式"、"设置图例格式"或"设置图表标题格式"等，如图 4-85 所示。

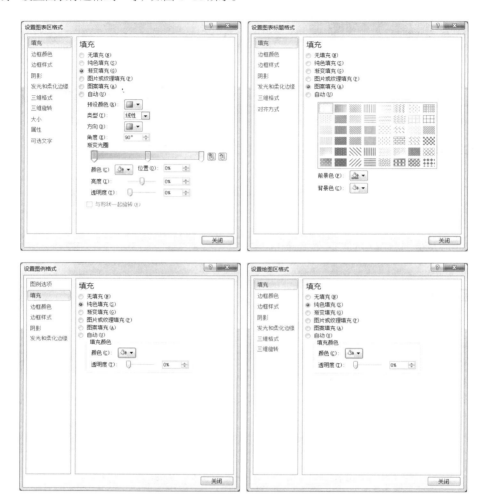

图 4-85　设置背景图案

（3）选择"填充"选项卡进行背景图案的设置，设置后的图表如图 4-86 所示。

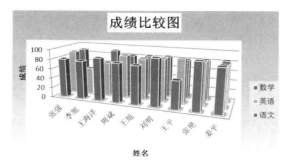

图 4-86　设置背景图案后的图表

4.5 数据打印

当工作表制作好后，就可以打印了。利用 Excel 2010 提供的设置页面布局功能，可以使工作表的打印效果更令人满意。

4.5.1 页面设置

工作表在打印之前，一般要进行页面设置。单击"页面布局"选项卡（如图 4-87 所示）的"页面设置"工具组的相应按钮，可以进行设置页边距、纸张方向、纸张大小、打印区域及插入/删除分隔符（分页符）等操作。

图 4-87 "页面布局"选项卡

利用"页面设置"工具组右下角的对话框启动器按钮，打开"页面设置"对话框，可以在 4 个选项卡中分别对页面、页边距、页眉/页脚、工作表进行设置。

1. "页面"选项卡

在该选项卡中可以设置工作表的打印方向、纸张大小及打印质量等，如图 4-88 所示。

2. "页边距"选项卡

在该选项卡中可以设置页边距、页眉和页脚的高度及居中方式，如图 4-89 所示。

图 4-88 "页面"选项卡

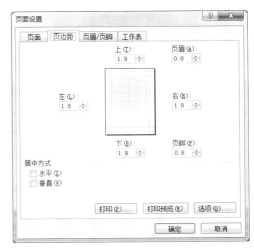

图 4-89 "页边距"选项卡

其中页边距包括上、下、左、右 4 个方向的页边距，单击微调按钮或直接在数值框中输入数据都可以设置页边距。

"页眉"和"页脚"两个选项可以设置页眉和页脚距页边的距离，其设置应小于对应方向的页边距，否则页眉和页脚可能无法被打印出来。

居中方式选项组中有两个复选项，可以根据需要使打印内容水平居中和垂直居中。

3."页眉/页脚"选项卡

页眉是每一张打印页的顶部所显示的信息，可以用于显示名称和标题等内容；页脚是每一张打印页的底部所显示的信息，可以用于显示页码及打印日期、时间等。页眉和页脚不是实际工作表中的一部分，而是打印页上的一部分，并且打印页会单独为其分配空间。页眉和页脚均可以选用其下拉列表框中系统定义的选项，如图4-90所示。

4."工作表"选项卡

如图4-91所示，在"工作表"选项卡中可以设置打印区域、打印标题及其它打印格式。该选项卡中各个选项的功能如下。

图4-90 "页眉/页脚"选项卡

图4-91 "工作表"选项卡

（1）"打印区域"文本框。在该文本框中可以设置打印区域。用户可以直接输入要打印区域的单元格引用地址，也可以单击文本框右侧的 ⬛ 按钮，在工作表中直接单击选择要打印的区域，再单击 ▣ 按钮返回"工作表选项卡"。

（2）"打印标题"选项区域。该选项区域可以设置顶端标题和左端标题。当打印的内容较长，要打印在多张纸上，并且要求在其它页中具有与第一页同样的行标题和列标题时，可以在"顶端标题行"和"左端标题列"文本框中输入要打印的行标题或列标题所在的单元格引用地址，也可以利用 ⬛ 按钮进行选取。

（3）"网格线"复选项。选中该项时，将打印出网格线。

（4）"单色打印"复选项。若使用黑白打印机，则应该选中该复选项；若使用彩色打印机，选中该项可缩短打印时间。

（5）"草稿品质"复选项。 选中该复选项，可以缩短打印时间，但同时将降低打印质量。

（6）"行号列标"复选项。选中该复选项，打印页中将包含行标和列标。

（7）"批注"下拉列表项。在该下拉列表框中可以选择是否打印批注及批注的打印位置，可以选择"工作表末尾"或"如同工作表中的显示"选项。

（8）"打印顺序"选项区域。可以选择"先列后行"方式，也可以选择"先行后列"方式。

4.5.2 打印预览与打印

在打印工作表之前，用户可以使用打印预览功能查看工作表的打印效果。打印预览的显示效果与实际打印效果是相同的，预览后觉得效果令人满意再打印可以减少纸张的浪费。单击"文件"选项卡的"打印"按钮可以预览打印效果，如图4-92所示。

图 4-92 "打印内容"窗口

用户可以设置可用的打印机、打印份数、打印范围、打印方向、纸张大小等，设置完毕后单击"打印"按钮即可开始打印操作。

习 题

一、单项选择题

1. 在 Excel 2010 中，工作簿指的是（   ）。

A. 数据库

B. 由若干类型的表格共存的单一电子表格

C. 图表

D. 用来存储和处理数据的工作表的集合

2. 用 Excel 2010 创建一个学生成绩表，若按班级统计并比较各门课程的平均分，需要进行的操作是（   ）。

A. 数据筛选　　　　　B. 排序　　　　　C. 合并计算　　　　　D. 分类汇总

3. 在 Excel 2010 中，删除单元格时，会弹出一个对话框，（   ）不是其中的选项。

A. 上方单元格下移

B. 下方单元格上移

C. 右侧单元格左移

D. 整列

4. 在 Excel 2010 中，当前工作表的 B1:C5 单元格区域已经填入数值型数据，如果要计算这 10 个单元格的平均值并把结果保存在 D1 单元格中，则要在 D1 单元格中输入（   ）。

A. =COUNT(B1:C5)

B. =AVERAGE(B1:C5)

C. =MAX(B1:C5)

D. =SUM(B1:C5)

5. 在 Excel 2010 中，设定 A1 单元格中的数字格式为数值格式，小数位数为 0，当输入"33.51"时，单元格中将显示（   ）。

A. 33.51　　　　　B. 33　　　　　C. 34　　　　　D. ERROR

6. Excel 2010 的图表有多种类型，折线图最适合反映（   ）。

A. 各数据之间量与量的大小差异

B. 各数据之间量的变化快慢

C．单个数据在所有数据构成的总和中所占的比例

D．数据之间的对应关系

7．在 Excel 2010 中，位于同一工作簿中的各工作表之间（　　　）。

A．不能有关联　　　　　　　　　　　　　B．不同工作表中的数据可以相互引用

C．可以重名　　　　　　　　　　　　　　D．不相互支持

8．用 Excel 2010 可以创建各类图表。当要描述特定时间内各个项之间的差别并对各项进行比较时，应选择（　　　）。

A．条形图　　　　　　　B．折线图　　　　　　C．饼图　　　　　　D．面积图

9．在 Excel 2010 中，下列说法中错误的是　　　　　　。

A．并不是所有函数都可以由公式代替　　　B．TRUE 在有些函数中的值为 1

C．输入公式时必须以"="开头　　　　　　D．所有的函数都有参数

10．在 Excel 2010 工作表中，（　　　）是不能进行的操作。

A．恢复被删除的工作表　　　　　　　　　B．修改工作表名称

C．移动和复制工作表　　　　　　　　　　D．插入和删除工作表

11．Excel 2010 中，如果某个单元格中的信息以"="开头，则说明该单元格中的信息是（　　　）。

A．常数　　　　　　　B．公式　　　　　　C．提示信息　　　　　　D．无效数据

12．下列关于 Excel 2010 工作表拆分的描述，正确的一项是（　　　）。

A．只能进行水平拆分

B．只能进行垂直拆分

C．可以进行水平拆分和垂直拆分，但不能同时拆分

D．可以进行水平拆分和垂直拆分，还可以同时拆分

13．Excel 2010 中的数据库管理功能是（　　　）。

A．筛选数据　　　　　　B．排序数据　　　　　　C．汇总数据　　　　　　D．以上都是

14．在 Excel 2010 单元格中输入"="DATE"&"TIME""产生的结果是（　　　）。

A．DATETIME　　　　B．DATE&TIME　　　C．逻辑值"真"　　　D．逻辑值"假"

15．在 Excel 2010 中，数据清单中的列标记被认为是相当于数据库中的（　　　）。

A．字数　　　　　　　B．字段名　　　　　　C．数据类型　　　　　　D．记录

16．当某单元格中的字符串的长度超过单元格长度时，而其右侧单元格为空，则字符串的超出部分将（　　　）。

A．被截断删除　　　　　　　　　　　　　B．作为一个字符串存入 B1 中

C．显示####　　　　　　　　　　　　　D．继续超格显示

17．Excel 2010 中的单元格 A7 中的公式是"=SUM(A2:A6)"，将其复制到单元格 E7 后公式变为（　　　）。

A．=SUM(A2:A6)　　　　　　　　　　　B．=SUM(E2:E6)

C．=SUM(A2:A7)　　　　　　　　　　　D．=SUM(E2:E7)

18．在 Excel 2010 中，单击"编辑"工具组的"清除"按钮，可以（　　　）。

A．清除全部　　　　　　B．清除格式　　　　　　C．清除内容　　　　　　D．以上都可以

19．Excel 2010 中"自动套用格式"的功能是（　　　）。

A．输入固定格式的数据　　　　　　　　　B．选择固定区域的数据

C．对工作表按固定格式进行修饰　　　　　D．对工作表按固定格式进行计算

20. 在记录学生各科成绩的 Excel 2010 数据清单中，要找出某门课程不及格的所有同学，应使用（　　）命令。

    A. 查找   B. 排序   C. 筛选   D. 定位

二、多项选择题

1. 在 Excel 2010 工作表中输入函数的方法有（　　）。

    A. 直接在单元格中输入函数

    B. 直接单击数据编辑栏中的"函数"按钮

    C. 利用"开始"选项卡的"编辑"工具组的"自动求和"的下拉按钮输入函数

    D. 单击"公式"选项卡的"插入函数"按钮

2. 在 Excel 2010 中选取单元格的方式有（　　）。

    A. 在数据编辑栏的单元格名称框中直接输入单元格地址

    B. 单击

    C. 利用键盘上的方向键

    D. 利用"开始"选项卡的"编辑"工具组的"查找和选择"中的"转到"命令

3. 在 Excel 2010 中，下列有关图表操作的叙述正确的是（　　）。

    A. 可以改变图表类型

    B. 不能改变图表的大小

    C. 当删除图表中的某一数据系列时，工作表数据不受影响

    D. 不能移动图表

4. 在 Excel 2010 中，可以选择一定的数据区域建立图表。当该数据区域的数据发生变化时，下列叙述错误的是（　　）。

    A. 图表需重新生成才能随之改变   B. 图表将自动改变

    C. 需要通过命令刷新图表   D. 系统将给出错误提示

5. 在 Excel 2010 中，可以在活动单元格中（　　）。

    A. 输入文字   B. 输入公式   C. 设置边框   D. 加入超级链接

6. 单击 Excel 2010 的"清除"按钮不能（　　）。

    A. 删除单元格   B. 删除行   C. 删除单元格的格式   D. 删除列

7. 下列关于 Excel 2010 工作表的描述，不正确的是（　　）。

    A. 一个工作表可以有无数个行和列   B. 工作表不能更名

    C. 一个工作表作为一个独立文件进行存储   D. 工作表是工作簿的一部分

8. 在 Excel 2010 工作表中要改变行高，可以（　　）。

    A. 选择"开始"选项卡"单元格"工具组中的"格式"下拉菜单中的"行高"命令

    B. 选择"开始"选项卡"单元格"工具组中的"插入"下拉菜单中的"插入工作表行"命令

    C. 通过拖动鼠标调整行高

    D. 选择"页面设置"命令

9. 下列关于 Excel 2010 功能的叙述，不正确的是（　　）。

    A. 不能处理图形

    B. 不能处理公式

    C. Excel 的数据库管理功能支持数据记录的增、删、改等操作

    D. 在一个工作表中包含多个工作簿

10. 在 Excel 2010 中，对 A1：C3 单元格区域的所有数据求和，正确的函数写法是（　　　）。

A. SUM(A1，A2，A3，B1，B2，B3，C1，C2，C3)

B. SUM(A1：C3)

C. SUM(A1：A3，C1：C3)

D. SUM(A1：C1，A3：C3)

三、填空题

1. 用 Excel 2010 编辑的一般电子表格文件的扩展名是_____。当 Excel 2010 启动后，在 Excel 的窗口内显示的当前工作表为_____。

2. 在 Excel 2010 中，要同时选择多个不相邻的工作表，应利用_____键。

3. 一张 Excel 工作表最多可以包含_____行和_____列。

4. 在 Excel 2010 中，若要在单元格中显示出电话号码 05613801234，则应输入_____。

5. 在一个单元格中输入文本时，通常是_____对齐；输入数字时，是_____对齐。

6. 单元格中可以输入的内容有_____、_____、_____、_____等。

7. 输入当天日期的快捷键是_____，输入时间的快捷键是_____。

8. 在 Excel 中，单元格地址的引用有_____、_____、_____3种。

9. 在进行分类汇总前，必须先执行_____操作。

10. Excel 2010 中常用的图表类型有_____、_____、_____等。

四、操作题

1. 对本班同学上学期的各科成绩进行处理，根据每位同学的总分进行排序，找出排名前五名的同学。

2. 根据"常用水果营养成分表"，如图 4-93 所示，计算出每种水果中各营养成分的平均含量，并根据每种水果的脂肪含量制作"脂肪含量"分离型三维饼形图。

	A	B	C	D	E	F	G
1	常用水果营养成分表						
2		番茄	蜜桔	苹果	香蕉	平均含量	
3	水分	95.91	88.36	84.64	87.11		
4	脂肪	0.31	0.31	0.57	0.64		
5	蛋白质	0.8	0.74	0.49	1.25		
6	碳水化合物	2.25	10.01	13.08	19.55		
7	热量	15	44	58	88		
8							

图 4-93　效果图

3. 根据图 4-94 所示的工作表中的数据进行如下操作。

	A	B	C	D	E	F
1	产品	单价	数量	合计		
2	矿泉水	3.5	320			
3	纯净水	1.8	549			
4	牙刷	1.6	828			
5	火腿肠	5	200			
6	牙膏	2.5	716			
7						
8		数量超过 400（包含 400）的产品数量之和				
9						

图 4-94　产品销售表

（1）将工作表 Sheet1 命名为"产品销售表"。

（2）在该表中用公式计算"合计"列数据（合计=单价*数量）。

（3）设置 C8 单元格的文本控制方式为"自动换行"。

（4）在 D8 单元格内用条件求和函数 SUMIF 计算所有数量超过 400（包含 400）的产品数量之和。

（5）设置表中的文本格式为水平居中对齐和垂直居中对齐。

（6）设置 A1:D6 单元格区域按"合计"列数据降序排列。

（7）根据"产品"和"合计"两列的数据制作三维簇状柱形图，添加图表标题"销售图"。

4．根据图 4-95 所示的工作表中的数据进行如下操作。

	A	B	C	D	E
1					
2	产品编码	数量	价格	折扣	金额
3	KZ101	1481	143.4		
4	KZ102	882	129.2		
5	KZ103	1575	114.4		
6	KZ104	900	162.3		
7	KZ105	1532	325.6		
8	KZ106	561	133.7		
9	KZ107	551	94.8		
10	KZ108	1282	105.8		
11	KZ109	812	193.3		

图 4-95　产品销售明细表

（1）在 A1 单元格输入"产品销售明细"。

（2）将 A1:E1 单元格区域合并后居中，字体为黑体，字号为 18。

（3）设置 D3:D11 单元格区域的数字格式为百分比、保留 0 位小数。

（4）为 A2:E11 单元格区域添加双实线外边框、单实线内部边框。

（5）使用 IF 函数计算每类产品的折扣（计算规则为：如果数量大于 1000，则折扣为 5%，否则为 0），并填入 D 列对应单元格中。

（6）使用公式计算每笔记录的金额［计算规则为：金额=数量*价格*（1-折扣）］，并填入 E 列对应单元格中。

（7）将 A2:E11 单元格区域的数据根据"数量"列数值按降序排序。

（8）根据"产品编码"列（A2:A11）和"金额"列（E2:E11）数据制作簇状柱形图，图表的标题为"销售记录"，靠右上显示图例。

第5章

PowerPoint 2010演示文稿制作软件

PowerPoint 2010 是 Microsoft 公司推出的 Office 2010 办公组件的重要组成部分之一，它是一个幻灯片制作和展示软件。利用 PowerPoint，用户可以方便、快速地制作出图文并茂、生动美观、极富感染力的多媒体幻灯片。PowerPoint 在商业宣传、会议报告、产品介绍、教育培训等领域应用广泛。

5.1 认识 PowerPoint

5.1.1 基本概念

1. 幻灯片

在 PowerPoint 中，创建和编辑的每个单页称为幻灯片。幻灯片上可以放置文本（即文字内容）、图像、表格、插图、音频、视频等内容（这些内容称为幻灯片元素）。

2. 演示文稿

为某一演示而制作的幻灯片集称为演示文稿。演示文稿的文件扩展名为".pptx"，演示文稿也可以保存为直接放映的格式，其文件扩展名为".ppsx"。

3. 占位符

占位符在幻灯片上表现为一个虚框，虚框内部往往有"单击此处添加标题"之类的提示语，单击之后，提示语会自动消失。

占位符方便我们在幻灯片上放置内容，同时节省了设置和布局的时间，并起到规划幻灯片结构的作用。

4. 版式

版式是指一张幻灯片的结构布局，包括幻灯片背景及放置好的占位符等。新建一张幻灯片时，可以选择合适的版式，这样能节省布局时间。

5. 主题

主题针对整个演示文稿，PowerPoint 为用户提供了幻灯片可以使用的版式、设定了文字的默认字体、设定了幻灯片元素的颜色搭配（称为配色方案）等。

利用合适的主题来制作演示文稿，可以节省为幻灯片布局、搭配颜色及设置字体的时间，也可以使演示文稿的整体风格一致。

6. 模板

模板即演示文稿的样板。为方便制作演示文稿，PowerPoint 为用户提供了各式模板。新建一个演示文稿时，可以选择合适的模板，这样就能方便地运用软件提供的样板幻灯片，较快地做出令人满意的演示文稿。

5.1.2 主要界面

1. 主窗口界面

启动 PowerPoint 2010 后，主窗口界面如图 5-1 所示。

主窗口界面中，单击"快速访问工具栏"右边的▼按钮，可以自定义出现在"快速访问工具栏"中的功能；单击选项卡标签可以选择选项卡；单击选项卡工具组右下角的对话框启动器按钮，可以打开工具组对话框，进行更多的设置。

2. 幻灯片视图

为方便幻灯片的编辑和浏览，PowerPoint 2010 提供了 4 种幻灯片显示方式，每种显示方式称为一种视图。选择视图，可以通过"幻灯片视图选择区"进行，也可以通过"视图"选项卡的"演示文稿视图"工具组进行。

（1）普通视图。图 5-1 所示为普通视图。普通视图下，可以在"幻灯片编辑区"编辑幻灯片内容，也可以在"幻灯片备注编辑区"编辑幻灯片的备注内容。通过左边的窗格的"幻灯片"选项卡，可以方便地进行幻灯片的浏览、复制、删除、移动、插入等操作。在左边的窗格中还可以选择"大纲"选项卡，该选项卡的主要特征是可以在此直接编辑幻灯片占位符中的文字。

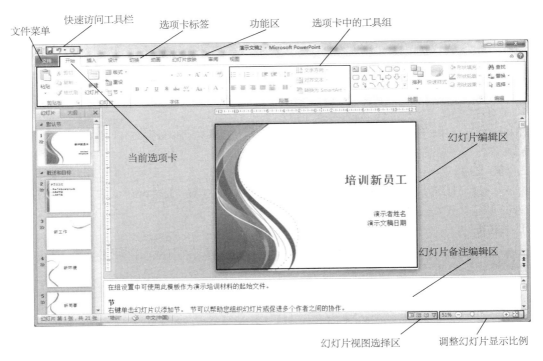

图 5-1　PowerPoint 2010 主窗口界面

编辑幻灯片一般使用普通视图。

（2）幻灯片浏览视图。该视图下，演示文稿中的幻灯片被整齐排列，可以整体浏览幻灯片，也可以对幻灯片的顺序进行调整，还可以进行幻灯片的复制、删除、插入等操作。双击该视图下的幻灯片即进入普通视图。

（3）备注页视图。该视图的主要特征是可以显示和编辑幻灯片的备注内容。该视图下，双击幻灯片即可进入普通视图。

（4）阅读视图。该视图下，可以观看幻灯片的放映效果。

5.2　演示文稿的基本操作

5.2.1　演示文稿的制作过程

1．创建演示文稿

启动 PowerPoint 后，软件会自动创建一个空白演示文稿，用户也可以通过"文件"菜单的"新建"命令来创建空白演示文稿，如图 5-2 所示。空白演示文稿适合制作具有自己的风格和特色的幻灯片。

如果演示文稿需要应用主题，可以在"文件"菜单的"新建"功能中选择"主题"来创建某一主题的演示文稿（也可以在演示文稿创建之后在"设计"选项卡的"主题"工具组中选择主题）。

创建演示文稿时，也可以根据模板来创建。通过 PowerPoint "文件"菜单的"新建"命令可以选择系统自带的模板（如图 5-2 所示的"样本模板"）和网上的模板（如图 5-2 所示的"Office.com 模板"），也可以将已有的演示文稿作为模板使用（如图 5-2 所示的"根据现有内容新建"）。

根据模板制作演示文稿时，主要是在模板的基础上修改。未使用模板的演示文稿，则需要一张一张地制作幻灯片。

图 5-2 "文件"菜单"新建"命令

2. 新建幻灯片

在制作演示文稿的过程中，经常需要创建幻灯片。创建幻灯片可通过"开始"选项卡的"幻灯片"工具组中的"新建幻灯片"按钮进行，如图 5-3 所示。

新建幻灯片时，单击"新建幻灯片"的下拉按钮，就会弹出版式选择界面，如图 5-3 所示，从中可以选择新幻灯片的版式。如果选择"复制所选幻灯片"，将会把所选的幻灯片复制一张作为新的幻灯片；如果选择"重用幻灯片"，则可以打开其他演示文稿，从中选择需要的幻灯片并把它复制到当前演示文稿中。

新建幻灯片时，如果单击"新建幻灯片"按钮，将以当前幻灯片的版式创建新幻灯片（当前幻灯片版式是"标题幻灯片"时例外）。

新幻灯片创建好以后，如果需要更换版式，可以使用"开始"选项卡的"幻灯片"工具组中的"版式"按钮，如图 5-3 所示。

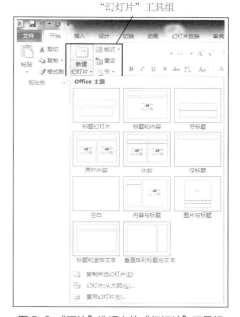

图 5-3 "开始"选项卡的"幻灯片"工具组

3. 编辑幻灯片

新幻灯片创建好之后，就可以在幻灯片中添加文本、图像、表格、插图、音频、视频等幻灯片元素了。向幻灯片中添加元素，可以通过版式安排的占位符轻松实现。但除占位符外，也可以另加新的元素。

幻灯片的背景、幻灯片中的元素等可以根据需要进行修改、设置，详见本章后面的介绍。

4. 保存演示文稿

演示文稿制作完成之后，当然需要保存，以便下次使用。演示文稿的保存，可以通过"快速访问工具栏"中的"保存"按钮进行，也可以通过"文件"菜单中的"保存"命令进行。关闭 PowerPoint 时，如果演示文稿没有保存，PowerPoint 也会提示用户进行保存。

第一次保存演示文稿时，要选择保存位置、保存类型，还要为演示文稿输入文件名。一般情况下，演示文稿的保存类型默认为"PowerPoint 演示文稿（*.pptx）"。

5.2.2 演示文稿的其他常用操作

1. 幻灯片的常见操作

在普通视图下，利用左边窗格中的"幻灯片"选项卡，可进行幻灯片的有关操作。

（1）选择单张幻灯片。单击"幻灯片"选项卡中的幻灯片，即选择了该张幻灯片。

（2）选择多张连续的幻灯片。单击第一张幻灯片，按住【Shift】键不放，再单击另一张幻灯片，则此两张幻灯片之间的所有幻灯片均被选择。

（3）选择多张不连续的幻灯片。单击要选择的第一张幻灯片，按住【Ctrl】键不放，再依次单击需要选择的其他幻灯片。在按住【Ctrl】键的情况下，如果单击已经选择的幻灯片，则可取消对该幻灯片的选择。

（4）选择全部幻灯片。在"幻灯片"选项卡中的任意位置单击，之后按【Ctrl+A】组合键，可选择当前演示文稿中的所有幻灯片。选择幻灯片是进行幻灯片其他操作（编辑、移动、复制、删除等）的基础。

（5）移动幻灯片。在"幻灯片"选项卡中，拖动所选的幻灯片至目标位置后松开鼠标左键即可。移动幻灯片可以调整幻灯片的顺序。

（6）复制幻灯片。在"幻灯片"选项卡中，拖动所选的幻灯片后按住【Ctrl】键至目标位置放下即可。复制幻灯片往往用于制作与某张幻灯片内容或格式相似的幻灯片。

（7）删除幻灯片。在"幻灯片"选项卡中，选择要删除的幻灯片后按【Delete】键。

2. 演示文稿的打开

未完成的演示文稿在关闭后，需要打开才能继续制作。

在文件夹窗口中，双击演示文稿文件即可打开该演示文稿。也可以先启动 PowerPoint，然后通过"文件"菜单的"打开"命令或"最近所用文件"命令打开演示文稿。

3. 演示文稿的放映

演示文稿在制作过程中可以随时放映，以查看效果。

放映演示文稿可以通过窗口右下角的"幻灯片放映"按钮 进行，也可以通过单击"幻灯片放映"选项卡的"开始放映幻灯片"工具组中的相应按钮进行。切换到阅读视图也可以观看幻灯片的放映效果。

在演示文稿的放映过程中，如果不是自动播放，则可以通过单击（或使用回车键、鼠标滚轮）播放幻灯片。按【Esc】键，则退出放映状态。

为方便放映，演示文稿完成并保存好后往往还要将其另存为（"文件"菜单下有"另存为"命令）放映类型（即".ppsx"类型）。在文件夹窗口中，双击这种类型的演示文稿时将直接放映。

4. 操作步骤的撤销与恢复

操作过程中，可以随时撤销最近一步的操作。"快速访问工具栏"中， 即是撤销按钮，通过左边的斜箭头可以一步一步地进行撤销操作，单击右边的向下箭头，可以选择撤销到哪一步。

撤销时，如果撤销的操作多了，可以使用恢复按钮 （在撤销按钮的右边）将多撤销的操作一一恢复。

5.3 幻灯片元素的使用

5.3.1 文本

文本是幻灯片中最基本和非常重要的元素，直接关系到信息的传达。文本在幻灯片中不宜过多，也不宜过少。

1. 文本的添加

单击"开始"选项卡的"绘图"工具组中的"文本框"按钮或"插入"选项卡的"文本"工具组中的"文本框"按钮，在幻灯片上拖动鼠标指针放置好文本框，然后就可以在文本框中输入文字了。输入文字时，按回车键将实现换行，同时也开辟了一个新段落。

2. 文本框的基本操作

（1）选择单个文本框。在文本框处单击，即选中该文本框。如果单击的是文本框的文字部分，那么文本框周围显示的选择框是虚线框，同时框内有光标；如果单击的是文本框的边界处（鼠标指针指向边界处时，鼠标指针前会显示为十字箭头），那么文本框周围的选择框是实线框，框内没有光标。前者称为虚线框选中，后者称为实线框选中，如图 5-4 所示。

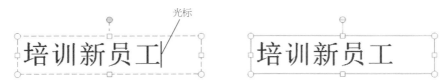

图 5-4　单个文本框的两种选中方式

（2）选择多个文本框。单击第一个文本框，然后按住【Shift】键不放再单击其他的文本框，则同时选中这些文本框。另外，也可以通过在幻灯片空白处拖动鼠标指针的方式来选择拖动过程中被框住的文本框。选择多个文本框时，只有实线框选中方式。

（3）移动文本框。用鼠标拖动文本框的边界，即可移动文本框。如果要移动多个文本框，先要选中多个文本框。

另外，在文本框被实线框选中的情况下，通过"开始"选项卡的"剪贴板"工具组中的"剪切"和"粘贴"按钮可以实现文本框在不同幻灯片之间的移动。

（4）复制文本框。在按住【Ctrl】键的情况下，用鼠标拖动文本框的边界，即可复制文本框。如果要复制多个文本框，先要选中多个文本框。

另外，在文本框被实线框选中的情况下，通过"开始"选项卡的"剪贴板"工具组中的"复制"和"粘贴"按钮也可以实现文本框的复制。该方法尤其适合在不同幻灯片之间进行文本框的复制。

（5）复制文本框格式。如果一个文本框的设置在其他文本框中也需要，就可以复制该文本框的格式。复制文本框的格式时，先以实线框选中要被复制格式的文本框，然后单击 "开始"选项卡的"剪贴板"工具组中的"格式刷"按钮，再单击目标文本框。如果有多个文本框要应用同一设置，可以双击"格式刷"按钮以"拿起"格式刷，然后依次单击目标文本框，格式将被依次复制到这些文本框中，最后单击"格式刷"按钮以"放回"格式刷。

（6）删除文本框。先以实线框选中文本框，然后按【Delete】键。

（7）改变文本框大小。文本框被选中后，选择框上会有 8 个可操作的点，如图 5-4 所示，这 8 个点称为控点。用鼠标拖动控点，即可改变文本框大小。

（8）旋转文本框。文本框被选中后，选择框上方还有一个绿色的控点，该控点即旋转控点。将鼠标指针指向旋转控点，按住鼠标左键不放，然后按顺时针或逆时针方向移动鼠标指针，文本框将向相应方向旋转。

文本框被选中后，还可以通过绘图工具"格式"选项卡的"排列"工具组中的"旋转"按钮旋转文本框。

3. 文本框样式的设置

可以对文本框的样式进行设置。设置时，先选中文本框，然后可以通过"开始"选项卡的"绘图"工具组中"快速样式"按钮或"绘图工具格式"选项卡的"形状样式"工具组来选择文本框的样式。

另外，"开始"选项卡的"绘图"工具组及绘图工具"格式"选项卡的"形状样式"工具组中都提供了"形状填充""形状轮廓"和"形状效果"等按钮，通过这些按钮可以对文本框的样式进行调整。

图 5-5 所示为一些文本框样式的效果。

文本框样式　文本框样式　文本框样式　文本框样式

图5-5　文本框样式效果图

4. 文本框中文本的操作

文本框中的文本可以像 Word 中的文本一样进行修改或设置。进行字体设置、段落设置和艺术字设置时，分别使用 "开始"选项卡中的"字体"工具组、"段落"工具组和"格式"选项卡中的"艺术字样式"工具组，设置方法同 Word。

另外，格式刷也适用于文本框中的文本，用法同 Word。

如果要对文本框中的全部文本进行设置，可以先以实线框选中文本框后再进行设置。

5.3.2　形状

在幻灯片中有时还需要使用各种形状来构图，以直观、生动地传达信息。

1. 形状的添加

通过"开始"选项卡的"绘图"工具组或"插入"选项卡的"插图"工具组中的"形状"按钮进行形状选择，然后在幻灯片上拖动鼠标指针即可添加相应形状。

2. 在形状中输入文字

单击一个形状时，如果形状被矩形选择框包围，那么就可以在这样的形状中输入文字。

3. 形状的有关操作

形状的有关操作参见文本框。

有些形状选中后会出现黄色的控点，拖动这样的控点将能够调整形状的外形。图 5-6 所示为形状的一些实例。

图5-6　形状实例

5.3.3　图像

在幻灯片中，图像是可视化传递信息的核心元素，"一张图胜过一百句话"。在 PowerPoint 中，主要有 3 种类型的图像：图片文件、剪贴画和屏幕截图。

1. 图像的添加

通过"插入"选项卡的"图像"工具组即可进行图像的添加。

2. 图像的基本操作

（1）选择单个图像。在图像上单击即可选择单个图像。

（2）选择多个图像。单击选择第一个图像，然后按住【Shift】键不放再单击其他图像，则可同时选择这些图像。另外，也可以通过在幻灯片空白处拖动鼠标指针的方式来选择拖动过程中被框住的图像。

（3）移动图像。用鼠标拖动图像即可移动图像。如果要移动多个图像，先选中多个图像。

另外，在图像被选中的情况下，通过"开始"选项卡的"剪贴板"工具组中的"剪切"和"粘贴"按钮可以实现图像在不同幻灯片之间的移动。

（4）复制图像。在按住【Ctrl】键的情况下，用鼠标拖动图像，则可对图像进行复制。如果要复制多个图像，应先选中多个图像。

另外，在图像被选中的情况下，也可以通过"开始"选项卡的"剪贴板"工具组中的"复制"和"粘贴"按钮来实现图像的复制。该方法尤其适合在不同幻灯片之间进行图像的复制。

（5）复制图像格式。如果一个图像的格式在其他图像中也需要使用，则可以复制该图像的格式。

复制图像格式时，先选中被复制格式的图像，然后单击"开始"选项卡的"剪贴板"工具组中的"格式刷"按钮，再单击目标图像。如果有多个图像应用相同的格式设置，可以双击"格式刷"按钮以"拿起"格式刷，然后依次单击目标图像，格式将依次复制到这些图像中，最后单击"格式刷"按钮以"放回"格式刷。

（6）删除图像。先选中图像，然后按【Delete】键。

（7）改变图像大小。图像被选中后，用鼠标拖动图像选择框上的控点即可改变图像大小。

（8）旋转图像。图像被选中后，将鼠标指针指向图像选择框上的旋转控点，按住鼠标左键不放，然后按顺时针或逆时针方向移动鼠标指针，图像将相应方向旋转。

图像被选中后，还可以通过图片工具"格式"选项卡的"排列"工具组中的"旋转"按钮进行图像的旋转。

3. 图像格式的设置

选择图像后，PowerPoint 会自动出现图片工具"格式"选项卡，用户可以利用它对图像进行相关格式的设置。设置内容及设置操作参见 Word。图 5-7 所示为图像效果的一些实例。

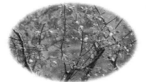

图 5-7　图像效果实例

5.3.4　SmartArt 图形

SmartArt 图形适合制作列表、流程图、层次结构图等，可以使信息图示化、条理化。

1. SmartArt 图形的添加

单击"插入"选项卡的"插图"工具组中的"SmartArt"按钮，然后选择相应的 SmartArt 图形即可。

2. SmartArt 图形的基本操作

SmartArt 图形的基本操作参见前面介绍的幻灯片元素的基本操作，但需要注意以下几点。

（1）以鼠标拖动法移动或复制 SmartArt 图形时，拖动其边界比较保险。

（2）以剪切/粘贴的方式移动 SmartArt 图形、以复制/粘贴的方式复制 SmartArt 图形或删除 SmartArt 图形时，应保证选择了 SmartArt 图形且没有选择里面的"部件"。

（3）SmartArt 图形不能使用格式刷，也不能进行旋转。

（4）构成 SmartArt 图形的"部件"实际上是形状元素，当选择了 SmartArt 图形里面的形状元素后，同样可以对其进行形状的有关操作。

（5）SmartArt 图形里面的形状不能被移动到 SmartArt 图形外面，也不能在 SmartArt 图形内部进行复制。

3. SmartArt 工具选项卡

单个 SmartArt 图形被选择后会自动出现 SmartArt 工具"格式"和"设计"两个选项卡，其中，"格式"选项卡用于对 SmartArt 图形中选择的形状进行相关设置，"设计"选项卡用来设置 SmartArt 图形的样式、改变 SmartArt 图形的布局、为 SmartArt 图形添加形状、取消对 SmartArt 图形所做的更改等。图 5-8 所示为 SmartArt 图形的一些实例。

图 5-8　SmartArt 图形实例

5.3.5　表格

表格是展示数据的有效方法。在 PowerPoint 中，可以使用表格元素。

1. 表格的添加

单击"插入"选项卡的"表格"工具组中的"表格"按钮，就可以在幻灯片中放置或绘制表格，具体操作方法参见 Word 部分。

添加的表格有两种形式，即一般表格和 Excel 表格。一般表格可以直接操作，Excel 表格需要双击后才能操作。

2. 表格操作

Excel 表格的操作与 Excel 2010 中的操作一样。

一般表格的操作很直观，而且可以利用表格工具"布局"选项卡对表格进行布局方面的设置，利用表格工具"设计"选项卡对表格进行样式的设置。另外，还可以使用"开始"选项卡的"字体"工具组和"段落"工具组对表格中的文本内容进行相关设置。

3. 表格元素的基本操作

表格作为元素，其基本操作参见其他幻灯片元素的基本操作，但需要注意以下几点。

（1）以拖动鼠标的方式移动或复制表格时，拖动其边界比较保险。

（2）以剪切/粘贴的方式移动表格、以复制/粘贴的方式复制表格或删除表格时，应保证光标不在表格里（选择单个一般表格时，单击其边框）。

（3）表格元素使用格式刷无意义，表格元素也不能旋转。

（4）因为表格由行列组成，所以它不能无限制地缩小。

5.3.6　图表

在 PowerPoint 中，还可以像 Excel 那样使用图表，更直观地揭示数据之间的关系。

1. 图表的添加

单击"插入"选项卡的"插图"工具组中的"图表"按钮，可以在幻灯片中放置图表。放置图表时，先要选择图表类型，然后在自动弹出的 Excel 表格中输入图表的数据信息。

2. 图表操作

图表的构成较复杂，但本质上是由许多形状元素组成的。

对图表操作时，首先要单击图表，然后可以利用图表工具"设计"选项卡对图表进行更改图表类型、编辑图表数据、改变图表布局、设置图表样式等操作；利用图表工具"布局"选项卡可对图表的各组成部分进行设置，如图例的位置等；利用图表工具"格式"选项卡可对图表中选定的形状进行样式的设置等。如果图表中选定的形状包含文本，那么还可以通过图表工具"格式"选项卡对文本进行艺术字样式设置，通过"开始"选项卡的"字体"工具组和"段落"工具组对文本进行字体和段落的设置。

3. 图表元素的基本操作

图表作为元素，其基本操作可参见其他幻灯片元素的基本操作，但需要注意以下几点。

（1）以鼠标拖动方式移动或复制图表时，拖动其边界比较保险。

（2）以剪切/粘贴的方式移动图表、以复制/粘贴的方式复制图表或删除图表时，应保证图表被选中而图表里面的内容没有被选中（选择单个图表时，单击其边框）。

（3）图表元素不能使用格式刷，图表元素也不能旋转。

5.3.7 视频

在幻灯片中，有时还需要使用视频来传达信息。

1. 视频的添加

通过单击"插入"选项卡的"媒体"工具组的"视频"按钮可以添加视频。

2. 视频的基本操作

视频的基本操作可参见其他幻灯片元素的基本操作。

3. 视频的格式设置和播放设置

选择视频后，PowerPoint 会自动出现视频工具"格式"选项卡和视频工具"播放"选项卡，用户可以利用它们对视频进行相关的格式设置和播放设置。

5.3.8 音频

在幻灯片中，也可以使用音频来传达信息或制作幻灯片的背景音乐。

1. 音频的添加

通过"插入"选项卡的"媒体"工具组的"音频"按钮可以添加音频。

2. 音频的基本操作

音频的基本操作可参见其他幻灯片元素的基本操作。

3. 音频的格式设置和播放设置

选择音频后，PowerPoint 会自动出现音频工具"格式"选项卡和音频工具"播放"选项卡，用户可以利用它们对音频进行相关的格式设置和播放设置。

如果希望将某一音频作为背景音乐，可以参考图5-9进行设置。

图 5-9　将音频设置为背景音乐

5.3.9 幻灯片元素的其他有关操作

1. 元素的对齐

在选择了一个或多个幻灯片元素后，单击"格式"选项卡的"排列"工具组中的"对齐"按钮可以对元素进行对齐操作。

2. 元素叠放次序的调整

在选择了一个或多个幻灯片元素后，单击"格式"选项卡的"排列"工具组中的"上移一层"和"下移一层"按钮可以进行元素叠放次序的调整。

3. 元素的组合

在选择了多个幻灯片元素（不能是占位符）后，通过"格式"选项卡的"排列"工具组中的"组合"按钮可以将这些元素组合成一个元素。利用该"组合"工具，也可以取消已有的组合。

4. 超链接设置

在选择了幻灯片内容（如文本中的某个词）后，通过"插入"选项卡的"链接"工具组中的"超链接"按钮可以为该内容添加超链接，即单击该内容后，跳转到某张幻灯片、某个文件或某个网页等。

也可以取消超链接设置，在图5-10所示的"编辑超链接"对话框中单击"删除链接"按钮即可。

5. 动作设置

在选择了幻灯片内容（如文本中的某个词）后，通过"插入"选项卡的"链接"工具组中的"动作"按钮可以为该内容设置动作，如图5-10所示，如单击或鼠标指针移过该内容时，链接到某处、运行某个程序、播放声音等。

图5-10 "超链接"对话框和"动作设置"对话框

5.4 幻灯片的美化与设计

5.4.1 演示文稿的整体风格的改变

主题包括版式（背景和布局）、主题颜色（幻灯片元素及背景的颜色搭配）、主题字体（默认的文本字体）和主题效果（幻灯片元素线条与填充的效果）。任何一个演示文稿，都有针对它的主题。因此，只要我们不过多地改变幻灯片的布局、幻灯片元素的颜色设置、幻灯片的背景设置、文本的字体设置、线条与填充的效果设置，则整个演示文稿就会具有较统一的整体风格。当需要改变演示文稿的整体风格时，可以利用如下方法。

1. 通过更换主题来改变

单击"设计"选项卡的"主题"工具组中的主题就可以更换主题。

2. 只想改变颜色搭配时

单击"设计"选项卡的"主题"工具组中的"颜色"按钮，就可以更换颜色搭配。

3. 只想改变文本字体时

单击"设计"选项卡的"主题"工具组中的"字体"按钮，就可以更换文本字体。

4. 只想改变线条与填充的效果时

单击"设计"选项卡的"主题"工具组中的"效果"按钮，就可以更换效果。

5. 更换演示文稿背景

"设计"选项卡"背景"工具组可以用来更换演示文稿的背景。操作步骤如下。

❑ 单击该工具组右下角的 处，打开"设置背景格式"对话框（见图5-11），从中可以进行背景设置。背景设置好后，单击对话框的"关闭"按钮则仅对所选的幻灯片进行背景设置，单击"全部应用"按钮则对全部幻灯片进行背景设置。

❑ 单击该工具组的"背景样式"工具，将可以改变所有幻灯片的背景样式。

❑ 如果背景中含有图形，勾选该工具组的"隐藏背景图形"复选框，则所选幻灯片背景中的图形将被隐藏。

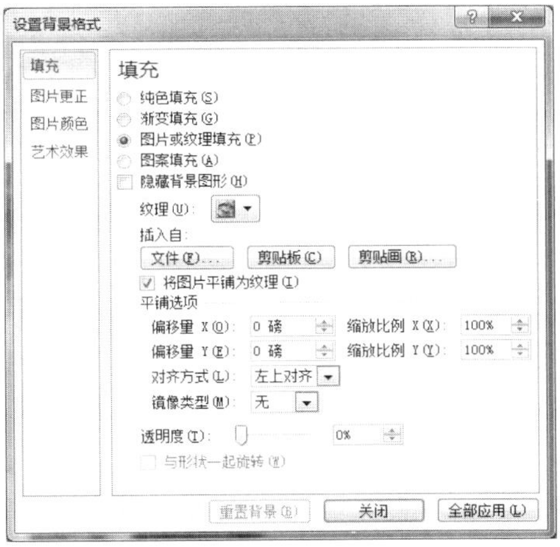

图 5-11 "设置背景格式"对话框

5.4.2 页眉页脚的添加

单击"插入"选项卡的"文本"工具组中的"页眉和页脚"按钮，即可为幻灯片加入日期或时间、幻灯片编号、页脚等内容。

5.4.3 幻灯片版式的修改

一个主题提供了若干个幻灯片版式。如果版式的显示效果不理想，可以对其进行修改，也可以增加或删除版式。

修改幻灯片版式时，应先通过"视图"选项卡的"母版视图"工具组中的"幻灯片母版"按钮进入幻灯片母版编辑状态（如图 5-12 所示）。所谓幻灯片母版，就是指幻灯片的版式。

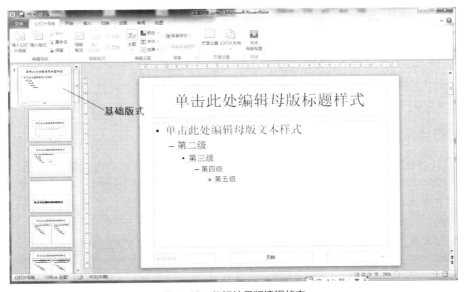

图 5-12 幻灯片母版编辑状态

图 5-12 中，左边列出了各个版式，右边是版式编辑窗格。此处的一个版式相当于演示文稿中的一张幻灯片，版式的编辑与幻灯片的编辑也很相似。这里说明以下几点。

（1）左边列出的版式中，最上面缩览图较大的版式是基础版式，不是可以使用的版式，其下面的版式才是实际使用的版式。基础版式的作用在于，基础版式中的设置会"遗传"给下面的版式。这样，各版式中的共性部分（如背景等）在基础版式中设置好就可以应用给所有幻灯片了。

（2）实际版式中，主要需要安排好各种占位符（通过图 5-12 中的"插入占位符"工具）。

（3）可以对占位符进行设置，其操作与文本框的设置类似。

（4）可以选择某个主题的版式（如图 5-12 所示的"主题"工具），也可以为版式指定颜色搭配、字体设置和效果搭配（如图 5-12 所示的"颜色"工具、"字体"工具和"效果"工具）。

（5）可以增加版式、删除版式、为版式命名，这些操作可以通过图 5-12 中的"编辑母版"工具组中的有关工具实现，也可以在左边版式区域使用通过右击弹出的快捷菜单实现。

（6）可以为版式设置背景（如图 5-12 所示的"背景样式"工具）。

（7）版式修改好后，单击图 5-12 所示的"关闭母版视图"工具。

5.5 幻灯片动画

幻灯片动画对于演示文稿来说是非常重要的一个部分。适当运用动画，将使幻灯片更加生动、有趣、有吸引力。

5.5.1 幻灯片切换动画

幻灯片切换动画增强了幻灯片切换的过渡效果，引人入胜。设置幻灯片切换动画，可以在图 5-13 所示的"切换"选项卡中进行。

图 5-13 "切换"选项卡

设置切换动画时，可以为当前幻灯片设置，也可以先选定多张幻灯片，然后为选定的幻灯片进行设置。设置好后，如果单击了图 5-13 中的"全部应用"按钮，则该设置将应用到所有幻灯片中。切换时，还可以设置切换的声音、切换持续的时间、换片方式等。

5.5.2 幻灯片元素动画

幻灯片元素动画指元素进场、场中及退场时的表现方式。PowerPoint 中，进入动画即进场动画，强调动画和路径动画即场中动画，退出动画即退场动画。幻灯片元素动画的运用将大大增强幻灯片的表现力和感染力。要设置幻灯片元素动画，需使用"动画"选项卡，如图 5-14 所示。

设置动画时，注意以下几点。

（1）为方便设置，建议调出动画窗格（单击"高级动画"工具组中的"动画窗格"按钮）。

（2）设置时，先选择幻灯片元素，然后到"动画"工具组中选择相应的动画效果并进行效果选项的设置。单击"动画"工具组右下角的按钮，将出现一个对话框，从中可以进行更多的效果设置，如设置伴随动画的声音、动画重复播放等。

图 5-14 "动画"选项卡

（3）可以为一个元素设置多个动画，如进场动画、场中动画、退场动画等。为元素增加动画，可以单击"高级动画"工具组中的"添加动画"工具。

（4）动画的播放可以始于单击操作，可以与上一个动画同时或在上一个动画之后播放（在"计时"工具组中的"开始"工具处设置），也可以始于其他元素的某一事件，如标题被单击时（在"高级动画"工具组中的"触发"工具处设置）。

（5）"高级动画"工具组中的"动画刷"用于将一个元素的动画设置应用到其他的元素中，这样就可以避免重复设置。"动画刷"的操作同"格式刷"。

（6）在动画窗格中，既可以清楚地看出当前幻灯片上元素动画的个数及次序，也可以改变动画的次序。右击某一动画的名称时，还可以从弹出的快捷菜单中选择删除动画、进入效果选项对话框等命令。

5.6 演示文稿的输出

5.6.1 演示文稿的放映

在 5.2.2 节中简单介绍过演示文稿的放映，这里再深入介绍一些放映知识和操作。

1. 设置放映方式

单击"幻灯片放映"选项卡的"设置"工具组的"设置幻灯片放映"按钮，将出现"设置放映方式"对话框（如图 5-15 所示）。我们可以根据实际放映场合的需要进行相应的设置和选择。

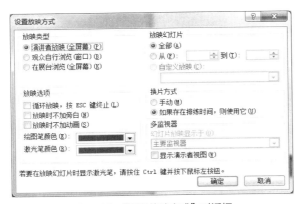

图 5-15 "设置放映方式"对话框

图 5-15 中，"演讲者放映"类型是默认的放映类型，此类型下演讲者可以控制放映的进程（如单击时才播

165

放动画等），放映过程中还可以使用画笔勾画，适合会议、报告、讲课等场合；"观众自行浏览"类型以窗口形式放映，主要用来浏览幻灯片；"在展台浏览"类型下幻灯片会按事先排练好的时间自动放映，不能进行放映进程的干预，适合展台展示。

2. 排练计时

有时，为了掌控好时间，需要事先知道放映时间。这时，可以单击"幻灯片放映"选项卡的"设置"工具组的"排练计时"按钮，这样，放映一遍的时间就会被记录下来，这就为"在展台浏览"类型放映等做好了准备。在幻灯片浏览视图中，可以看到每张幻灯片的放映时间。

3. 自定义幻灯片放映

需要在不同场合放映演示文稿中的不同幻灯片时，可以选择自定义幻灯片放映方式。

使用自定义幻灯片放映方式时，要先自定义放映的幻灯片。自定义通过单击"幻灯片放映"选项卡的"开始放映幻灯片"工具组的"自定义幻灯片放映"按钮进行。自定义完成后，放映也是通过"自定义幻灯片放映"按钮进行的。自定义幻灯片放映可以定义多种不同的放映组合。

5.6.2　演示文稿的打印

演示文稿的幻灯片、备注页或大纲可以进行打印输出。打印时，选择"文件"选项卡的"打印"命令即可。打印前，在"打印"功能界面根据实际情况进行相关设置。

5.6.3　演示文稿的打包

对演示文稿进行打包，就可以将打包好的文档在没有安装 PowerPoint 的计算机上进行播放。打包时，在"文件"选项卡中依次选择"保存并发送""将演示文稿打包成 CD""打包成 CD"命令，然后在"打包成 CD"对话框（如图 5-16 所示）中单击"复制到文件夹"按钮即可。

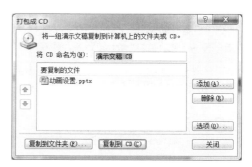

图 5-16　"打包成 CD"对话框

5.6.4　将演示文稿制作成视频

将演示文稿制作成视频，可以在更多的设备上播放。制作时，在"文件"选项卡中依次选择"保存并发送""创建视频""创建视频"命令即可。

习　题

一、单项选择题

1. PowerPoint 2010 是（　　）。

A. 数据库管理软件　　　　　　　　　　B. 文字处理软件

C. 电子表格软件　　　　　　　　　　　D. 演示文稿制作软件

2. PowerPoint 2010 演示文稿的扩展名是（　　）。

A. ppt　　　　　　　B. pps　　　　　　　C. pptx　　　　　　　D. ppsx

3. 演示文稿的基本组成单元是（　　）。

A. 图形　　　　　　　B. 幻灯片　　　　　　C. 超链接　　　　　　D. 文本

4. PowerPoint 中主要的编辑视图是（　　）。

A. 幻灯片浏览视图　　　B. 普通视图　　　　　C. 阅读视图　　　　　D. 备注页视图

5. 在普通视图左侧窗格的"大纲"选项卡中,可以修改的是(　　　)。

A. 占位符中的文字　　　　　B. 图表　　　　　　C. 自选图形　　　　　　　D. 文本框中的文字

6. 从当前幻灯片放映的快捷键是(　　　)。

A.【F6】　　　　　　　　　B.【Shift+F6】　　　C.【F5】　　　　　　　　D.【Shift+F5】

7. 停止幻灯片放映的快捷键是(　　　)。

A.【End】　　　　　　　　　B.【Ctrl+E】　　　　C.【Esc】　　　　　　　D.【Ctrl+C】

8. 关闭 PowerPoint 窗口的快捷键是(　　　)。

A.【Alt+F4】　　　　　　　B.【Ctrl+X】　　　　C.【Esc】　　　　　　　D.【Shift+F】

9. 制作完成的演示文稿,如果希望打开时自动播放,应另存为的文件格式是(　　　)。

A. pptx　　　　　　　　　　B. ppsx　　　　　　　C. docx　　　　　　　　D. xlsx

10. 要获取 PowerPoint 帮助信息,应使用的功能键是(　　　)。

A.【F1】　　　　　　　　　B.【F2】　　　　　　　C.【F11】　　　　　　　D.【F12】

二、填空题

1. 在普通视图"幻灯片"选项卡中,删除幻灯片的操作是_____。

2. 放映时若要跳过演示文稿中的第二张幻灯片,则需对其进行_____处理。

3. 为文本框中的文字设置项目符号,需要使用的工具是_____。

4. "格式刷"按钮位于_____选项卡中。

5. 选定多个幻灯片元素时,要按住_____键。

6. 为幻灯片添加编号,需要使用_____。

7. 在幻灯片浏览视图下,选定某个幻灯片并拖动,所完成的操作是_____。

8. 插入组织结构图时,需要使用_____元素。

9. 若要求幻灯片中的元素按一定的顺序出现,应进行的设置是_____。

10. 一个演示文稿如果需要在另外一台没有安装 PowerPoint 软件的计算机上放映,可以对该演示文稿进行_____处理。

第6章

计算机网络基础及应用

计算机网络技术是通信技术与计算机技术相结合的产物。计算机网络是按照网络协议，将地球上分散的、独立的计算机相互连接起来的集合。计算机网络具有共享硬件、软件和数据资源的功能，具有对共享数据资源进行集中处理、管理和维护的能力。现在，计算机网络技术的迅速发展和 Internet 的普及，使人们更深刻地体会到计算机网络是无所不在的，并且它已经对人们的日常生活、工作乃至思想产生了较大的影响。

6.1 计算机网络概述

计算机网络系统就是利用通信设备和线路将地理位置不同、功能独立的多个计算机系统互连起来，以功能完善的网络软件实现网络中资源共享和信息传递的系统。计算机的互连，实现计算机之间的通信，从而实现计算机系统之间的信息、软件和设备资源的共享以及协同工作等功能。计算机互联的本质特征在于其可以提供计算机之间的各类资源的高度共享，实现便捷地交流信息和交换思想。

6.1.1 计算机网络的形成与发展

1. 早期的计算机网络

自从有了计算机，就有了计算机技术与通信技术的结合。早在 1951 年，美国麻省理工学院林肯实验室就开始为美国空军设计名为 SAGE 的半自动化地面防空系统。该系统最终于 1963 年建成，被认为是计算机技术和通信技术结合的先驱。

计算机通信技术应用于民用系统方面，最早的成果是美国航空（Americau Airlines）公司与 IBM 公司在 20 世纪 50 年代初开始联合研究，20 世纪 60 年代初投入使用的飞机订票系统 SABRE-I。美国通用电气公司（General Electric Company，GE）的信息服务系统则是世界上最大的商用数据处理网络，其地理覆盖范围从美国本土延伸到欧洲国家、澳大利亚和日本。该系统于 1968 年投入运行，具有交互式处理和批处理能力，由于地理覆盖范围大，可以利用时差充分利用资源。

在这一类早期的计算机通信网络中，为了提高通信线路的利用率并减轻主机的负担，已经使用了多点通信线路、终端集中器及前端处理机等现代通信技术。这些技术对后来的计算机网络的发展有着深刻的影响。以多点线路连接的终端和主机间的通信建立过程，可以用主机对各终端轮询或由各终端连接成雏菊链的形式实现。考虑到远程通信的特殊情况，对传输的信息还要按照一定的通信规程进行特别的处理。

2. 现代计算机网络的发展

20 世纪 60 年代中期出现了大型主机，同时也出现了对大型主机资源远程共享的要求。以程控交换为特征的电信技术的发展则为这种远程通信需求提供了实现的手段。现代意义上的计算机网络是从 1969 年美国国防部高级研究计划局（Defense Advanced Research Projects Agency，DARPA）建成的 ARPAnet 实验网开始的。该网络当时只有 4 个节点，以电话线路作为主干通信网络的线路，两年后建成 15 个节点，进入工作阶段。此后，ARPAnet 的规模不断扩大，到了 20 世纪 70 年代后期，其网络节点超过 60 个，主机有 100 多台，覆盖了整个美洲大陆，连通了美国东部和西部的许多大学和研究机构，而且通过通信卫星与夏威夷和欧洲地区的计算机网络相互连通。

ARPAnet 的主要特点如下。

- ❑ 资源共享。
- ❑ 分散控制。
- ❑ 分组交换。
- ❑ 采用专门的通信控制处理机。
- ❑ 分层的网络协议。

这些特点被认为是现代计算机网络的一般特征。

20 世纪 70 年代中后期是广域通信网快速发展的时期。各发达国家的政府部门、研究机构和电报电话公司都在发展分组交换网络。例如，英国邮政局的 EPSS 公用分组交换网络（1973）、法国国家信息与自动化研究所（Institut National de Recherche en Informatique et eu Automatique，INRIA）的 CYCLADES 分布式数据处理网络（1975）、加拿大的 DATAPAC 公用分组交换网（1976）及日本电报电话公司的 DDX-3 公用数据网（1979）等。这些网络都以实现计算机之间的远程数据传输和信息共享为主要目标，通信线路大多采用租用电话线路，少数铺设专用线路，数据传输速率大约为 50kbit/s。这一时期的网络被称为第二代网络，以远程大规模互联为主要特点。

3．计算机网络标准化阶段

经过 20 世纪 60 年代和 20 世纪 70 年代前期的发展，人们对组网的技术、方法和理论的研究日趋成熟。为了促进网络产品的开发，各大计算机公司纷纷制定自己的网络技术标准。IBM 公司首先于 1974 年推出了其系统网络体系结构（System Network Architecture，SNA），为用户提供能够互连互通的成套通信产品；1975 年，美国数字设备公司（DEC）宣布了自己的数字网络体系结构（Digital Network Architecture，DNA）；1976 年，UNIVAC 宣布了该公司的分布式通信体系结构（Distributed Communication Architecture，DCA）。这些网络技术标准只在一个公司范围内有效，遵从某种标准的、能够互连的网络通信产品也只是同一公司生产的同构型设备。网络通信市场这种各自为政的状况使得用户在投资方向上无所适从，也不利于多厂商之间的公平竞争。1977 年，ISO 的 TC97 信息处理系统技术委员会 SC 16 分技术委员会开始着手制定开放系统互连参考模型（Open System Interconnection，OSI）。作为国际标准，该模型规定了可以互连的计算机系统之间的通信协议，遵从 OSI 协议的网络通信产品都是所谓的"开放系统"。今天，几乎所有的网络产品厂商都声称自己的产品是开放系统，不遵从国际标准的产品逐渐失去了市场。这种统一的、标准化产品互相竞争的市场进一步促进了网络技术的发展。

4．微型机局域网的发展时期

20 世纪 80 年代初出现了微型计算机，这种更适合办公室环境和家庭使用的新机型对社会生活的各个方面都产生了深刻的影响。1972 年，Xerox 公司发明了以太网，以太网与微型机的结合使微型机局域网得到了快速的发展。一个单位内部的微型计算机和智能设备的互相连接提供了办公自动化的环境和信息共享的平台。1980 年 2 月，电气电子工程师学会（Institute of Electrical and Electronics Engineer，IEEE）组织了一个 802 委员会，开始制定局域网标准。局域网的发展道路不同于广域网，局域网厂商从一开始就按照标准化、互相兼容的方式展开竞争。用户在建设自己的局域网时选择面更宽、设备更新更快。

5．国际因特网的发展时期

1985 年，美国国家科学基金会（National Science Foundation，NSF）利用 ARPAnet 协议建立了用于科学研究和教育的骨干网络 NSFnet。1990 年，NSFnet 代替 ARPAnet 成为美国国家骨干网，并且走出了大学和研究机构进入了社会。从此，网上的电子邮件、文件下载和消息传递受到越来越多人的欢迎并被广泛使用。1992 年，Internet 学会成立。该学会把 Internet 定义为"组织松散的、独立的国际合作互联网络"，"通过自主遵守计算协议和过程支持主机对主机的通信"。1993 年，美国伊利诺伊大学国家超级计算中心成功开发网上浏览工具 Mosaic（后来发展成 Netscape），使各种信息都可以方便地在网上交流。浏览工具的出现引发了Internet 发展和普及的高潮。上网不再是网络操作人员和科学研究人员的专利，而成为一般人进行远程通信和交流的工具。在这种形势下，美国于 1993 年宣布正式实施国家信息基础设施（National Information Infrastructure，NII）计划，从此在世界范围内展开了争夺信息化社会领导权和制高点的竞争。与此同时，NSF 不再向 Internet 注入资金，使其完全进入商业化运作。20 世纪 90 年代后期，Internet 以惊人的速度发展，网上的主机数量、上网人数、网络的信息流量每年都在成倍地增长。

6.1.2　计算机网络的定义与分类

1．计算机网络的定义和组成

所谓计算机网络就是利用通信设备和线路将地理位置不同的、功能独立的多个计算机系统互相连接起来，以功能完善的网络软件（即网络通信协议、信息交换方式和网络操作系统等）实现网络中的资源共享和信息传递的系统。其逻辑结构如图 6-1 所示。

从逻辑功能上看，计算机网络可分成资源子网和通信子网两个组成部分。

（1）资源子网。资源子网主要用于对信息进行加工和处理，面向用户，接受本地用户和网络用户提交的任务，最终完成信息的处理。它包括访问网络和处理数据的硬件、软件设施，主要有主计算机系统、终端控制器和终端、计算机外部设备、有关软件和可共享的数据（如公共数据库）等。

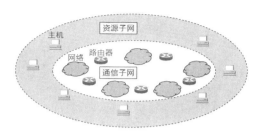

图 6-1　计算机网络的基本结构

主计算机系统可以是大型机、小型机或局域网中的微型计算机，它们是网络中的主要资源，也是数据资源和软件资源的拥有者，一般都通过高速线路将它们和通信子网的节点相连。

终端控制器连接一组终端，负责这些终端和主计算机的信息通信，或直接作为网络节点，在局域网中相当于集线器（HUB）。终端是直接面向用户的交互设备，它可以是由键盘和显示器组成的简单终端，也可以是微型计算机系统。

计算机外部设备主要指网络中的一些共享设备，如大型的硬盘机、数据流磁带机、高速打印机、大型绘图仪等。

（2）通信子网。通信子网主要负责计算机网络内部信息流的传递、交换和控制，以及信号的变换和通信中的有关处理工作，间接服务于用户。它主要包括网络节点、通信链路和信号转换设备等硬件设施。它提供网络通信功能。

网络节点的作用一是作为通信子网与资源子网的接口，负责管理和收发本地主机和网络所交换的信息；二是作为发送信息、接收信息、交换信息和转发信息的通信设备，负责接收其他网络节点传送来的信息并选择一条合适的链路将其发送出去，完成信息的交换和转发。网络节点可以分为交换节点和访问节点两种。交换节点主要包括交换机（Switch）、集线器、网络互连时用的路由器（Router）及负责网络中信息交换的设备等。访问节点主要包括连接用户主机和终端设备的接收器、发送器等通信设备。

通信链路是两个节点之间的一条通信信道。链路的传输媒体包括双绞线、同轴电缆、光导纤维、无线电微波通信、卫星通信等。一般在大型网络中或相距较远的两节点之间的通信链路都利用现有的公共数据通信线路。

信号转换设备的功能是对信号进行转换，使其适应不同传输媒体的要求。这些设备一般有：将计算机输出的数字信号转换为电话线上传送的模拟信号的调制解调器（Modem）、无线通信接收和发送器、用于光纤通信的编码解码器等。

2. 计算机网络的分类

可以从不同的角度对计算机网络进行分类。

（1）按覆盖的地理范围计算机网络可分为以下 3 种。

① 局域网（Local Area Network，LAN）。局域网通常限定在一个较小的区域之内，一般局限于一幢大楼或建筑群，一个企业或一所学校，局域网的直径通常不超过数千米。对 LAN 来说，一幢楼内的传输介质可选双绞线、同轴电缆，建筑群之间可选光纤。局域网的技术特点有：覆盖有限的地理范围，适用于公司、机关、校园、工厂等有限范围内的计算机、终端与各类信息处理设备连网的需求；提供高数据传输速率（10Mbit/s～1000Mbit/s）、低误码率的高质量数据传输环境；一般属于一个单位所有，易于建立、维护与扩展。从介质访问控制方法的角度，局域网可分为共享式局域网与交换式局域网两类。

② 城域网（Metropolitan Area Network，MAN）。城域网的地理范围比局域网大，可跨越几个街区，甚至整个城市，有时又称都市网。MAN 可以为几个单位所拥有，也可以是一种公用设施，用于将多个 LAN 互连。对 MAN 来说，光纤是最好的传输介质，可以满足 MAN 高速率、长距离的要求。城域网的技术特点有：城域网是介于广域网与局域网之间的一种高速网络；城域网设计的目标是要满足几十千米范围内的大量企业、

机关、公司的多个局域网互连的需求；实现大量用户之间的数据、语音、图形与视频等多种信息的传输；城域网在技术上与局域网相似。

③ 广域网（Wide Area Network，WAN）。广域网的服务范围通常为几十到几千千米，有时也称为远程网。广域网的技术特点有：覆盖的地理范围从几十公里到几千千米；可覆盖一个国家、地区或横跨几个洲，形成国际性的远程网络；通信子网主要使用分组交换技术；将分布在不同地区的计算机系统互连，达到资源共享的目的。

（2）按交换方式计算机网络可分为以下两种。

① 线路交换。该方式分为线路建立、数据传输、线路释放3个阶段，如传统的电话网络采用线路交换方式。

② 分组交换。该方式通过路由选择来完成分组的转发，如Internet的主要交换方式为分组交换。

6.1.3 计算机网络协议与网络体系结构

1. 网络通信协议的概念与层次结构

为了保证通信正常进行，必须事先做一些规定，而且通信双方要正确执行这些规定。例如，电话网中有规定的信令方式，数据通信中有传输控制规程等。我们把这种通信双方必须遵守的规则、标准和约定称为网络通信协议。

协议的要素包括语法、语义和定时（时序）。语法规定通信双方"如何讲"，即确定数据格式、数据码型、信号电平等。语义规定通信双方"讲什么"，即确定协议元素的类型，如规定通信双方要发出什么控制信息、执行什么动作和返回什么应答等。定时（时序）则规定事件执行的顺序，即确定链路通信过程中通信状态的变化，如规定正确的应答关系等。

可见协议能协调网络的运转，使之达到互通、互控和互换的目的。那么如何制定协议呢？由于协议十分复杂，涉及面很广，因此在制定协议时经常采用的方法是分层法。分层法最核心的思路是上一层的功能建立在下一层的功能基础上，并且在每一层内均要遵守一定的规则。

层次和协议的集合称为网络的体系结构。体系结构应当具有足够的信息，以供软件设计人员为每层结构编写实现该层协议的有关程序，即通信软件。许多计算机制造商都开发了自己的通信网络系统，例如IBM公司从20世纪60年代后期开始开发了它的SNA，并于1974年宣布了SNA及其产品；DEC公司也发展了自己的DNA。各种通信体系结构的发展增强了系统成员之间的通信能力，但是也导致了不同厂家之间的通信障碍，因此迫切需要制定全世界统一的网络体系结构标准。负责制定国际标准的ISO吸取了IBM的SNA和其他计算机厂商的网络体系结构的优点，提出了OSI参考模型，按照这个标准设计和建成的计算机网络系统都可以互相连接。

2. OSI参考模型及各层功能

（1）OSI参考模型。OSI参考模型采用分层结构化技术，将整个网络的通信功能分为7层，如图6-2所示。由低层至高分别是：物理层、数据链路层、网络层、运输层、会话层、表示层、应用层。每一层都有特定的功能，并且上一层会利用下一层的功能所提供的服务。在OSI参考模型中，各层的数据并不是从一端的第N层直接送到另一端的，第N层的数据在垂直的层次中自上而下地逐层传递至物理层，在物理层的两个端点进行物理通信，我们把这种通信称为实通信。而对等层由于通信并不是直接进行的，因而称其为虚拟通信。OSI只提供了一个抽象的体

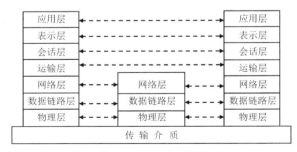

图6-2　OSI参考模型

系结构，人们依据它研究各项标准，并在这些标准的基础上设计系统。开放系统的外部特性必须符合OSI参考模型，而各个系统的内部功能是不受限制的。

（2）各层功能。

① 物理层。物理层主要讨论在通信线路上比特流的传输问题。这一层协议描述传输介质的电气、机械、功能和过程的特性。其典型的设计问题有：信号的发送电平、码元宽度、线路码型、物理连接器插脚的数量、插脚的功能、物理拓扑结构、物理连接的建立和终止、传输方式等。

② 数据链路层。数据链路层主要讨论在数据链路上帧流的传输问题。这一层协议的内容包括帧的格式、帧的类型、比特填充技术、数据链路的建立和终止信息流量控制、差错控制、向物理层报告一个不可恢复的错误等。这一层协议的目的是保障在相邻的站与节点或节点与节点之间正确地、有次序地、有节奏地传输数据帧。常见的数据链路协议有两类：一类是面向字符的传输控制规程，如基本型传输控制规程（BSC）；另一类是面向比特的传输控制规程，如高级数据链路控制规程（HDLC）。主要是后一类。

③ 网络层。网络层主要处理分组在网络中的传输。这一层协议的功能是：路由选择，数据交换，网络连接的建立和终止一个给定的数据链路上网络连接的复用，根据从数据链路层来的错误报告而进行的错误检测和恢复，分组的排序，信息流的控制，等等。

④ 运输层。运输层是第一个端到端的层次，也就是计算机—计算机的层次。OSI 的前 3 层可组成公共网络，它可被很多设备共享，并且计算机—节点机、节点机—节点机是按照"接力"方式传送的，为了防止传送途中报文的丢失，两个计算机之间可实现端到端控制。这一层的功能是：把运输层的地址变换为网络层的地址，运输连接的建立和终止，在网络连接上对运输连接进行多路复用，端—端的次序控制，信息流控制，错误的检测和恢复，等等。

上面介绍的 4 层功能可以用邮政通信来类比。运输层相当于用户部门的收发室，它们负责本单位各办公室信件的登记和收发工作，然后交邮局投送，而网络层以下各层的功能相当于邮局，尽管邮局之间有一套规章制度来确保信件被正确、安全地投送，但难免在个别情况下会出错，所以收发用户之间可经常核对流水号，如发现信件丢失就向邮局查询。

⑤ 会话层。会话层指用户与用户的连接，它通过在两台计算机间建立、管理和终止通信来完成对话。会话层的主要功能是：在建立会话时核实双方是否有权参加会话；确定何方支付通信费用；双方在各种选择功能方面（如全双工还是半双工通信）取得一致；在会话建立以后，需要对进程间的对话进行管理与控制，例如对话过程中某个环节出了故障，会话层在可能条件下必须保存这个对话的数据，使不丢失数据，否则应终止这个对话并重新开始。

⑥ 表示层。表示层主要处理应用实体间交换数据的语法，其目的是解决格式和数据表示的差别，从而为应用层提供一个一致的数据格式，如文本压缩、数据加密、字符编码的转换，从而使字符、格式等有差异的设备之间实现相互通信。

⑦ 应用层。应用层与提供网络服务相关，这些服务包括文件传送、打印服务、数据库服务、电子邮件等。应用层提供了一个应用网络通信的接口。

6.1.4　计算机网络的拓扑结构

根据实际应用需要，数据通信网可以连成多种拓扑结构，典型的拓扑结构有 6 种，如图 6-3 所示。从拓扑结构来看，网络内部的主机、终端、交换机都可以称为节点。

总线结构通常采用广播式信道，即网上的一个节点（主机）发信时，其他节点均能接收总线上的信息，如图 6-3（a）所示。

环形结构采用点到点通信，即一个网络节点将信号沿一定方向传送到下一个网络节点，信号在环内依次高速传输，如图 6-3（b）所示。为了可靠运行，也常使用双环结构。

如图 6-3（c）所示，星形结构中有一个中心节点（集线器），提供数据交换网络控制功能。这种结构易于进行故障隔离和定位，但它存在瓶颈问题，一旦中心节点出现故障，将导致网络失效。一次为了增强网络的可靠性，应采用容错系统，设立热备用中心节点。

　　树形结构像树一样从顶部开始向下逐步分层分叉，有时也称为层形结构，如图 6-3（d）所示。这种结构中提供网络控制功能的节点常处于"树"的顶点，在"树枝"上很容易增加节点、扩大网络，但此结构同样存在瓶颈问题。

　　网状结构的特点是节点的用户数据可以选择多条路由传送信息，网络的可靠性高，但网络结构、协议复杂，如图 6-3（e）所示。目前大多数复杂交换网都采用这种结构。当网络节点为交换中心时，常将交换中心互连成全连通网，如图 6-3（f）所示。

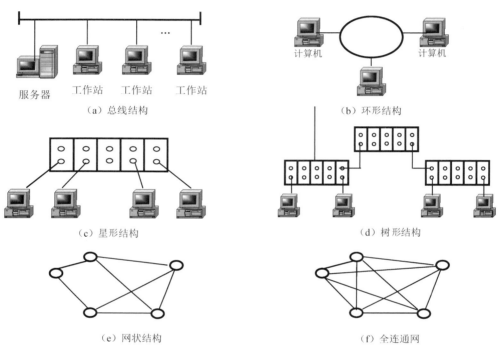

图 6-3　计算机网络的拓扑结构

6.1.5　传输介质及网络设备

1. 传输介质

　　网络传输介质是网络中发送方与接收方之间的物理通路，对网络的数据通信具有一定的影响。常用的传输介质有双绞线、同轴电缆、光纤、无线电波等。

　　（1）双绞线（Twist Pair，TP）。双绞线由两根绝缘导线相互缠绕而成，将一对或多对双绞线放置在一个绝缘保护套中便成了双绞线电缆，如图 6-4 所示。双绞线既可用于传输模拟信号，又可用于传输数字信号。

　　双绞线可分为非屏蔽双绞线（Unshielded Twisted Pair，UTP）和屏蔽双绞线（Shielded Twisted Pair，STP），适合于短距离通信。UTP 价格便宜，传输速度偏慢，抗干扰能力较差。STP 抗干扰能力较好，具有更快的传输速度，但价格相对较贵。双绞线需用 RJ-45 或 RJ-11 连接头插接。

　　（2）同轴电缆。同轴电缆由在同一轴线上的两个导体组成，如图 6-5 所示。同轴电缆具有抗干扰能力强、连接简单等特点，信息传输速率可达每秒几百兆比特，是中、高档局域网的首选传输介质。

　　同轴电缆分为 50Ω 和 75Ω 两种，50Ω 同轴电缆适用于基带数字信号的传输；75Ω 同轴电缆又称宽带同轴电缆，适用于宽带信号的传输，既可传输数字信号，也可传输模拟信号。在需要传输图像、声音、数字等多种信息的局域网中，应用宽带同轴电缆。同轴电缆需用带 BNC 头的 T 型连接器连接。

（3）光纤。光纤又称为光缆或光导纤维，是由纤芯和包层构成的同心玻璃体。如图 6-6 所示。光纤具有不受外界电磁场的影响、无限制的带宽等特点，其尺寸小、重量轻，数据可传输几百千米。但价格昂贵。光纤需用 ST 型头连接器连接。

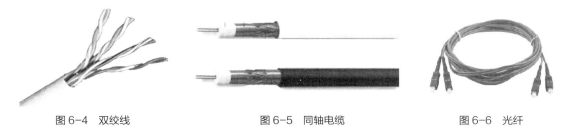

图 6-4　双绞线　　　　　　　　图 6-5　同轴电缆　　　　　　　　图 6-6　光纤

（4）无线传输媒介。无线传输媒介包括无线电波、微波、红外线等。

2. 网络设备

（1）网卡（Network Interface Card，NIC）。网卡是应用最广泛的一种网络设备，全名为网络接口卡，简称网卡，外观如图 6-7 所示。网卡是连接计算机与网络的硬件设备，是局域网最基本的组成硬件之一。网卡的作用是处理网络传输介质上的信号，并在网络媒介和 PC 之间交换数据，向网络发送数据、控制数据、接收并转换数据。网卡有两个主要功能：一是读入经由网络设备传输过来的数据包，经过拆包，将它变为计算机可以识别的数据，并将数据传输到所需设备中；二是将计算机发送的数据打包后传输至其他网络设备。

（2）调制解调器（MODEM）。调制解调器是一种信号转换装置，调制解调器如图 6-8 所示。调制解调器用于将计算机通过电话线路连接上网，并实现数字信号和模拟信号之间的转换。调制用于将计算机的数字信号转换成模拟信号输送出去，解调则将接收到的模拟信号还原成数字信号交由计算机存储或处理。

图 6-7　网卡　　　　　　　　　　　　　　图 6-8　调制解调器

（3）交换机（Switch）。交换机是一种在 OSI 参考模型的数据链路层工作以帮助实现局域网互联的设备，交换机外观如图 6-9 所示。交换机用来将两个相同类型的局域网连接在一起，在两个局域网段之间对数据帧进行接收、存储与转发。

（4）路由器（Router）。路由器工作于 OSI 参考模型的网络层，是网络互相连接的重要设备，用来连接多个逻辑上分开的网络，路由器外观如图 6-10 所示。用它互联的两个网络或子网，可以是相同类型，也可以是不同类型，它能在复杂的网络中进行路径选择和对信息进行存储与转发。

图 6-9　交换机　　　　　　　　　　　图 6-10　路由器

6.1.6 计算机网络的功能及应用

1. 计算机网络的功能

（1）数据通信。利用计算机网络传递信件是一种全新的方式，在速度上比传统邮件快得多。另外，电子邮件还可以携带声音、图像和视频，实现多媒体通信。如果计算机网络覆盖的地域范围足够大，则可通过电子邮件快速传递和处理各种信息。

（2）资源共享。在计算机网络系统中，有许多昂贵的资源，如大型数据库、巨型计算机等，这类资源并非为每一用户所拥有，所以必须实行资源共享。共享资源包括硬件资源和软件资源，如打印机、大容量磁盘、程序、数据等。资源共享可以避免重复投资和劳动，从而提高了资源的利用率，使系统的整体性能价格比得到改善。

（3）提高计算机的可靠性和可用性。提高可靠性表现在计算机网络中的各计算机可以通过网络彼此互为后备机，一旦某台计算机出现故障，故障机的任务就可由其他计算机代为处理，避免了宕机后无后备机的情况，提高了系统的可靠性。提高计算机可用性是指当网络中的某台计算机负载过大时，网络可将新的任务转交给网络中较空闲的计算机完成，这样就能均衡各计算机的负载，提高每台计算机的可用性。

（4）进行分布式处理。在网络系统中，各用户可根据情况合理选择资源，以就近原则快速地处理信息。对于较大型的综合性问题，可通过一定的算法将任务分交给不同的计算机处理，从而达到均衡使用网络资源、实现分布处理的目的。此外，利用网络技术，可将多台计算机连成具有高性能的计算机系统，对解决大型复杂问题，这比用高性能的大、中型机的费用低得多。

2. 计算机网络的应用

计算机网络在资源共享和信息交换方面所具有的功能是其他系统所没有的。计算机网络所具有的高可靠性、高性能价格比和易扩充性等优点，使它在工业、农业、交通运输、邮电通信、文化教育、商业、国防及科学研究等各个领域、各个行业获得了越来越广泛的应用。计算机网络的典型应用领域有以下几种。

（1）办公自动化（Office Automation，OA）。OA系统集计算机技术、数据库、局域网、远距离通信技术及人工智能、声音、图像、文字处理技术等于一体，是一种全新的信息处理方式。OA系统的核心是通信，其所提供的通信手段主要为声音综合服务、可视会议服务和电子邮件服务。

（2）电子数据交换（Electronic Data Interchange，EDI）。EDI指将贸易、运输、保险、银行、海关等行业信息用一种国际公认的标准格式，通过计算机网络实现各企业之间的数据交换，并完成以贸易为中心的业务全过程。EDI在发达国家的应用已很广泛，我国的"金关"工程就是以EDI作为通信平台的。

（3）远程交换（Telecommuting）。远程交换是一种在线服务（Online Serving）系统，原指工作人员与其办公室之间的计算机通信形式，通俗的说法为家庭办公。一个公司内本部与子公司办公室之间也可通过远程交换系统实现分布式办公。远程交换的作用也不仅仅是工作场地的转移，它大大加强了企业的活力与快速反应能力。近年来各大企业的本部纷纷采用一种称为"虚拟办公室"（Virtual Office）的技术，创造出一种全新的商业环境与空间。远程交换技术的发展对整个世界的经济运行规则产生了巨大的影响。

（4）远程教育（Distance Education）。远程教育是一种利用在线服务系统开展学历或非学历教育的全新的教学模式。远程教育几乎可以提供大学中所有的课程，学员们通过远程教育，同样可得到正规大学从学士到博士的所有学位。这种教育方式对于已开始工作但仍想取得学位的人士特别有吸引力。远程教育的基础设施是电子大学网络（Electronic University Network，EUN）。EUN的主要作用是向学员提供课程软件及主机系统的使用权限，支持学员完成在线课程，并负责行政管理、协作合同等。这里所指的软件除系统软件之外，包括CAI软件。CAI课件一般采用对话和引导的方式指导学生学习，发现学生犯的错误，还具有回溯功能，可以从本质上解决学生学习中的困难。

（5）电子银行（Internet Bank）。电子银行也是一种在线服务系统，是一种由银行提供的基于计算机和计算机网络的新型金融服务系统。电子银行的功能包括：金融交易卡服务、自动存取款作业、销售点自动转账服务、电子汇款与清算等，其核心为金融交易卡服务。金融交易卡的诞生标志着人类的交换方式从物物交换、货币交换，再到信息交换的又一次飞跃。围绕金融交易卡服务，产生了自动存取款服务，自动取款机及存取款一体机也应运而生。自动取款机与存取款一体机大多采用联网方式工作，现已由原来的一行联网发展到多行联网，形成了覆盖整个城市、地区，甚至全国的网络，全球性国际金融网络也正在建设之中。

电子汇款与清算系统可以提供客户转账、银行转账、外币兑换、托收、押汇信用证、行间证券交易、市场查证、借贷通知书、财务报表、资产负债表、资金调拨及清算处理等金融通信服务。由于大型零售商店等消费场所采用了终端收款机（POS），这使商场内部的资金即时清算成为现实。销售点的电子资金转账是通过 POS 与银行计算机系统联网实现的。当前电子银行服务又出现了智能卡（IC）。IC 卡内装有微处理器、存储器及输入/输出接口，实际上是一台不带电源的微型电子计算机。由于采用 IC 卡，持卡人的安全性和方便性大大提高了。

（6）证券及期货交易（Securities and Futures Trading）。证券及期货交易由于获利巨大、风险巨大，并且行情变化迅速，投资者对信息的依赖显得格外突出。金融业通过在线服务计算机网络提供证券市场分析、预测、金融管理、投资计划等需要大量计算工作的服务，提供在线股票经纪人服务和在线数据库服务（包括最新股价数据库、历史股价数据库、股指数据库及有关新闻、文章、股评等）。

（7）广播分组交换（Broadcast Packet Switching）。广播分组交换实际上是一种无线广播与在线系统结合的特殊服务，该系统使用户在任何地点都可使用在线服务系统。广播分组交换可提供电子邮件、新闻、文件等传送服务，无线广播与在线系统通过调制解调器，再通过电话线路结合在一起。移动电话也属于广播分组交换。

（8）信息高速公路（Information Highway）。如同现代高速公路的结构一样，信息高速公路也分为主干、分支及"树叶"。图像、声音、文字转化为数字信号在光纤主干线上传输，由交换技术将其送到电话线或电缆分支线上，最终送至具体的用户"树叶"。主干部分由光纤及其附属设备组成，是信息高速公路的骨架。

6.2　Internet 技术

Internet 的中文名称为因特网，有时也称国际互联网、全球互联网或互联网。Internet 是全球最大和最具有影响力的计算机互联网，也是世界范围内的信息资源宝库。一般认为，Internet 是一个由多个网络互连组成的网络的集合。Internet 是通过路由器实现多个广域网和局域网互连的大型网际网。

6.2.1　Internet 的起源及发展

Internet 的前身是 DARPA 在 1969 年作为军事实验网络而建立的 ARPAnet，建立之初只有 4 台主机，采用网络控制程序作为主机之间的通信协议。

20 世纪 70 年代末到 80 年代初，计算机网络蓬勃发展，各种各样的计算机网络应运而生，如 MILnet、USEnet、BITnet、CSnet 等，在网络的规模和数量上都得到了很大的发展。一系列网络的建设，产生了不同网络之间互联的需求，并最终导致了 TCP/IP 的诞生。1980 年，TCP/IP 研制成功，1982 年，ARPAnet 首次开始使用 TCP/IP。1986 年 NSF 资助建成了基于 TCP/IP 技术的主干网 NSFnet，它连接了美国的若干超级计算中心、主要大学和研究机构，世界上第一个互联网由此产生，并迅速连接到世界各地。20 世纪 90 年代，随着 Web 技术和相应的浏览器的出现，互联网的发展和应用出现了新的飞跃。1995 年，NSFnet 开始商业化运行。

1994 年 4 月 20 日，中国国家计算与网络设施（National Computing and Networking Facility of China，NCFC）工程通过美国 Sprint 公司连入 Internet 的 64kbit/s 国际专线开通，实现了与 Internet 的全功能连接。从此中国被国际正式承认为真正拥有全功能 Internet 的国家。中国互联网络信息中心（China Internet Network Information Center，CNNIC）已发布第四十四次《中国互联网络发展状况统计报告》，报告中详细分析了中国的网民规模，截至 2019 年 6 月，中国网民规模达 8.54 亿人，上半年共计新增网民 2598 万人，互联网普及率为 61.2%，较 2018 年年底提升 1.6 个百分点。其中农村网民规模达 2.25 亿人，占整体网民的 26.3%，较 2018

年底增加 305 万人；城镇网民规模为 6.30 亿人，占比达 73.7%，较 2018 年年底增加 2293 万人。

6.2.2　Internet 协议、地址与域名

1. Internet 协议

Internet 协议，是指在 Internet 的网络之间及各成员网内部交换信息时要求遵循的协议，TCP/IP 是 Internet 上使用的通用协议。

TCP 和 IP 是用于 Internet 的最重要的两个网络协议。它们分别是传输控制协议（Transmission Control Protocol，TCP）和互联网协议（Internet Protocol，IP），这两个协议属于 TCP/IP 的一部分。TCP/IP 簇中的协议提供了几乎现在上网所用到的所有服务，这些服务包括电子邮件的传输、文件传输、新闻组的发布及访问万维网等。

简单邮件传送协议（Simple Mail Transfer Protocol，SMTP），主要用来传输电子邮件。

域名（Domain Name），IP 地址的文字表现形式。它是依靠域名服务（Domain Name Service，DNS）和域名服务协议（Domain Service Protocol，DSP）来实现的。

文件传输协议（File Transfer Protocol，FTP），主要用来进行远程文件传输。

TELNET 的远程登录（Remote Login），用来与远程主机建立仿真终端。

用户数据报协议（User Datagram Protocol，UDP），可以代替 TCP，与 IP 和其他协议共同使用。利用 UDP 传输数据时不必使用报头，它也不处理丢失、出错和失序等意外情况；若发生问题，可通过请求重发来解决。因此它的效率较高且比 TCP 简单得多。该协议适合传输较短的信息。

超文本传输协议（Hypertext Transfer Protocol，HTTP），是一个用于传输超媒体文档（如 HTML）的应用层协议，它是为实现 Web 浏览器与 Web 服务器之间的通信而设计的。

2. 地址

（1）硬件地址

媒体访问控制（Media Access Control，MAC）地址，也叫硬件地址，长度是 48 比特（6 字节），由十六进制的数字组成，如 F4-CE-46-30-90-57。它分为前 24 位和后 24 位：前 24 位叫作组织唯一标志符（Organizationally Unique Identifier，OUI），是由 IEEE 的注册管理机构给不同厂家分配的代码，以区分不同的厂家。后 24 位由厂家自己分配，称为扩展标识符。同一个厂家生产的网卡的 MAC 地址的后 24 位是不同的，每台连接到以太网上的计算机都有一个唯一的 48 位以太网地址。

（2）IP 地址

IP 地址是互联网协议地址（Internet Protocol Address）的简称，用作 Internet 上独立的设备的唯一标识，设备可以是计算机、手机、家用电器、仪器等。Internet 上使用 IP 地址来唯一确定通信的双方，IP 地址体系目前有 IPv4 体系和 IPv6 体系。

IP 地址分为两级结构，由网络号（Net ID）和主机号（Host ID）组成，其结构及分类如图 6-11 所示。将地址分成网络和主机部分，在路由寻址时非常有用，可以大大提升网络的速度。路由器就是通过 IP 地址的 NetID 来决定是否发送和将一个数据包发送到什么地方。一个设备并不只有一个地址，比如一个连到两个物理网络上的路由器有多个接口，每个接口均要分配一个 IP 地址。

IPv4 地址由 32 位二进制数组成，用"."分成 4 节，每节 8 位，例如，

IP 地址：10000000 00001010 00000010 00011110；

也可用十进制数表示，记为：128.10.2.30。

IP 地址共分为 A、B、C、D、E 5 类。

A 类 IP 地址的最高位为 0，第 1 字节即前 8 位，表示网络地址，申请时由管理机构设定，后 24 位即其余字节为主机地址，可以由网络管理员分配给本机构子网的各主机。第 1 字节最高位规定为 0，全 0 表示本地网

络，全 1（127）保留为系统诊断用，最多可容纳 1677 7214 台主机，一般分配给具有大量主机的大规模网络使用。用 A 类地址组建的网络称为 A 类网络。

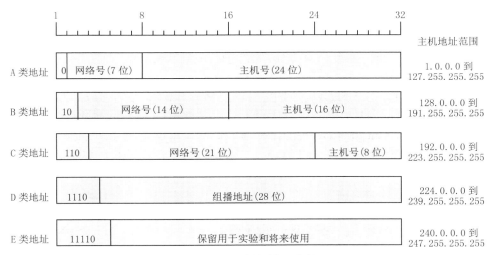

图 6-11　IP 地址结构及分类

B 类 IP 地址的前 2 个字节即前 16 位，为网络地址，后 2 个字节的 16 位为主机地址，第 1 字节高 2 位规定为 10，最多容纳 6 5534 台主机，一般分配给中等规模网络使用。

C 类 IP 地址前 3 个字节即前 24 位表示网络地址，最后一个字节的 8 位表示该网络中的主机地址，第 1 字节高 3 位规定为 110，最多容纳 254 台主机，一般分配给小规模网络使用。

D 类地址为多址广播地址。D 类 IP 地址与上面的 3 种类型的地址不同，这类地址并不用于特定的局域网子网，也不用于某一台具体工作站，主要用来进行多点广播。

E 类地址为试验性地址。E 类 IP 地址其实也是一种比较特殊的网络地址，既不表示特定的局域网子网，也不用于具体的工作站，这类网络地址中的每个字节通常都为 255 或 0，简单地说 E 类 IP 地址其实就是"0.0.0.0"或 "255.255.255.255" 这两个地址，而 "255.255.255.255" 地址一般用来表示当前网络的广播地址。

例如：202.112.14.0　　表示网络地址（主机标识段为 0）

　　　202.112.14.194　表示 C 类地址

　　　128.166.141.8　表示 B 类地址

（3）子网与子网掩码

划分子网的目的是解决 IP 地址不足的问题，因为随着互联网的发展，越来越多的网络产生，有的网络多达几百台计算机，有的只有几台计算机，这样就浪费了很多 IP 地址，所以要划分子网。

子网掩码是一个 32 位地址，它的主要作用有：一是用于屏蔽 IP 地址的一部分，以区别网络标识和主机标识，并说明该 IP 地址是在局域网上还是在远程网上；二是用于将一个大的 IP 网络划分为若干小的子网。

通过对 IP 地址的二进制与子网掩码的二进制进行"与"运算，可以确定某个设备的网络地址和主机号，也就是说通过子网掩码分辨一个网络的网络部分和主机部分。例如，一台计算机的 IP 地址是 210.45.128.2，子网掩码是 255.255.255.0，两者相"与"即可得到网络地址：210.45.128.0。

（4）IP 地址匮乏的问题

解决 IP 地址匮乏的问题成了目前首先要解决的问题，目前的主要措施有两种：通过网络地址转换（Network Address Translation，NAT）及转换到 IPv6 体系。

NAT 是一种将私有（保留）地址转化为合法 IP 地址的转换技术，被广泛应用于各种类型的 Internet 接入方式和各种类型的网络中。NAT不仅能解决IP地址不足的问题，还能够有效地避免来自网络的攻击，隐藏并保护网络内部的计算机。

IPv6地址空间由IPv4的32位扩大到128位，IPv6具有能够增加IP地址数量、拥有巨大的地址空间和卓越的网络安全性等特点。

（5）域名

由于用数字描述的IP地址不形象、没有规律，难以记忆，使用不便。为此人们开始用字符描述地址，用字符描述的地址称为域名地址。

域名系统采用层次结构，按地理域或机构域进行分层。一个域名最多由25个子域名组成，每个子域名之间用圆点隔开，域名从右往左分别为最高域名、次高域名……逐级降低，最左边的一个为主机名。如 www. xxxx.com.cn，其最高层域为cn，表示该主机在中国；接下来的子域是com，表示该主机属于商业组织；再下层子域为xxxx，表示该主机的所属组织；最后的www表示主机的主机名称，它代表该校园网的Web服务器。该域名对应的IP地址为58.63.236.248，用户在访问时，可以通过IP地址请间，也可以通过域名访问。

Internet主机域名的一般格式如图6-12所示。

在Internet上，使用的域名地址必须经DNS将域名翻译成IP地址，才能被网络识别。

Internet域名空间的树状结构如图6-13所示。

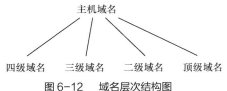

图6-12　域名层次结构图

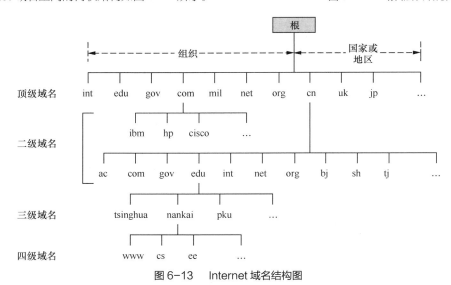

图6-13　Internet域名结构图

组织性顶级域名的标准：

com=商业机构　　　　mil=军事机构　　　　edu=教育机构

net=网络机构　　　　gov=政府机构　　　　org=非营利组织

国际顶级域名只有一个，即int，要求在其下注册的二级域名应是真正具有国际性的实体。

地理性顶级域名的标准：

cn=中国　　　　jp=日本　　　　fr=法国　　　　us=美国　　　　uk=英国

用户有了域名地址就不必去记IP地址了。但对于计算机来说，传递数据只能使用IP地址而不是域名地址，这就需要把域名地址转化为IP地址，这一过程称为域名解析。一般来说，在网上有专门的服务器来完成IP地址的转换工作，这种服务器叫作DNS，计算机的网络配置中只要指明使用哪台DNS即可。用户的主机在需要把域名地址转化为 IP 地址时便会向该 DNS 提出地址转换请求，DNS 会根据用户主机提出的请求把转换结果返回给用户主机。

6.2.3 Internet 的接入方法与配置

1. 传统接入技术

（1）单机接入

单机接入方式分为以下两种。

① 远程终端方式。利用 DOS 或 Windows 下的通信软件，把计算机与 Internet 上的一台主机相连作，并将其为一个远程终端，其功能与主机的真正终端完全相同。

② 拨号方式。利用电话线拨号上网，其通信软件有两种：一种是串行线路网际协议（Serial Line Internet Protocol，SLIP），称作 SLIP 连接；另一种是点对点协议（Point-to-Point Protocol，PPP），称作 PPP 连接。这种连接方法需在接入提供机构处申请 IP 地址、用户标识和口令等。

（2）LAN 接入

如果把 LAN 和 Internet 上的主机相连，就可以使用 LAN 上的每台工作站直接访问 Internet。由于 LAN 的种类和使用的软件系统不同，可以分成两种情况：一种是 LAN 上的工作站共享服务器的 IP 地址，简称共享地址；另一种是每个工作站都有自己独立的 IP 地址，简称独立地址。

2. 宽带接入技术

（1）基于铜线的 xDSL 接入技术。数字用户环路（Digital Subscriber Line，DSL）技术是基于普通电话线的宽带接入技术，它在同一铜线上分别传送数据和语音信号，数据信号不通过电话交换设备，从而减轻了电话交换机的负载；并且不需要拨号，一直在线，属于专线上网，省去了拨号接入昂贵的电话费用。

xDSL 中的 x 代表各种数字用户环路技术，包括 ADSL、RADSL、HDSL、VDSL 等。ADSL、RADSL、VDSL 属于非对称式传输。其中 VDSL 最快，在一对铜双绞线上，上行速率为 13 Mbit/s～52Mbit/s，下行速率为 1.5 Mbit/s～2.3 Mbit/s，但传输距离只有几百米。ADSL 在一对铜双绞线上支持上行速率 640kbit/s～1Mbit/s，下行速率 1 Mbit/s～8Mbit/s，有效传输距离在 3km～5km 范围内，是目前应用较多的一种方式。RADSL 则可以根据距离和铜线的质量动态调整速率。

ADSL 使用普通电话线来传输数据，设备安装简单，用户只需要将 ADSL 调制解调器串接在计算机网卡和电话之间即可。

（2）光纤接入。光纤传输系统具有传输信息容量大、传输损耗小、抗干扰能力强等特点，是实现宽带业务的最佳方式。目前，已经投入的光纤接入应用有光纤到路边（FTTC）、光纤到楼（FTTB）和光纤到户（FTTH）3 种。

（3）无线接入。无线接入分为固定无线接入和移动无线接入。

固定无线接入又称为无线本地环路，利用无线设备直接连入公用电话网，常见的微波一点多址、卫星直播系统都属于固定无线接入。

移动无线接入是一种新型接入方式，因笔记本电脑、智能手机等移动终端对 Internet 接入的要求不断增加而产生。对于计算机，无线局域网（Wireless Local Area Network，WLAN）则成为了新兴的技术热点，WLAN 遵循 IEEE 的 802.11 标准，为移动用户提供高速率移动接入。目前，802.11 被分为 802.11a、802.11b、802.11g 和 802.11n，分别提供 5Mbit/s、12Mbit/s、56Mbit/s 和 300Mbit/s 的接入速率，更多的标准正在开发之中。

6.2.4 Internet 的基本服务

接入 Internet 后就可以利用网络上的资源，同世界各地的人们自由通信和交换信息，还可以通过计算机做各种各样的事情，享受 Internet 为我们提供的各种服务。

1. 万维网

万维网（World Wide Web，WWW）是一个基于超文本的信息系统，它采用超文本技术组织和管理各种信息，通过超链接将多媒体文档中的各个信息单元连接到一起。当访问者将鼠标指针移到具有超链接形式的文本上时，指针会变成手形的链接指针，单击该链接即可从当前页面快速跳转到指定的页面，寻找需要的信息非常方便。

2. 网页与网站

网页是构成 Web 网站的基本信息单位。一个 Web 网站可能是一个单独的网页，也可能是由若干台服务器、无数的网页加上庞大的数据所组成的复杂站点。

用户在访问一个网站时一般会首先看到一个特定的网页，这个特定的网页通常被称作主页。主页一般为 index.htm、index.html、index.asp 和 default.htm 等文件。主页（Home Page）是某个 Web 网站的起始网页。主页一般具有明显的网站风格，并通过建立与其他页面的链接，引导访问者访问网站中的信息资源。

文字与图片是构成网页的两个最基本的元素。除此之外，网页的元素还包括动画、音乐和程序等。网页也是文件，在网上它是一种用 HTML 表示的文件。每个网页以单独的文件形式存放，以 .html、.htm、.asp 和.php 等为扩展名。

在网页文件中，网页信息是用 HTML 代码表示的，阅读不直观，要看到生动、直观的网页内容必须通过浏览器。浏览器的工作主要是将这些代码"翻译"为易于浏览的网页画面。

一个网站是由一系列网页及相关文件组成的，如图片文件、声音文件和动画文件等。网页之间通过超链接实现关联，用户在浏览器中单击超链接即可跳转到另一个网页，从而实现在网页之间的跳转。

（1）统一资源定位符

统一资源定位符（Uniform Resarce Locator，URL）是在 Internet 上查找信息时采用的一种准确定位机制。通过 URL，可以访问 Internet 上任何一台主机或主机上的文件夹和文件。URL 是一个简单的格式化字符串，包含被访问资源的类型、服务器的地址及文件的位置等，又被称为"网址"。

URL 由以下 4 部分组成。

协议类型://主机名/路径/文件名。

协议类型：指数据的传输方式，如超文本传输协议 HTTP。

主机名：指计算机的地址，可以是 IP 地址，也可以是域名地址。

路径：指信息资源在 Web 服务器上的目录。

文件名：指要访问的文件名。

例如，210.45.128.35 即为 IP 地址，而 www. ××××.edu.cn 则为域名地址，www 代表计算机名为万维网，××××代表某个组织实体，edu 代表这是一个教育机构，cn 代表中国。

要想知道更多的网址，可使用 Internet 上的一些搜索引擎搜索，如百度搜索等。

（2）超文本传输协议

为了使超文本的链接能够高效率地完成，需要用超文本传输协议（Hyper Text Tvcmsfer Protocol，HTTP）来传送一些必需的信息。从层次的角度看，HTTP 是面向事务的应用层协议，是万维网上能够可靠地交换文件（包括文本、声音、图像等各种多媒体文件）的重要基础。

（3）网页浏览与信息搜索

Internet Explorer 的使用。Microsoft 公司开发的 Internet Explorer（IE）是综合性的网上浏览软件，是使用最广泛的一种 WWW 浏览器软件，也是我们访问 Internet 必不可少的一种工具。IE 是一个开放式的 Internet 集成软件，由多个具有不同网络功能的软件组成。集成在 Windows 7 操作系统中的 IE 浏览器是 8.0 版本，它使 Internet 成为与桌面不可分的一部分。这种集成性与最新的 Web 智能化搜索工具的结合使用户可以得到与喜爱的主题有关的信息。IE 还配置了一些特有的应用程序，包括浏览、发信、下载软件等多种网络功能。有了它，我们可以使用网络提供的大部分服务。

IE 的配置。打开 IE，使用菜单栏中的"工具"选项卡，选择"Internet 选项"，在图 6-14 所示的对话框中我们可以对 IE 的一些属性进行配置。

在"常规"选项卡中，可以设置主页，每次启动 IE 时将自动打开主页。单击"使用当前页"按钮，可以将当前访问的主页设置为起始页；单击"使用默认页"按钮，可以将起始页还原为默认页；单击"使用空白页"按钮，可以将空白页设置为起始页。

历史记录保存了一段时期内访问过的主页，通过它可以方便地打开以前曾访问过的主页。如果要删除所有的历史记录，可以单击"删除"按钮，再单击"确定"按钮。

如果计算机无法直接访问 Internet，必须通过代理服务器才能访问，就需要在 IE 中进行设置。在"连接"选项卡中，如图 6-15 所示，可以设置与连接有关的选项。如果使用调制解调器拨号上网，可以单击"添加"按钮；如果通过 LAN 上网，就单击"局域网设置"按钮，进入"局域网设置"对话框。在对话框中选择"使用代理服务器"，并输入代理服务器的地址及端口号（代理服务器的地址及端口号可以向网络中心的网络管理员咨询）。

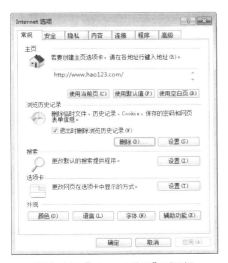 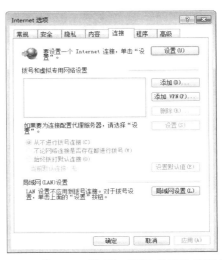

图 6-14 "Internet 选项"对话框　　　　图 6-15 "Internet 选项"对话框"连接"选项卡

（4）超链接与网页浏览

超链接可以将 WWW 文档的某一部分链接到同一或不同文档的其他部分。通过单击超链接，可以迅速地实现文档之间的跳转。表示超链接的点可以是文字、图像或动画。当鼠标指针移动到这些超链接上时，指针的形状一般会变成手形。

利用 IE 浏览 Web 页面非常简单，在 IE 的地址栏中键入 URL，即可打开指定的网页，然后沿着超链接访问其他相关的网页即可。

（5）搜索引擎的概念

所谓搜索引擎，就是在 Internet 上搜索信息的专门站点，它们为用户对主页进行分类与搜索提供了方便。输入一个特定的搜索词，搜索引擎就会自动进入索引清单，将所有与搜索关键词相匹配的内容找出，并显示一个指向存放这些信息的链接清单。

Internet 中有大量的搜索引擎，如百度、搜狗等。图 6-16 所示为百度搜索引擎的界面。

（6）搜索引擎的使用

启动 IE 浏览器，在地址栏中输入要访问站点的网址，如搜狗网的网址，按回车键进入搜狗网的主页，如图 6-17 所示。

图 6-16　百度搜索引擎

图 6-17　搜狗网主页

还可以使用关键字进行搜索。在搜索文本框中键入关键字，这里我们输入"计算机"，然后单击"百度一下"按钮，则出现搜索结果，该界面将搜索得到的地址一一列举出来，如图 6-18 所示。

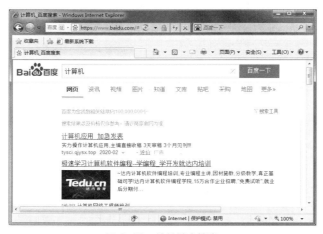

图 6-18　按关键字搜索

3. 电子邮件

电子邮件（Electronic Mail）是一种用电子手段进行信息交换的通信方式，是利用计算机网络交换的电子信件。电子邮件随计算机网络发展而出现，依靠网络的通信手段实现信息的传输。常用的电子邮件发送协议是简单邮件传输协议（Simple Mail Transfer Protocol，SMTP），接收邮件协议是邮局协议第三版（Post Office Protocol–Version 3，POP3）。

（1）电子邮件格式。为了确保电子邮件能准确无误地传送给接收者，每一位用户都必须使用统一的地址格式。邮件地址的格式为：username@hostname。其中，username 指用户名，也就是用户所申请的电子邮件账号，hostname 指提供电子邮件服务的服务器的域名。

（2）电子邮件协议。利用电子邮件程序向邮件服务器发送邮件时，使用的是 SMTP。利用电子邮件程序从邮件服务器中读取邮件时，可以使用 POP3 或交互式邮件存取协议（Internet Mail Access Protocol，IMAP），它取决于邮件服务器支持的协议类型。

（3）电子邮件的使用。通过 IE 在指定的网页上登录邮箱，即可进行收发邮件、邮箱管理等操作。所有的信件都存在储服务器上，不用下载到本地计算机中，用户在任何能够上网的计算机中都可以使用该服务。这种方式特别适合学生或经常外出没有固定计算机的人使用。例如，用户使用 IE 浏览器访问 163 免费邮箱的网址后出现图 6-19 所示的登录页面，用户可以用已经注册的用户名和密码登录；如果还没有注册账号，可在该页面立即注册一个邮箱账号。

图 6-19　163 免费邮箱登录界面

4. 文件传输

（1）FTP。文件传输协议（File Transfer Protocol，FTP）是 TCP/IP 簇中的协议之一，是 Internet 文件传送的基础，由一系列规格说明文档组成，目标是提高文件的共享性，提供非直接使用远程计算机，使存储介质对用户透明且可靠高效地传送数据。简单地说，FTP 就是完成两台计算机之间的复制，从远程计算机复制文件至自己本地的计算机上，称为下载（Download）文件。若将文件从自己本地的计算机中复制至远程计算机上，则称为上传（Upload）文件。

（2）FTP 服务器和客户端。同大多数 Internet 服务一样，FTP 也是一个客户/服务器系统。用户通过一个客户机程序连接至在远程计算机上运行的服务器程序。依照 FTP 提供服务、进行文件传送的计算机就是 FTP 服务器，而连接 FTP 服务器、遵循 FTP 与服务器传送文件的计算机就是 FTP 客户端。如果想连接到 FTP 服务器，可以使用 FTP 的客户端软件，通常 Windows 自带"ftp"命令，这是一个命令行的 FTP 客户程序，其他常用的 FTP 客户程序还有 LeapFTP、CuteFTP、Ws_FTP、Flashfxp 等。

（3）FTP 用户授权。用户授权：要连接到 FTP 服务器，必须要有该 FTP 服务器授权的账号，也就是说必须有一个用户标识和一个口令才能登录 FTP 服务器，享受 FTP 服务器提供的服务。

> FTP地址为ftp://用户名：密码@FTP服务器IP（或域名）：FTP命令端口/路径/文件名。

上面的参数除"FTP 服务器 IP（或域名）"为必需项外，其他都不是必需的。例如，以下地址都是有效的 FTP 地址：

> ftp://computer.6600.org
> ftp://list:list@ computer.6600.org
> ftp://list:list@ computer.6600.org:2003
> ftp://list:list@ computer.6600.org:2003/soft/list.txt

匿名 FTP：互联网中有许多 FTP 服务器被称为匿名（Anonymous）FTP 服务器。这类服务器的目的是向公众提供资源共享服务，不要求用户事先在该服务器上进行登记注册，也不用取得 FTP 服务器的授权。

匿名文件传输能够使用户与远程主机建立连接并以匿名身份从远程主机上下载文件，而不必成为该远程主机的注册用户。用户使用特殊的用户名"anonymous"登录 FTP 服务，就可访问远程主机上公开的文件。许多系统要求用户将电子邮件地址作为口令，以便更好地对用户的访问进行跟踪，只要知道特定信息资源的主机地址，就可以匿名登录 FTP 服务以获取所需的信息资料。

（4）从 WWW 网站下载文件。许多 WWW 网站专门罗列最新的软件，把这些软件分类整理，附上软件的必要说明，使用户能在许多功能相近的软件中寻找符合自己要求的软件并进行下载。

用户只需找到软件所在的位置，然后单击相应的下载链接，系统就会打开下载对话框；用户也可以通过在下载站点上右击，在弹出的快捷菜单中选择"目标另存为"命令来进行下载，如图 6-20 所示。

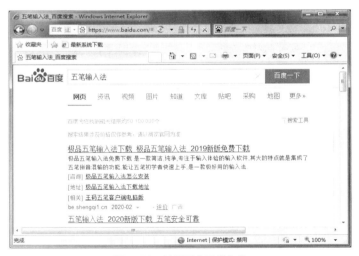

图 6-20　从网页中下载文件

（5）使用专用工具下载文件。首先打开下载页面，在下载链接上选择"使用迅雷下载"命令或单击"立即下载"，选择"使用迅雷下载"后会出现图 6-21 所示的提示框。可以利用"选择其他目录"来设置存储文件的目录，如果不选择，文件将会被下载到默认目录（默认目录可以在迅雷常用设置——存储目录内根据自己的需要设定）。选择好文件存储目录后，单击"确定"铵钮即可进行下载。

5.　文件的压缩与解压缩

互联网络上常用的 FTP 文件服务器上的文件大多属于压缩文件，文件下载后必须先解压缩才能够使用。另外在使用电子邮件的附加文件功能时，最好事先对附加文件进行压缩处理，这样做除了能减轻网络的负载，更能省时省钱，利人又利己。

图 6-21 "使用迅雷下载"

目前网络上有两种常见的压缩格式：一种是 Zip，另一种是 EXE。其中，Zip 的压缩文件可以通过 WinZip 这套解压缩工具进行解压缩，而 EXE 则属于自解压文件，只要双击这类文件图标，文件便可以自动解压缩。因为 EXE 文件内含解压缩程序，因此它会比 Zip 文件略大一些。若考虑到文件容量的大小，那么 Zip 是一个较佳的选择。

（1）压缩文件。要对某个文件夹下所有的文件进行压缩打包时，我们不需要打开 WinRAR 的主程序窗口，而可以选择该文件夹图标，右击，在弹出的快捷菜单中选择"添加到压缩文件"命令，然后会弹出"压缩文件名和参数"对话框，如图 6-22 所示。在"常规"选项卡中输入压缩后的文件名，默认扩展名为".rar"。单击"确定"按钮后还会出现压缩进度状态条。如果要对某个文件夹下的一个或数个文件进行压缩打包，就进入该文件夹，在按住【Ctrl】键的同时选择文件，随后再进行以上操作。

（2）解压缩文件。对于使用 WinRAR 压缩的 RAR 压缩文件，双击文件就可以使用 WinRAR 进入压缩文件内部，如图 6-23 所示，这与打开普通文件夹的操作相似。但这时的按钮会比一般情况的多一些，分别为：解压缩至当前文件夹，解压缩至指定文件夹，检测压缩文档，预览文档，删除文档，为压缩文档写备注，生成自解压文件。你只需选中文档，再按所需功能的按钮就可以实现。

图 6-22 "压缩文件名和参数"对话框

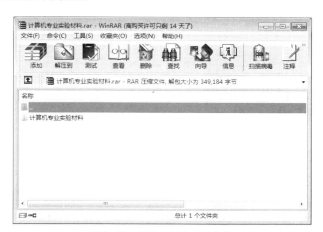

图 6-23 显示压缩文件的内容

6. Internet 的其他服务与扩展应用

（1）即时通信工具。

现在国内的即时通信工具按照使用对象分为两类：一类是个人即时通信，如微信、QQ、淘宝旺旺、百度hi、网易泡泡、盛大圈圈等。QQ 的前身 QICQ 是在 1999 年 2 月第一次推出，它在我国在线即时通信软件市场中占据了重要地位。微信（WeChat）是腾讯公司于 2011 年 1 月 21 日推出的一个为智能终端提供即时通信服务的免费应用程序，微信支持跨通信运营商、跨操作系统平台通过网络快速发送免费（需消耗少量网络流量）语音短信、视频、图片和文字。同时，微信提供公众平台、朋友圈、消息推送等功能，用户可以通过"摇一摇""搜索号码""附近的人""扫二维码"等方式添加好友和关注公众平台，同时在微信中可将内容分享给好友或将自己看到的精彩内容分享到微信朋友圈。

截至 2013 年 11 月，微信注册用户已经突破 6 亿，是亚洲地区拥有最大用户群体的移动即时通信软件。2014 年 09 月 13 日，为了给更多的用户提供微信支付电商平台，微信服务号申请微信支付功能将不再收取 2 万元保证金，开店门槛将降低。2015 年春节期间，微信联合各类商家推出春节"摇红包"活动，送出金额超过 5 亿元的现金红包。

另一类是企业用即时通信，如 UC、EC 企业即时通信软件、UcSTAR、商务通等。

即时通信最初是由 AOL、微软、雅虎、腾讯等独立于电信运营商的即时通信服务商提供的。但随着其功能日益丰富、应用日益广泛，特别是即时通信增强软件的某些功能，如 IP 电话等，已经在分流和替代传统的电信业务，电信运营商不得不采取措施应对这种挑战。2006 年 6 月，中国移动推出了自己的通信工具"飞信"，但由于进入市场较晚，其用户规模和品牌知名度还比不上原有的即时通信服务提供商。

（2）微博。较早，也是较著名的微博，是美国 Twitter。2006 年 3 月，博客技术先驱 blogger 创始人埃文·威廉姆斯（Evan Williams）创建的新兴公司 Obvious 推出了微博服务。在最初阶段，这项服务只是用于向好友的手机发送文本信息，后来微博的服务特色诞生，如可以观看整合了视频和照片的分享。

从 2007 年中国第一家带有微博色彩的社交网络——饭否网开张，到 2009 年，"微博"这个全新的名词一度成为流行的词语。伴随而来的是一场"微博世界"人气的争夺战，大批量的名人被各大网站招揽，各路名人也以微博为平台，在网络世界里聚集人气。同样，新的传播工具也造就了无数的"草根英雄"，从默默无闻到新的话语传播者的转变往往只在一夜之间，凭寥寥数语即可完成。

2009 年 7 月中旬开始，国内大批老牌微博产品（饭否、腾讯滔滔等）停止运营，一些新产品开始进入人们的视野。Follow5 在 2009 年 7 月 19 日孙楠大连演唱会上亮相，这是国内第一次将微博引入大型演艺活动，与 Twitter 当年的发展颇为相似。2009 年 8 月我国门户网站新浪推出新浪微博内测版，成为门户网站中第一家提供微博服务的网站，微博正式进入中文上网主流人群的视野。随着微博在网民中的日益火热，在微博中诞生的各种网络热词也迅速走红网络，微博效应正在逐渐形成。2013 年上半年，新浪微博注册用户达 5.36 亿，微博成为中国网民上网的主要活动平台之一。

（3）电子商务与电子政务。电子商务是指以信息网络技术为手段，以商品交换为中心的商务活动。电子商务也可理解为在互联网（Internet）、企业内部网（Intranet）和增值网（Value Added Network，VAN）上以电子交易方式进行交易和提供相关服务的活动，是传统商业活动各环节的电子化、网络化。

电子商务通常是指在全球各地广泛的商业贸易活动中，在 Internet 开放的网络环境下，基于浏览器/服务器应用方式，买卖双方不见面而进行各种商贸活动，实现消费者的网上购物、商户之间的网上交易和在线电子支付以及各种商务活动、交易活动、金融活动和相关的综合服务活动的一种新型的商业运营模式。各国政府、学者、企业界人士根据自己所处的地位和对电子商务活动参与的角度和程度的不同，给出了许多不同的关于电子商务的定义。电子商务分为 ABC、B2B、B2C、C2C、B2M、M2C、B2A（B2G）、C2A（C2G）、O2O 等模式。

电子政务是指运用计算机、网络和通信等现代信息技术手段，实现政府组织结构和工作流程的优化重组，超越时间、空间和部门分隔的限制，建成一个精简、高效、廉洁、公平的政府运作模式，以便全方位地向社会提供优质、规范、透明、符合国际水准的管理与服务。

习 题

一、单项选择题

1. 当个人计算机以拨号方式接入 Internet 时，必须使用的设备是（　　）。

A. 网卡　　　　　　　B. 调制解调器　　　C. 电话　　　　　　　D. 浏览器软件

2. OSI 参考模型的最高层是（　　）。

A. 传输层　　　　　　B. 网络层　　　　　C. 物理层　　　　　　D. 应用层

3. （　　）是指连入网络的不同档次、不同型号的微型计算机，是网络中实际为用户操作的工作平台，通过插在微型计算机上的网卡和连接电缆与网络服务器相连。

A. 网络工作站　　　　B. 网络服务器　　　C. 传输介质　　　　　D. 网络操作系统

4. 计算机网络的目标是实现（　　）。

A. 数据处理　　　　　B. 文献检索　　　　C. 资源共享和信息传输　D. 信息传输

5. （　　）是网络的心脏，提供了网络最基本的核心功能，如网络文件系统、存储器的管理和调度等。

A. 服务器　　　　　　B. 工作站　　　　　C. 服务器操作系统　　D. 通信协议

6. 目前网络传输介质中传输速率最快的是（　　）

A. 双绞线　　　　　　B. 同轴电缆　　　　C. 光缆　　　　　　　D. 电话线

7. 与 Web 网站和 Web 页面密切相关的一个概念称为"统一资源定位符"，它的英文缩写是（　　）。

A. UPS　　　　　　　B. USB　　　　　　C. ULR　　　　　　　D. URL

8. 域名是 Internet 服务提供商的计算机名，域名中的后缀.gov 表示机构所属类型为（　　）。

A. 军事机构　　　　　B. 政府机构　　　　C. 教育机构　　　　　D. 商业公司

9. 下列属于微型计算机网络所特有的设备是（　　）。

A. 显示器　　　　　　B. UPS 电源　　　　C. 服务器　　　　　　D. 鼠标

10. 根据域名规定，Katong.com.cn 表示的网站类别是（　　）。

A. 教育机构　　　　　B. 军事部门　　　　C. 商业组织　　　　　D. 国际组织

11. 浏览 Web 网站必须使用浏览器，目前常用的浏览器是（　　）。

A. Hotmail　　　　　　　　　　　　　　B. Outlook

C. Inter Exchange　　　　　　　　　　　D. Internet Explorer

12. 在计算机网络中，通常把提供并管理共享资源的计算机称为（　　）。

A. 服务器　　　　　　B. 工作站　　　　　C. 网关　　　　　　　D. 网桥

13. 通常一台计算机要接入 Internet，应该安装的设备是（　　）。

A. 网络操作系统　　　　　　　　　　　　B. 调制解调器或网卡

C. 网络查询工具　　　　　　　　　　　　D. 浏览器

14. Internet 实现了分布在世界各地的各类网络的互联，其最基础和核心的协议是（　　）。

A. TCP/IP　　　　　　B. FTP　　　　　　C. HTML　　　　　　D. HTTP

15. 接入 Internet 且支持 FTP 的两台计算机，对于它们之间的文件传输，下列说法正确的是（　　）。

A. 只能传输文本文件　　　　　　　　　　B. 不能传输图形文件

C. 所有文件均能传输　　　　　　　　　　　D. 只能传输几种类型的文件

16. 下列 4 项内容中，不属于 Internet 基本功能的是（　　　）。

A. 电子邮件　　　　　B. 文件传输　　　　C. 远程登录　　　　D. 实时监测控制

17. 某台计算机的 IP 地址为 210.45.137.112，属于（　　　）IP 地址。

A. A 类　　　　　　　B. B 类　　　　　　C. C 类　　　　　　D. D 类

18. 按（　　　）可将网络划分为 WAN、MAN 和 LAN。

A. 接入的计算机多少　　　　　　　　　　　B. 接入的计算机类型

C. 拓扑结构类型　　　　　　　　　　　　　D. 地理范围

19. 发送和接收电子邮件的应用层协议是（　　　）。

A. SMTP 和 POP3　　　　　　　　　　　　　B. SMTP 和 IMAP

C. POP3 和 IMAP　　　　　　　　　　　　　D. SMTP 和 MIME

20. 以下关于 URL 的说法正确的是（　　　）。

A. URL 就是网站的域名　　　　　　　　　　B. URL 是网站的计算机名

C. URL 中不能包括文件名　　　　　　　　　D. URL 表明用什么协议、访问什么对象

二、填空题

1. _____过程将数字化的电子信号转换成模拟化的电子信号，再将其送上通信线路。

2. 在网络互联设备中，连接两个同类型的网络需要用_____。

3. 目前，广泛流行的以太网所采用的拓扑结构是_____。

4. 提供网络通信和网络资源共享功能的操作系统称为_____。

5. Internet 上最基本的通信协议是_____。

6. 局域网是一种在小区域内使用的网络，其英文缩写为_____。

7. 计算机网络最本质的功能是实现_____。

8. 在计算机网络中，通信双方必须共同遵守的规则或约定称为_____。

9. 计算机网络由负责信息处理并向全网提供可用资源的_____子网和负责信息传输的_____子网组成。

10. C 类 IP 地址的网络号占_____位。

三、简答题

1. 什么是计算机网络？它由哪两部分组成？

2. 计算机网络体系结构 OSI 参考模型分为哪几层？各层的功能分别是什么？

3. 网络拓扑结构有哪几种？各有什么特点？

4. 网络传输介质有哪几种？

5. 网络互联设备有哪些？各具备什么功能？

6. Internet 的连接方式有哪些？

7. 电子邮件所使用的协议有哪些？

8. 如何进行文件的上传与下载？

第7章

信息安全

计算机网络在为人们提供便利、带来效益的同时，也使人类面临着信息安全的巨大挑战。信息系统面临的安全威胁和安全隐患比较严重，计算机病毒传播和网络非法入侵行为十分猖獗，网络违法犯罪活动持续增加，犯罪分子利用一些安全漏洞，使用黑客病毒技术、网络钓鱼技术、木马间谍程序等新技术进行网络盗窃、网络诈骗、网络赌博等违法犯罪活动，给用户造成严重损失。当前，信息安全面临的形势仍然十分严峻，维护信息安全的任务非常艰巨、繁重。

7.1 信息安全概述

　　信息安全是指对信息系统的硬件、软件及数据信息实施安全防护，保证在发生意外事故或受到恶意攻击的情况下系统不会遭到破坏，敏感数据信息不会被篡改和泄露，保证信息的机密性、完整性、抗否认性和可用性，并保证系统能够正常运行，信息服务功能不中断。

7.1.1 认识信息安全

1. 信息安全的内容

　　信息安全在信息社会有着极为重要的意义，信息安全直接关系到国家安全、经济发展、社会稳定和人们的日常生活。

　　信息安全内容主要包括以下两个方面：一方面是信息本身的安全，主要是保障个人数据或企业的信息在存储、传输过程中的保密性、完整性、可用性和抗否认性，防止信息被泄露和破坏，防止信息资源的非授权访问；另一方面是信息系统或网络系统的安全，主要是要保障合法用户正常使用网络资源，避免病毒、拒绝服务、远程控制和非授权访问等安全威胁，及时发现安全漏洞，制止攻击行为。

2. 信息安全问题产生的原因

　　信息安全问题的出现有其历史原因，以 Internet 为代表的现代网络技术是从 20 世纪 60 年代 DARPA 的 ARPAnet 演变发展而形成的。Internet 是一个开放式的网络，不属于任何组织或国家，任何组织或个人都可以无拘无束地上网，整个网络处于半透明状态，完全依靠用户自觉维护与运行，它的发展几乎是在无组织的自由状态下进行的。到目前为止，世界范围内还没有出台一个完善的法律和管理体系来对其发展加以规范和引导。因此，它是一个无主管的自由"王国"，容易受到攻击。

　　Internet 的自身结构也决定了其必然具有脆弱的一面。构建计算机网络的最初目的是将信息通过网络从一台计算机传到另一台计算机上，而信息在传输过程中要通过多个网络设备，而从这些网络设备上都能不同程度地截获信息。因此，网络本身的松散结构就加大了对它进行有效管理的难度。

　　从计算机技术的角度来看，网络是软件与硬件的结合体。而从目前的网络应用情况来看，每个网络上都有一些自行开发的应用软件在运行，这些软件由于自身不完善或开发工具不成熟，在运行中很有可能导致网络服务不正常或网络瘫痪。网络还有较为复杂的设备和协议，保证复杂系统完全没有缺陷和漏洞是不可能的。同时，网络的地域分布使安全管理难以顾及网络连接的各个角落，因此没有人能保证网络是完全安全的。

3. 信息安全的目标

　　信息安全的目标是保护信息的机密性、完整性、抗否认性和可用性。

　　机密性是指保证信息不被非授权用户访问；即使非授权用户得到信息也无法知晓信息内容，因而不能使用。通常通过访问控制制止非授权用户获得机密信息，通过加密变换阻止非授权用户获知信息内容。

　　完整性是指维护信息的一致性，即信息在生成、传输、存储和使用过程中不应发生人为或非人为的非授权篡改。一般通过访问控制阻止篡改行为，同时通过消息摘要算法来检验信息是否被篡改。

　　抗否认性是指能确保用户无法在事后否认曾经对信息进行的生成、签发、接收等行为，这是针对通信各方信息真实同一性的安全要求。一般通过数字签名来提供抗否认性服务。

　　可用性是指保障信息资源随时可提供服务的特性，即授权用户根据需要可以随时访问所需要的信息。可用性是对信息资源服务功能和性能可靠性的度量，涉及物理、网络、系统、数据、应用和用户等多方面的因素，是对信息网络总体可靠性的要求。

7.1.2　计算机犯罪

随着计算机技术和网络技术的广泛应用和普及，计算机已渗透人类生活的方方面面。它在给人们带来巨大效益的同时，也不可避免地造成了某些社会问题。

1. 计算机犯罪概述

世界上第一例涉及计算机的犯罪案例于 1958 年发生于美国的硅谷，但直到 1966 年才被发现。我国第一例涉及计算机的犯罪案例发生于 1986 年，作案都利用计算机贪污，而被破获的第一例计算机犯罪案例则是发生于 1996 年的制造计算机病毒案。从首例计算机犯罪被发现至今，涉及计算机的犯罪无论从犯罪类型还是发案率来看都在逐年大幅度上升，而且逐渐开始由以计算机为犯罪工具的犯罪向以计算机信息系统为犯罪对象的犯罪发展，并呈愈演愈烈之势，后者无论是对社会的危害性还是后果的严重性都远远大于前者，会给国家、社会和个人带来极大危害。正如国外有关专家所言："未来信息化社会犯罪的形式将主要是计算机犯罪"。

那么什么是计算机犯罪呢？关于计算机犯罪的概念，理论界众说纷纭，大致可分为狭义说、广义说和折衷说 3 类。

（1）狭义说。狭义说从涉及计算机的所有犯罪缩小到计算机所侵害的单一权益（如财产权、个人隐私权、计算机资本本身或计算机内存数据等）来界定概念。

（2）广义说。广义说根据对计算机与计算机之间的关系的认识来界定计算机犯罪，因此也称关系说。较典型的有相关说和滥用说，相关说认为计算机犯罪是行为人实施的在主观或客观上涉及计算机的犯罪；滥用说认为计算机犯罪指在使用计算机的过程中的所有不当的行为。

（3）折衷说。折衷说认为计算机本身是作为犯罪工具或作为犯罪对象出现的。在理论界，折衷说主要有两大派别，即功能性计算机犯罪定义和法定性计算机犯罪定义。功能性计算机犯罪定义仅仅以严重的社会危害性来确定概念，而法定性计算机犯罪定义是根据法律法规的规定来确定概念的。

综上所述，根据目前占主流的折衷说，计算机犯罪是指利用计算机作为犯罪工具或以计算机作为犯罪对象的犯罪活动。

2. 计算机犯罪的类型

随着信息时代的到来以及计算机和网络技术的发展，网络对经济和社会的发展起到了巨大的作用。然而，针对计算机的各种违法犯罪行为的愈演愈烈使网络安全问题已成为一个全球化的问题。目前，计算机犯罪归纳起来主要有以下五大类。

（1）黑客非法入侵破坏计算机信息系统。

（2）网上制作、复制、传播和查阅有害信息，如制作和传播计算机病毒、黄色淫秽图像等。

（3）利用计算机实施金融诈骗、盗窃、贪污、挪用公款等。

（4）非法盗用计算机资源，如盗用账号、窃取国家秘密或企业商业机密等。

（5）利用互联网进行恐吓、敲诈等。

随着计算机犯罪活动的日益猖獗，还会出现许多其他犯罪形式。这些形形色色的计算机违法犯罪行为给广大计算机用户造成了巨大的损失。

3. 计算机犯罪的特点

计算机犯罪作为一种随着高科技的发展而出现的刑事犯罪，既具有与传统犯罪相同的特征，又具有许多与传统犯罪相异的特征，其主要特点如下。

（1）犯罪人员专业。现在计算机及网络系统的建设者都比较注重安全问题，都为计算机及网络系统提供了一些安全防范措施，要破解安全系统和侵入计算机系统，行为人必须具有较高的专业水平，并经过逐步实施才能达到犯罪目的。因此，掌握计算机及网络技术的人员是计算机犯罪的主体，他们熟悉计算机及网络系统的缺陷和漏洞，运用专业的计算机及网络技术，对系统及各种数据资料进行攻击和破坏。

（2）犯罪形式多样。计算机犯罪的表现形式多种多样，最初以制造、传播计算机病毒和黑客攻击为主，主要表现为对计算机信息系统或网络实施系统入侵、系统破坏等，近年来计算机犯罪正逐渐向其他犯罪对象及领域蔓延。

（3）手段隐蔽。隐蔽性是所有刑事犯罪的共同特点，而计算机犯罪在隐蔽性上则表现得更为突出。计算机网络技术的复杂性导致犯罪行为人可以在网络中隐藏自己，其作案时间短、不留痕迹，因此确定犯罪人所在地非常难，确定其身份就更难了。犯罪手段的隐蔽性给网络管理和执法带来了巨大困难。

（4）范围较广。计算机网络的国际化导致计算机犯罪往往是跨地区甚至是跨国的，犯罪行为地与犯罪结果地可能不在同一个地区或国家，某些计算机空间犯罪更是如此。由于计算机网络技术的超时空性，犯罪分子作案一般不受时间和空间的限制，其可以在任何时间、任何地点作案，其作案范围跨越全球。

（5）危害严重。传统的犯罪一般只局限于一时一地，针对的是特定的犯罪或一定范围内的不特定多数，计算机犯罪则可能使全世界的计算机及网络系统受到破坏，甚至有可能连行为人自身都无法预计或控制其破坏程度。因此，计算机犯罪的严重社会危害性、难以预测的突发性等都是传统犯罪所无法比拟的。

（6）诉讼困难。计算机犯罪在诉讼过程中的犯罪取证是相当困难的，其刑事管辖权方式的选用和诉讼程序的选择等也是非常复杂的问题。通常犯罪行为人可以在极短的时间内将犯罪证据毁灭掉，这为犯罪取证带来了极大的困难。同时，跨国计算机犯罪行为在一国实施，却可以给他国带来严重后果，受害国受本国法律管辖范围的限制，难以对境外的犯罪人实施本国法律，不同国家法律的差异更使得有些犯罪人难以被处罚。

（7）司法滞后。计算机犯罪是一种高科技犯罪，计算机犯罪的高技术性使整个世界都处于司法相对滞后的境地。司法的滞后性主要表现在法律的滞后性、技术的落后性及人员专业素质不高等几个方面。国外有关学者指出，目前的技术手段或常规执法途径对遏制计算机空间犯罪的作用是有限的，大多数机构都没有对付这类犯罪行为的人员和技术，而且迄今为止，所有的高技术办法几乎都会立即遭到犯罪分子的反击。

7.1.3 网络黑客

1. 黑客概述

黑客（Hacker）源于英语动词"hack"，意为"劈，砍"，引申为"做了一件非常漂亮的工作"，原指那些熟悉操作系统知识、具有较高的编程水平、热衷于发现系统漏洞并将漏洞公开的人。目前许多软件存在的安全漏洞都是黑客发现的，这些漏洞被公布后，软件开发者就会对软件进行改进或发布"补丁"程序，因而黑客的工作在某种意义上是有创造性和有积极意义的。

还有一些人在计算机方面也具有较高的水平，但与黑客不同的是，他们以破坏为目的。这些怀不良企图、非法侵入他人系统进行偷窥、破坏活动的人被称为"入侵者（Intruder）"或"骇客（Cracker）"。目前许多人将"黑客"与"入侵者"、"骇客"理解为同一含义，认为他们都是计算机或网络的攻击者。

2. 黑客攻击的步骤

（1）收集信息。收集要攻击的目标系统的信息，包括目标系统的位置、路由、目标系统的结构及技术细节等。一般使用 Ping 程序、Tracert 程序、Finger 协议、DNS 及 SNMP 等来完成信息的收集。

（2）探测系统的安全弱点和漏洞。入侵者根据收集到的目标网络的有关信息，对目标网络的主机进行探测，以发现系统的安全弱点和漏洞。主要方法有以下 2 种。

① 攻击者通过分析开发商发布的"补丁"程序的接口，编写程序通过该接口入侵没有及时使用"补丁"程序的目标系统。

② 攻击者使用扫描器发现安全漏洞。扫描器是一种常用的网络分析工具，可以对整个网络或子网进行扫描，以寻找系统的安全漏洞。

（3）实施攻击。攻击者通过上述方法找到系统的安全弱点和漏洞后，就可以对系统实施攻击，其攻击行为可以分为以下 3 种表现形式。

① 攻击者潜入目标系统后，会尽量掩盖行迹，并留下"后门"，以便下次"光顾"时使用。

② 攻击者在目标系统中安装探测程序，即使在攻击者退出后，探测程序仍可以窥探目标系统的活动，收

集攻击者感兴趣的信息并将其传给攻击者。

③ 攻击者进一步探测目标系统在网络中的信任等级，然后利用其所具有的权限对整个系统展开攻击。

3. 黑客攻击的对象

了解和分析黑客攻击的对象是入侵检测和防御的第一步，黑客攻击的对象主要包括以下几个方面。

（1）系统固有的安全漏洞。任何软件系统都无可避免地存在安全漏洞，这些安全漏洞主要来自程序设计等方面的错误或疏忽，从而给入侵者提供了可乘之机。

（2）维护措施不完善的系统。当发现漏洞时，管理人员虽然采取了对软件进行更新或升级等补救措施，但由于路由器及防火墙的过滤规则复杂等问题，系统可能又会出现新的漏洞。

（3）缺乏良好安全体系的系统。一些系统没有建立有效的、多层次的防御体系，缺乏足够的检测能力，因此不能防御不断演变的攻击行为。

4. 黑客攻击的主要方法

（1）获取口令。获取口令一般有 3 种方法。

① 攻击者可以通过网络监听非法获得用户口令。这种方法虽然有一定的局限性，但其危害极大，监听者可能可以获得该网段的所有用户账号和口令，对局域网安全威胁极大。

② 攻击者在已知用户账号的情况下，可以利用专用软件来强行破解用户口令，这种方法不受网段的限制，但需要有足够的耐心和时间。

③ 攻击者在获得一个服务器上的用户口令文件后，可以利用暴力破解程序破解用户口令，该方法在此 3 种方法中危害最大。

（2）放置特洛伊木马程序。特洛伊木马程序是一种远程控制工具，用户一旦打开或执行带有特洛伊木马程序的文件，木马程序就会驻留在计算机中，并会在计算机启动时悄悄执行。如果被种入木马程序的计算机连接到 Internet 上，木马程序就会通知攻击者，并将用户的 IP 地址及预先设定的端口信息发送给攻击者，使其可以修改计算机的设置、窥视硬盘中的内容等。

（3）WWW 的欺骗技术。WWW 的欺骗技术是指攻击者对某些网页信息进行篡改，如将网页的 URL 改写为指向攻击者的服务器，当用户浏览目标网页时，实际上是向攻击者的服务器发出请求，以此达到欺骗用户的目的。此时，攻击者可以监控受攻击者的任何活动，包括获取账户和口令。

（4）电子邮件攻击。电子邮件攻击主要有两种方式：一种是电子邮件"炸弹"，指的是攻击者用伪造的 IP 地址和电子邮件地址向同一邮箱发送大量内容相同的垃圾邮件，致使受害人邮箱被"炸"；另一种是电子邮件欺骗，指的是攻击者佯称自己是系统管理员，给用户发送邮件，要求用户修改口令或在看似正常的附件中加载病毒、木马程序等。

（5）网络监听。网络监听是主机的一种工作模式，在这种模式下，主机可以接收本网段同一条物理通道上传输的所有信息。因此，如果该网段上的两台主机进行通信的信息没有加密，只要使用某些网络监听工具（如NetXray、Sniffer 等），就可以轻而易举地截取包括账号和口令在内的信息资料。虽然网络监听有一定的局限性，但是监听者往往能够获得其所在网段的所有用户账号和口令。

（6）寻找系统漏洞。许多系统都存在安全漏洞，其中有些是操作系统或应用软件本身具有的漏洞，还有一些漏洞是由系统管理员配置错误引起的。无论哪种漏洞，都会给攻击者带来可乘之机，应及时加以修正。

5. 防御黑客攻击的方法

（1）实体安全的防范。实体安全的防范主要包括防控机房、网络服务器、主机和线路等的安全隐患。加强对于实体安全的检查和监护是网络维护的首要和必备措施。除了做好环境的安全保卫工作以外，更重要的是对系统进行整体的动态监控。

（2）基础安全的防范。指用授权认证的方法防止黑客和非法使用者进入网络并访问信息资源，为特许用户提供符合其身份的访问权限并有效地控制权限。采用防火墙是对网络系统外部的访问者实施隔离的一种有效的技术措施。利用加密技术对数据和信息传输进行加密，可解决钥匙管理和分发、数据加密传输、密钥解读和数据存储加密等安全问题。

（3）内部安全的防范。主要是预防和制止内部信息资源或数据的泄露，防止从内部被攻破"堡垒"。其主要作用有：保护用户信息资源的安全；防止和预防内部人员的越权访问；对网内所有级别的用户实时监测并监督用户；全天候动态检测和报警功能；提供详尽的访问审计功能。

7.1.4　国际安全评价标准的发展及其联系

计算机系统安全评价标准是一种技术性法规。在信息安全这一特殊领域，如果没有这一标准，与此相关的立法、执法就会有失偏颇，最终会给国家的信息安全带来严重威胁。由于信息安全产品和系统的安全评价事关国家的安全利益，因此许多国家都在充分借鉴国际标准的前提下，积极制定本国的计算机安全评价认证标准。

第一个有关信息技术安全评价的标准诞生于20世纪80年代的美国，就是著名的《可信计算机系统评价准则》（TCSEC），又称桔皮书，该准则对计算机操作系统的安全性规定了不同的等级。从20世纪90年代开始，一些国家和国际组织相继提出了新的安全评价准则。1991年，欧共体发布了《信息技术安全评价准则》（ITSEC）。1993年，加拿大发布了《加拿大可信计算机产品评价准则》（CTCPEC），CTCPEC综合了TCSEC和ITSEC两个准则的优点。同年，美国在对TCSEC进行修改补充并吸收ITSEC优点的基础上，发布了《信息技术安全评价联邦准则》（FC）。1993年6月，上述国家共同起草了一份通用准则（CC），并将CC推广为国际标准。CC发布的目的是建立一个各国都能接受的通用的安全评价准则，国家与国家之间可以通过签订互认协议来决定相互接受的认可级别，这样能使基础性安全产品在通过CC评价并得到许可进入国际市场时，不需要再进行评价。此外，ISO和IEEE也已经制定了上百项安全标准，其中包括专门针对银行业务制定的信息安全标准。国际电信联盟和欧洲计算机制造商协会也推出了许多安全标准。

1. 美国《可信计算机安全评价准则》（TCSEC）

TCSEC是计算机系统安全评估的第一个正式准则，具有划时代的意义。该准则于1970年由美国国防科学委员会提出，并于1985年12月由美国国防部公布。TCSEC最初只是军用标准，后来扩展至民用领域。TCSEC将计算机系统的安全划分为4个等级、9个级别。

D类安全等级。D类安全等级只包括D1一个级别，D1的安全等级最低。D1系统只为文件和用户提供安全保护。D1系统最普通的形式是本地操作系统，或者是一个完全没有保护的网络。

C类安全等级。该类安全等级能够提供审慎的保护，并为用户的行动和责任提供审计。C类安全等级可划分为C1和C2两类。C1系统的可信计算基（Trusted Computing Base，TCB）通过将用户和数据分开来达到保护安全的目的。在C1系统中，所有的用户以同样的灵敏度来处理数据，即用户认为C1系统中的所有文档都具有相同的机密性。C2系统与C1系统相比，加强了可调的审慎控制。在连接到网络上时，C2系统的用户分别对各自的行为负责。C2系统通过登录过程、安全事件和资源隔离来加强这种控制。C2系统具有C1系统所有的安全性特征。

B类安全等级。B类安全等级可分为B1、B2和B3 3类。B类系统具有强制性保护功能，强制性保护意味着如果用户没有与安全等级相连，系统就不会让用户存取对象。B1系统满足下列要求：系统对网络控制下的每个对象都进行灵敏度标记；系统使用灵敏度标记作为所有强迫访问控制的基础；系统在把导入的、非标记的对象放入系统前会标记它们；灵敏度标记必须准确地表示其所联系的对象的安全级别；当系统管理员创建系统或增加新的通信通道或I/O设备时，管理员必须指定每个通信通道和I/O设备是单级还是多级，并且管理员只能手工改变指定级别；单级设备并不保持传输信息的灵敏度级别；所有直接面向用户位置的输出（无论是虚拟的还是物理的）都必须产生标记来指示关于输出对象的灵敏度；系统必须使用用户的口令或证明来决定用户的安全访问级别；系统必须通过审计来记录未授权访问的企图。B2系统必须满足B1系统的所有要求。另外，B2系统的管理员必须使用一个明确的、文档化的安全策略模式作为系统的TCB。B2系统必须满足下列要求：系统必须立即通知系统中的每一个用户所有与之相关的网络连接的改变；只有用户能够在可信任通信路径中进行初始化通信；TCB能够支持独立的操作者和管理员。B3系统必须符合B2系统的所有安全需求。B3系统具有很强的监视委托管理访问能力和抗干扰能力。B3 系统必须设有安全管理员。B3 系统应满足以下要求：除了控制对个别对象的访问外，B3 必须产生一个可读的安全列表；每个被命名的对象提供对该对象没有访问权的用户列表说明；B3 系统在进行任何操作前，要求用户进行身份验证；B3 系统验证每个用户，同时还会发送一条取消访问的审计跟踪消息；设计者必须正确区分可信任的通信路径和其他路径；TCB 为每一个被命名的对象建立安全审计跟踪；TCB 支持独立的安全管理。

A 类安全等级。A 系统的安全级别最高。目前，A 类安全等级只包含 A1 一个安全类别。A1 类与 B3 类相似，对系统的结构和策略不做特别要求。A1 系统的显著特征是，系统的设计者必须按照一个正式的设计规范来分析系统。对系统进行分析后，设计者必须运用核对技术来确保系统符合设计规范。A1 系统必须满足下列要求：系统管理员必须从开发者那里接收一个安全策略的正式模型；所有的安装操作都必须由系统管理员进行；系统管理员进行的每一步安装操作都必须有正式文档。

2. 欧洲的安全评价准则（ITSCE）

ITSCE 是欧洲多国安全评价方法的综合产物，应用领域为军队、政府和商业。该标准将安全概念分为功能与评估两部分。功能准则分为 F1～F10，共 10 级。F1～F5 级对应 TCSEC 的 D～A；F6～F10 级分别对应数据和程序的完整性、系统的可用性、数据通信的完整性、数据通信的保密性以及网络安全的机密性和完整性。评估准则分为 6 级，分别是测试、配置控制和可控的分配、能访问详细设计和源码、详细的脆弱性分析、设计与源码明显对应以及设计与源码在形式上一致。

3. 加拿大的评价准则（CTCPEC）

CTCPEC 专门针对政府需求设计。与 ITSEC 类似，该标准将安全分为功能性需求和保证性需要两部分。功能性需求共分为四大类：机密性、完整性、可用性和可控性。每种安全需求又可以分成很多小类来表示安全性上的差别，分级条数为 0～5 级。

4. 美国联邦准则（FC）

FC 是对 TCSEC 的升级，并引入了"保护轮廓"（PP）的概念。每个轮廓都包括功能、开发保证和评价 3 个部分。FC 充分吸取了 ITSEC 和 CTCPEC 的优点，在美国的政府、民间和商业领域得到广泛应用。

5. 国际通用准则（CC）

CC 是 ISO 统一现有多种准则的结果，是目前最全面的评价准则。1996 年 6 月，CC 第一版发布；1998 年 5 月，CC 第二版发布；1999 年 10 月 CC V2.1 版发布，并且成为 ISO 标准。CC 的主要思想和框架都取自 ITSEC 和 FC，并充分突出了"保护轮廓"概念。CC 将评估过程分为功能和保证两部分，评估等级分为 EAL1、EAL2、EAL3、EAL4、EAL5、EAL6 和 EAL7 7 个等级。每一级均需评估 7 个功能类，分别是配置管理、分发和操作、开发过程、指导文献、生命期的技术支持、测试和脆弱性评估。

7.2 信息安全技术

我们经常需要一种措施来保护我们的数据，防止其被一些用心不良的人看到或破坏。在信息时代，信息可以帮助团体或个人，使他们受益；而另一方面，信息也可能对他们构成威胁，造成破坏。在竞争激烈的大公司之间，经常会派出工业间谍获取对方的情报。因此，在客观上就需要一种强有力的安全措施来保护机密数据不被窃取或篡改。数据保密变换或密码技术是对计算机数据进行保护的最实用和最可靠的方法。

7.2.1 数据加密技术

密码是实现秘密通信的主要手段，是隐蔽语言、文字、图像的特种符号。用特种符号按照通信双方约定的方法把电文的原形隐蔽起来，不为第三者所识别的通信方式称为密码通信。在计算机通信中，采用密码技术将信息隐蔽起来，再将隐蔽后的信息传输出去，使信息在传输过程中即使被窃取或截获，窃取者也不能了解信息的内容，从而保证信息传输的安全。任何一个加密系统都至少包括下面 4 个组成部分。

（1）未加密的报文，也称明文。

（2）加密后的报文，也称密文。

（3）加密解密设备或算法。

（4）加密解密的密钥。

发送方用加密密钥，通过加密设备或算法，将信息加密后发送出去。接收方在收到密文后，用解密密钥为密文解密，将其恢复为明文。如果传输中有人窃取信息，他只能得到无法理解的密文，从而起到保护信息的作用。

按密钥划分，密码分为对称式密码和非对称式密码两种。对称式密码的收发双方使用密钥相同的密码，非对称式密码的收发双方使用密钥不同的密码。

7.2.2 数字签名技术

数字签名（又称公钥数字签名、电子签章）是一种类似于写在纸上的普通的物理签名，但它使用了公钥加密领域的技术，是用于鉴别数字信息的方法。一套数字签名通常定义两种互补的运算，一个用于签名，另一个用于验证。数字签名由公钥密码发展而来，它在网络安全，包括身份认证、数据完整性、不可否认性及匿名性等方面有着广泛应用。特别是在大型网络安全通信中的密钥分配、认证及电子商务系统中，数字签名都有重要的作用，数字签名的安全性日益受到重视。

数字签名的实现通常采用非对称密码体系。与对称密码体系不同的是，非对称密码体系的加密和解密过程分别通过两个不同的密钥来实现，其中一个密钥已公开，称为公开密钥，简称公钥；另一个由用户自己秘密保管，称为保密密钥，简称私钥。只有相应的公钥能够对用私钥加密的信息进行解密，反之亦然。以现在的计算机运算能力，利用一把密钥推算出另一把密钥是几乎不可能的。所以，数字签名具有很高的安全性，这是它的一个优点。

7.2.3 认证技术

1. 身份认证

由于网上的通信双方互不见面，必须在交易时（交换敏感信息时）确认对方的真实身份。身份认证指的是确认用户身份的技术，它是网络安全的第一道防线，也是最重要的一道防线。

身份认证要求参与安全通信的双方在进行安全通信前，必须互相鉴别对方的身份。保护数据不仅要让数据正确、长久地存在，更重要的是让不该看到数据的人看不到，这就必须依靠身份认证技术来给数据加上一把锁。数据存在的价值就是需要被合理访问，所以，建立信息安全体系的目的应该是保证系统中的数据只能被有权限的人访问，未经授权的人则无法访问数据。如果没有有效的身份认证手段，访问者的身份就很容易被伪造，使得未经授权的人仿冒有权限人的身份，这样，任何安全防范体系就都形同虚设，所有安全投入就被浪费了。

身份认证技术可以用于解决访问者的物理身份和数字身份的一致性问题，为其他安全技术提供权限管理的依据。所以，身份认证是整个信息安全体系的基础。

在公共网络上的认证，从安全角度出发可分为两类：一类是请求认证者的秘密信息（如口令）的认证方式；另一类是使用不对称加密算法，而不需要在网上传输秘密信息的认证方式，这类认证方式中包括数字签名认证方式。

2. 口令认证

口令认证必须具备一个前提：请求认证者必须具有一个身份标识（Identity Document ID），该 ID 必须在认证者的用户数据库（该数据库必须包括 ID 和口令）中是唯一的。同时为了保证认证的有效性必须考虑到以下问题。

（1）请求认证者的口令必须是安全的。

（2）在传输过程中，口令不能被窃看、替换。

（3）请求认证者在向认证者请求认证前，必须确认认证者的真实身份，否则可能把口令发给假冒的认证者。

口令认证方式还有一个最大的安全问题，就是系统的管理员通常能得到所有用户的口令。因此，为了消除这样的安全隐患，通常情况下会在数据库中保存口令的 Hash 值，通过验证 Hash 值的方法来认证身份。

7.2.4　防火墙技术

防火墙技术是一种成熟有效、应用广泛的网络安全技术，在构建安全网络环境的过程中，防火墙作为第一道安全防线应用于内部网络与外部网络之间，在网关的位置过滤各种进出网络的数据，保障着内部网络的安全。

1. 防火墙的概念

防火墙的本意是指古代人们房屋之间修建的一道墙，这道墙可以防止一座房子发生火灾的时候火势蔓延到别的房屋。网络术语中所说的防火墙是指隔离在内部网络与外部网络之间的一道防御系统，如图 7-1 所示。

图 7-1　防火墙部署图

防火墙在用户的计算机与 Internet 之间建立起一道安全屏障，将用户与外部网络隔离。用户可通过设定规则来决定哪些情况下防火墙应该隔断计算机与 Internet 的数据传输，哪些情况下允许两者之间的数据传输。

按实现方式分，防火墙有硬件防火墙和软件防火墙两类。硬件防火墙通过硬件和软件的结合来达到隔离内、外部网络的目的，软件防火墙通过纯软件的方式实现。目前，硬件防火墙系统应用较多。

2. 防火墙的功能与特性

防火墙用于防止外部网络对内部网络不可预测或潜在的破坏和侵扰，对内、外部网络之间的通信进行控制，限制两个网络之间的交互，为用户提供一个安全的网络环境。

（1）防火墙的功能。防火墙具有以下基本功能。

① 限制未授权用户进入内部网络，过滤掉不安全的服务和非法用户。

② 设有防止入侵者接近内部网络的防御设施，对网络攻击进行监测和警告。

③ 限制内部网络用户访问特殊站点。

④ 记录通过防火墙的信息内容和活动，为监视 Internet 安全提供方便。

（2）防火墙的特性。典型的防火墙应具有以下特性。

① 内部网络和外部网络之间的所有网络数据流都必须经过防火墙。

② 符合防火墙安全策略的数据流才能通过防火墙。

③ 防火墙自身具有非常强的抗攻击能力。

（3）网络防火墙与病毒防火墙的区别。病毒防火墙与网络防火墙虽然都是防火墙，但二者却有着本质的区别。

① 病毒防火墙实际上应该称为病毒实时检测和清除系统，是反病毒软件的一种工作模式。病毒防火墙运行时会把病毒监控程序驻留在内存中，随时检查系统中是否有病毒存在的迹象，一旦发现携带病毒的文件，就会马上激活杀毒模块。

② 网络防火墙是对存在网络访问的应用程序进行监控。利用网络防火墙可以有效地管理用户系统的网络应用，同时保护系统不被各种非法的网络攻击所伤害。

由此可以看出，病毒防火墙不是对进出网络的病毒等进行监控，它是一种反病毒软件，主要功能是查杀本地病毒、木马等，对所有的系统应用程序进行监控，由此来保障用户系统的"无毒"环境。而网络防火墙的主要功能是预防黑客入侵，防止木马盗取机密信息等。两者具有不同的功能，建议在安装反病毒软件的同时安装网络防火墙。

3. 防火墙的优点和缺点

防火墙是加强网络安全的一种有效手段，但防火墙不是万能的，安装了防火墙的系统仍然存在安全隐患，其优点和缺点如下。

（1）优点：

① 防火墙能强化安全策略；

② 防火墙能有效地记录 Internet 上的活动；

③ 防火墙是一个安全策略的检查站。

（2）缺点：

① 不能防范恶意的内部用户；

② 不能防范不通过防火墙的连接；

③ 不能防范全部的威胁；

④ 不能防范病毒。

4. 防火墙的类型

按照防火墙对内外来往数据的处理方法与技术，可以将防火墙分为两大类：包过滤防火墙和代理防火墙。

（1）包过滤防火墙。包过滤防火墙是指依据系统内置的过滤逻辑（访问控制表），在网络层和传输层对数据包进行选择，检查数据流中的每个数据包，根据数据包的源地址、目的地址、源端口和目的端口等包头信息来确定是否允许数据包通过。包过滤防火墙的优点主要有以下几点。

① 一个屏蔽路由器即可保护整个网络。

② 数据包过滤对用户透明。

③ 过滤逻辑简单、灵活，易于安装和使用。

④ 屏蔽路由器速度快、效率高。

包过滤防火墙的缺点主要有以下几点。

① 不能提供足够的日志和报警，大多数过滤器缺少审计和报警机制，不易于监控和管理。

② 不能在用户级别上进行过滤，只能认为内部网络用户是可信任的，外部网络用户是可疑的。

③ 不能防止来自内部网络的威胁。

④ 外部网络用户能够获得内部网络的结构和运行情况，会为网络安全留下隐患。

⑤ 仅过滤网络层和传输层中有限的信息，不能为大多数服务和协议提供安全保障。

（2）代理防火墙。代理防火墙又称为代理服务器，是指代表内部网络用户向外部网络服务器进行连接请求的服务程序，是针对包过滤技术存在的缺点而引入的技术。代理服务器运行于两个网络之间，它对内部网络的客户机来说像一台服务器，而对外部网络的服务器来说，又是一台客户机，因此其在内、外部网络之间起到了中间转接和隔离的作用。代理防火墙的优点主要有以下几点。

① 安全性能好，如果将其与其他安全手段集成，会大大增强网络的安全性。

② 代理服务器是一个软件，因此易于配置。

③ 代理服务器在应用层检查数据，可生成各项日志、记录，这对于流量分析和安全检验是十分重要的。

④ 代理服务器能灵活、完全地控制进出信息。

⑤ 代理服务器能过滤数据内容。

代理防火墙的缺点主要有以下几点。

① 代理服务器工作于应用层，而且要检查数据包的内容，因此其速度较包过滤防火墙更慢。

② 许多代理服务器要求客户端做相应改动或安装定制客户端软件，对用户不透明。

③ 对于每项服务，代理服务器可能要求不同的服务器，并且受协议弱点的限制。

④ 代理服务器不能改变底层协议的安全性。

7.3　计算机病毒与防治

随着计算机应用的推广和普及、国内外软件的广泛应用，计算机病毒的滋扰也愈加频繁，其对计算机系统的正常运行造成了严重的威胁。计算机病毒已成为当今社会的一大公害，它的泛滥和危害已经到了十分危险的程度。因此，广大计算机使用者有必要了解和掌握有关计算机病毒的知识。

1. 计算机病毒的定义

计算机病毒实际上是一种计算机程序，是一段可执行的指令代码。像生物病毒一样，计算机病毒有独特的复制功能，能够很快蔓延，又非常难以根除。在《中华人民共和国计算机信息系统安全保护条例》中对计算机病毒进行了明确的定义：计算机病毒，是指编制或者在计算机程序中插入的破坏计算机功能或者破坏数据，影响计算机使用，并能自我复制的一组计算机指令或者程序代码。

2. 计算机病毒的特性

计算机病毒虽然种类繁多、千奇百怪，但一般都具有以下主要特性。

（1）传染性。传染性是计算机病毒的基本特性。计算机病毒能通过各种渠道由一个程序传染到另一个程序，从一台计算机传染到另一台计算机，从一个网络传染到其他网络，从而使计算机系统失常甚至瘫痪。同时，被传染的程序、计算机系统或网络系统又会成为新的传染源。

（2）破坏性。计算机病毒的破坏性主要体现在两方面：一是占用系统的时间、空间等资源，降低计算机系统的工作效率；二是破坏或删除程序或数据文件，干扰或破坏计算机系统的运行，甚至导致整个系统瘫痪。

（3）潜伏性。大部分的病毒进入系统之后一般不会立即发作，它可以长期隐藏在系统中，对其他程序或系统进行传染。这些病毒发作前在系统中没有任何症状，不影响系统的正常运行。一旦时机成熟，病毒就会发作，给计算机系统带来不良影响，甚至极大危害。

（4）隐蔽性。病毒一般是具有很高编程水平、短小精悍的程序。如果不经过代码分析，感染了病毒的程序与正常程序是不容易区别的。计算机病毒的隐蔽性主要有两方面：一是指传染的隐蔽性，大多数病毒在传染时速度是极快的，不易被人发现；二是病毒程序存在的隐蔽性，一般的病毒程序都隐藏在正常程序或磁盘中较隐蔽的地方，也有个别病毒的以隐含文件的形式出现，目的是不让用户发现它的存在。

此外，计算机病毒还具有可执行性、可触发性、寄生性、针对性和不可预见性等特性。

3. 计算机病毒的分类

目前计算机病毒的种类已达数万余种，而且每天都有新的病毒出现，因此计算机病毒的种类会越来越多。对计算机病毒的分类方法较多，通常按破坏性、寄生方式和传染对象进行分类。

（1）按破坏性分类。计算机病毒按破坏性分为良性病毒和恶性病毒两种。

① 良性病毒。良性病毒一般对计算机系统内的程序和数据没有破坏作用，只是占用 CPU 和内存资源，拖慢系统运行速度。病毒发作时，通常表现为显示信息、奏乐、发出声响或出现干扰图形和文字等，并且病毒能够进行自我复制，从而干扰系统的正常运行。这种病毒只要清除，系统就会恢复正常工作。

② 恶性病毒。恶性病毒对计算机系统具有较强的破坏性，病毒发作时会破坏系统的程序或数据，删改系统文件，格式化硬盘，使用户无法打印，甚至终止系统运行。由于这种病毒的破坏性较强，有时即使清除病毒，系统也难以恢复。

（2）按寄生方式和传染对象分类。计算机病毒按寄生方式和传染对象可分为引导型病毒、文件型病毒、混合型病毒及宏病毒4种。

① 引导型病毒。引导型病毒主要感染软盘上的引导扇区和硬盘上的主引导扇区。计算机感染引导型病毒后，病毒程序会占据引导模块的位置并获得控制权，将真正的引导区内容进行转移或替换，待病毒程序执行后，再将控制权交给真正的引导区内容，执行系统引导程序。此时，系统看似正常运转，实际上病毒已隐藏在系统中伺机传染、发作。引导型病毒几乎都常驻在内存中。

② 文件型病毒。文件型病毒是一种专门传染文件的病毒，主要感染文件扩展名为 COM、EXE 等的可执行文件。该病毒寄生于可执行文件中，必须借助于可执行文件才能进入内存并常驻内存中。

大多数文件型病毒都会把它们的程序代码复制到可执行文件的开头或结尾处，使可执行文件的长度变长，病毒发作时会占用大量 CPU 时间和存储器空间，使被感染可执行程序的执行速度变慢；有的病毒会直接改写被感染文件的程序代码，此时被感染文件的长度不变，但功能会受到影响，甚至无法执行。

③ 混合型病毒。混合型病毒兼具引导型和文件型病毒的特性，既感染引导区又感染文件，因此扩大了传染途径。不管以哪种方式传染，病毒都会在开机或执行程序时感染其他磁盘或文件，它的危害比引导型病毒和文件型病毒更大。

④ 宏病毒。宏病毒是一种寄生于文档或模板宏中的计算机病毒，它的感染对象主要是 Office 组件或类似的应用软件。一旦打开感染宏病毒的文档，宏病毒就会被激活，进入计算机内存并驻留在 Normal 模板上。此后所有自动保存的文档都会感染上这种宏病毒，如果其他用户打开感染了宏病毒的文档，宏病毒就会传染到他的计算机上。宏病毒的传染途径很多，如电子邮件、磁盘、Web 下载、文件传输等。

4．计算机病毒的预防与检测

（1）计算机病毒的预防。计算机病毒防治的关键是做好预防工作，首先在思想上给予足够的重视，采取"预防为主，防治结合"的方针；其次是尽可能切断病毒的传播途径。对计算机病毒以预防为主，从加强管理入手，争取做到尽早发现、尽早清除，这样既可以减少病毒继续传染的可能性，还可以将病毒的危害降低到最低。预防计算机病毒主要应从管理和技术两个方面进行。

从管理方面预防病毒一般应注意以下几点。

① 要有专人负责管理计算机。

② 不随便使用外来软件，对外来软件必须先检查、后使用。

③ 不使用非原始的系统盘引导系统。

④ 对游戏程序要严格控制。

⑤ 对系统盘、工具盘等进行写保护。

⑥ 定期对系统中的重要数据进行备份。

⑦ 定期对磁盘进行检测，以便及时发现病毒、清除病毒。

从技术方面预防病毒主要有硬件保护和软件预防两种方法。

目前硬件保护手段通常是使用防病毒卡，该卡插在主板的 I/O 插槽上，在系统的整个运行过程中监视系统的异常状态。它既能监视内存中的常驻程序，又可以阻止对外存储器的异常写操作，这样就能实现预防计算机病毒的目的。

软件预防通常是在计算机系统中安装计算机病毒疫苗程序，计算机病毒疫苗能够监视系统的运行，当发现某些病毒入侵时能够防止或禁止病毒入侵，或在发现非法操作时能够及时警告用户或直接拒绝这种操作。

从管理方面预防病毒在一定程度上能够预防和抑制病毒的传播和降低其危害性，但因限制较多，会给用户使用计算机带来不便。因而在实际应用时，要形成一种在管理方面、技术方面及安全性方面都相对合理的折中方案，以使计算机系统资源相对安全并得到充分共享。

（2）计算机病毒的检测。计算机病毒的检测技术是指通过一定的技术手段发现计算机病毒的技术。计算机病毒检测通常采用人工检测和自动检测两种方法。

人工检测是指通过一些软件工具，如 DEBUG.COM、PCTOOLS.EXE 等进行病毒的检测。这种方法比较复杂，需要检测者有一定的软件分析经验，并对操作系统有较深入的了解，而且费时费力，但可以检测未知病毒。

自动检测是指通过一些查杀病毒软件来检测病毒。自动检测相对比较简单，一般用户都可以操作，但因检测工具的发展总是滞后于病毒的发展，所以这种方法只能检测已知病毒。

实际上，自动检测是在人工检测的基础上将人工检测方法程序化所得到的，因此人工检测是最基本的方法。

（3）计算机病毒的清除有以下 3 种方法。

① 给系统打补丁。操作系统的安全漏洞成为病毒的一大攻击口，所以经常对系统进行自动更新可以及时安装补丁程序，更新安全补丁可以阻止黑客或某些恶意程序利用已知的安全漏洞对系统进行攻击。

很多计算机病毒都是利用操作系统的漏洞进行感染和传播的。用户可以在系统正常的情况下，登录 Microsoft 公司的 Windows 网站进行有选择地更新。设置 Windows 7 操作系统的自动更新，可以右击桌面上的"计算机"图标，选择快捷菜单中的"属性"命令，然后在该对话框的左下角单击"Windows Update"进行更新检查，如图 7-2 所示。

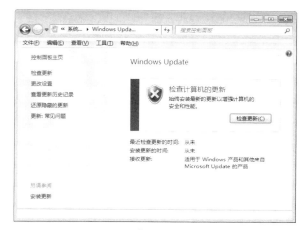

图 7-2 "自动更新"窗口

② 更新或升级杀毒软件及防火墙。正版的杀毒软件及防火墙都提供了在线升级的功能，如 360 安全卫士和 360 杀毒软件，可将病毒库（包括程序）升级到最新版本，然后进行病毒搜查。

③ 访问杀毒软件网站。各杀毒软件网站提供了许多病毒查杀工具，用户可免费下载。除此之外，这些网站还提供了完整的查杀病毒解决方案，用户可以参考这些方案执行查杀操作。

除了以上常用病毒解决方案外，建议用户不要访问来历不明的网站；不要随便安装来历不明的软件；在接收邮件时，不要随便打开或运行陌生人发送的邮件附件。

习 题

一、单项选择题

1. 第一个有关信息技术安全评价的标准是（　　）。

A. 可信计算机系统评价准则　　　　　　　　B. 信息技术安全评价准则

C. 加拿大可信计算机产品评价准则　　　　　D. 信息技术安全评价联邦准则

2. 计算机系统安全评价标准中的国际通用准则（CC）将评估等级分为（　　）个等级。

A. 5　　　　　　　　B. 6　　　　　　　　C. 7　　　　　　　　D. 9

3. 下列属于对称加密方法的是（　　）。

A. AES　　　　　　B. RSA 算法　　　　C. DSA　　　　　　D. Hash 算法

4. 计算机病毒可以使整个计算机瘫痪，危害极大，计算机病毒是（　　）。

A. 人为开发的程序　　　　　　　　　　　　B. 一种生物病毒

C. 软件失误产生的程序　　　　　　　　　　D. 灰尘

5. 病毒程序进入计算机（　　）并驻留其中是它进行传染的第一步。

A. 外存　　　　　　B. 内存　　　　　　C. 硬盘　　　　　　D. 软盘

6. 计算机病毒具有（　　　）。

A. 传染性、潜伏性、破坏性、隐蔽性　　　B. 传染性、破坏性、易读性、潜伏性

C. 潜伏性、破坏性、易读性、隐蔽性　　　D. 传染性、潜伏性、安全性、破坏性

7. 计算机病毒通常分为引导型、文件型和（　　　）及宏病毒。

A. 外壳型　　　　　　B. 混合型　　　　　　C. 内码型　　　　　　D. 操作系统型

8. 引导型病毒程序存放在（　　　）。

A. 最后一扇区中　　　B. 第二物理扇区中　　C. 数据扇区中　　　　D. 引导扇区中

9. 发现计算机病毒后，比较彻底的清除方式是（　　　）。

A. 用查毒软件处理　　B. 删除磁盘文件　　　C. 用杀毒软件处理　　D. 格式化磁盘

10. （　　　）年，可令个人计算机的操作受到影响的计算机病毒首次被人发现。

A. 1949　　　　　　　B. 1959　　　　　　　C. 1986　　　　　　　D. 1993

11. 发现计算机病毒后，比较彻底的清除方式是（　　　）。

A. 用查毒软件处理　　B. 删除磁盘文件　　　C. 用杀毒软件处理　　D. 格式化磁盘

12. （　　　）是在企业内部网与外部网之间检查网络服务请求分组是否合法、网络中传送的数据是否会对网络安全构成威胁的设备。

A. 交换机　　　　　　B. 路由器　　　　　　C. 防火墙　　　　　　D. 网桥

13. 关于防火墙，下列说法错误的是（　　　）。

A. 防火墙能有效地记录 Internet 上的活动　　B. 防火墙是一个安全策略的检查站

C. 能防范全部的威胁　　　　　　　　　　　D. 防火墙能强化安全策略

二、填空题

1. 通常人们把计算机信息系统的非法入侵者称为_____。

2. 国际通用准则（CC）将评估过程划分为_____和_____两部分，评估等级分为 eal1、EAL2、EAL3、EAL4、EAL5、EAL6 和 EAL7 共 7 个等级。

3. 常用的信息安全技术包括_____、_____、_____、认证技术和_____。

4. 根据密钥类型不同，可以将现代密码技术分为两类：_____和_____。

5. _____是一种网络安全保障技术，它用于增强内部网络安全性，决定外界的哪些用户可以访问内部的哪些服务，以及哪些外部站点可以被内部人员访问。

6. 一般的计算机病毒通常有以下特性：_____、_____、_____、可触发性、针对性、破坏性和隐蔽性。

三、简答题

1. 信息安全问题是怎样产生的？信息安全的目标是什么？

2. 什么是计算机犯罪？

3. 简述黑客攻击的主要方法。

4. 简述计算机病毒的定义、特性和分类。

5. 如何检测和清除计算机病毒？

6. 简述防火墙的定义、功能和特性。

7. 网络防火墙与病毒防火墙有什么区别？

8. 简述防火墙的类型。

第8章

计算思维

计算机科学是一门包含各种各样与计算和信息处理相关主题的系统学科。对于将来有志于从事计算机相关职业的大学生来说，可以选择计算机科学、信息系统、计算机工程、信息科学、软件工程等专业和课程。然而，对于将来打算从事非计算机职业的大学生来说，这些专业和课程就显得过于复杂了。事实上，"计算机科学"这一术语当前缺乏一个明确的定义，没有被很好地理解，其复杂的内涵会让包括学生、家长在内的公众感到迷惑。因此，一直以来，社会对计算机科学的理解比较片面，特别是在高校计算机基础课堂教学中，计算机被认为是一门"狭义"的学科。学生普遍认为计算机科学等同于计算机编程，可以通过选修一门编程课程来学习有关计算的知识。许多人认为计算机科学的基础研究已经完成，剩下的只是工程部分而已。

然而随着科学技术的进步，计算机已经渗透到日常生活中的方方面面。在当前的日常生活中，计算机无处不在，大多数用户不需具备复杂的编程知识就能有效地应用计算技术，如我们对汽车、手机、电子邮件及各种计算机应用程序如电子表格软件等的使用。然而，这并不意味着如今的学生不需要学习计算机的基本概念，恰恰相反，在如今的数字时代，这些知识显得更加重要。

大学教育中的通识教育承担着为国家培养人才的重要任务，因此在教育过程中不能局限于基本知识的传授，更应该注重培养学生的能力和素质，纠正社会上对计算机科学的片面理解。要改变"计算机只是工具"的错误认识，要消除计算机学科特别是计算机基础教育"可有可无"的误解，要积极传播计算机科学的魅力和力量。

因此，对于通识教育中的计算机基础教育，要改变当前的现状，相关教师就要提倡计算思维，在教学过程中宣扬计算思维在生活、教育和科研中的作用，使这种思维真正融入学生的日常活动。

8.1　计算与计算思维

计算机科学是一门包含各种各样与计算和信息处理相关的主题的系统学科，其中计算是利用计算机解决问题的过程。计算机科学家在利用计算机解决问题时形成的特有的思维方式和解决方法，即为计算思维。本节将详细介绍计算的基本概念和计算思维的基本内容。

8.1.1　计算机与计算

1. 计算机能干什么？

计算机是当代最伟大的发明之一。距人类制造出第一台电子数字计算机已超过 70 年。经过这么多年的发展，现在计算机已经应用于社会、生活的几乎每一个方面。人们用计算机上网、写文章、打游戏、听歌或看电影，机构用计算机管理企业、设计制造产品或从事电子商务，大量机器被计算机控制，手机与计算机之间的差别越来越难以分清，计算机似乎无处不在、无所不能。那么，计算机究竟是如何做到这一切的呢？在本书中的第一章已经详细介绍了计算机的工作原理，在此不再赘述。

虽然计算机能够帮助人们进行上亿次的计算，求解繁复的微分方程和方程组，描绘超乎想象的图像，模拟无法实现或耗资巨大的过程，等等，但是计算机不能替人进行拿主意、定方案等涉及思维的活动。

人机的区别恰在于"思考"二字，即把计算机所不具备的直觉、综合、机敏，甚至艺术家的灵感留给人，由人来创造性地开发各种所需的算法、模型、方法。计算机是工具，网络通世界，计算晓天下，存储知古今，它通过提升人的能力。

2. 什么是计算？

针对一个具体问题，设计出解决问题的程序（指令序列），并由计算机来执行这个程序，这就是计算（Computation）。

例如，我们用计算机帮助我们完成写文章的任务，那么计算机是怎么解决这个问题的呢？

首先，计算机需要具备具有输入、编辑、保存等功能的计算机程序，如由金山软件公司的程序员们开发的 WPS 办公软件或由 Microsoft 公司的程序员们所写的 Word 程序。然后，将这个程序安装到计算机的次级存储器（磁盘），通过启动这个程序，将程序从磁盘被加载到主存储器中。然后 CPU 逐条取出该程序的指令并执行，直至最后一条指令执行完毕，程序结束。在执行过程中，有些指令会导致计算机与用户产生交互，例如用户利用键盘输入或删除文字，利用鼠标单击菜单进行存盘或打印，等等。由此，计算机通过执行成千上万条简单的指令，最终解决了用计算机写文章的问题。

因此，我们可以看到，计算机就是通过这样的"计算"来解决所有复杂问题的。执行由大量简单指令组成的程序，虽然枯燥烦琐，但计算机作为一种机器，其特长正在于机械地、忠实地、不厌其烦地执行大量简单指令。

3．计算机的通用性

通过前面的介绍可知，计算机中的"计算"与我们日常所说的数学计算不是一回事。事实上，计算机就是进行"计算"的机器。计算机在屏幕上显示信息，在 Word 文档中查找并替换文本，播放 mp3 音乐，这些都是计算。

一般地，日常所说的计算机都是指通用计算机，它能够安装执行各种不同的程序，解决各种不同类型的问题。例如，可以将 Office 程序加载到主存中让 CPU 去执行日常文档编辑、表格编辑等操作；也可以将 Media Player 之类的程序加载到主存中让 CPU 去执行，这样就可以用计算机来听音乐，这时计算机就成了一台音频播放机；如果将 IE 之类的程序加载到主存中让 CPU 去执行，就可以用计算机在互联网上浏览信息。总之，一台计算机的硬件虽然固定不变，但通过加载执行不同的程序，就能实现不同的功能，解决不同的问题。而在工业控制和嵌入式设备等领域，也存在专用计算机，它们只执行预定的程序，从而实现固定的功能。例如号称计算机控制的洗衣机，其实就是能执行预定程序的计算机。

4．计算机科学

计算机科学（Computer Science，CS）是系统性研究信息与计算的理论基础以及它们在计算机系统中如何实现与应用的实用技术学科。

计算机科学包含很多内容，而本章的目的是让读者了解计算机科学家在用计算机解决问题时使用的一些思想和方法，即计算思维，其普遍存在于计算机科学的各个分支之中。那么计算机科学家们思考的根本问题是什么？下面举一个例子。关于到底什么问题是计算机可计算的，可能一般人会以为，一个问题能不能用计算机计算，取决于该计算机的计算能力；而计算机的计算能力又取决于 CPU 的运算速度、指令集、主存储器容量等硬件指标。若真如此，显然巨型计算机应该具有比微型计算机更强大的计算能力。然而，作为计算机科学理论基础的可计算性理论却揭示了一个出人意料的事实：所有计算机的计算能力都是一样的！尽管不同计算机有不同的指令集和不同性能的硬件，但一台计算机能解决的问题，另一台计算机肯定也能解决。

8.1.2　计算思维

通过前面的介绍可知，计算机科学是关于计算的科学，计算是通过计算机一步一步地执行指令来解决问题的过程。正如数学家在证明数学定理时有独特的数学思维、工程师在设计制造产品时有独特的工程思维、艺术家在创作诗歌音乐绘画时有独特的艺术思维一样，计算机科学家在用计算机解决问题时也有自己独特的思维方式和解决方法，我们称其为计算思维（Computational Thinking）。从问题的计算机表示、算法设计到编程实现，计算思维贯穿计算的全过程。学习计算思维，就是学会像计算机科学家一样思考和解决问题。下面介绍计算思维的发展过程及其具体的定义、特征和基本原则。

1．计算思维在国外

2005 年 6 月，美国总统信息技术咨询委员会（PITAC）给美国总统提交了题为《计算科学：确保美国竞争力》（*Computational Science: Ensuring America's Competitiveness*）的报告。报告认为如今美国又一次面临挑战，这一次的挑战比以往来得更加广泛、复杂，也更具长期性。美国还没有认识到计算科学在社会科学、生物医学、工程研究、国家安全及工业改革中的中心位置，这种认识的不足将危及美国的科学领导地位、经济竞争力及国家安全。报告建议，将计算科学长期置于国家科学与技术领域中心的领导地位。针对"计算学科与日俱增的重要性与学生对计算学科兴趣的下降"，NSF 组织了计算教育与科学领域及其他相关领域的专家分 4 个大区（东北、中西、东南、西北）进行研讨，于 2005 年年底—2006 年年初形成 4 份重要报告。报告的主要内容包括：大学第一年计算机课程的构建；多学科的融合；加强美国中小学学生抽象思维与写作能力的训练，目的是使学生平稳过渡到大学的学习。

NSF 于 2006 年首先提出了"扩大计算参与面"（Broadening Participation in Computing，BPC）计划。通过扩大计算的参与对象，使更多的人，特别是美国少数民族和妇女受益。

2007年，NSF又启动了"振兴大学本科计算教育的途径"（CISE Pathways to Revitalized Undergraduate Computing Educating，CPATH）计划，计划认为：计算普遍存在于我们的日常生活之中，培养未来能够参与全球竞争、掌握计算核心概念的美国企业家和员工就变得非常重要。该计划的目标是培养具有基本计算思维能力的、在全球有竞争力的美国劳动大军；确保美国企业在全球创新企业中的领导地位；将计算思维学习机会融入计算机、信息科学、工程技术和其他领域的本科教育中，以培育更多具有计算思维能力的学生；展示突破性的、可在多类学校中推广的、以计算思维为核心的本科教育模式。

2008年，NSF提出"计算使能的科学发现和技术创新"计划（Cyber-Enabled Discovery and Innovation，CDI），该计划是NSF的一个革命性的、富有独创精神的五年计划，该计划旨在通过"计算思维"领域的创新和进步促进自然科学和工程技术领域产生革命性的成果。

2011年，NSF又启动了"二十一世纪计算教育"（Computing Education for 21st Century，CE21）计划，计划建立在CPATH项目成功的基础上，其目的是提高K-14（中小学和大学一、二年级）老师与学生的计算思维能力。

2016年1月，美国推出"为了全体的计算机科学"（Computer Science for All，CS for All）计划，预计投入40亿美元和1亿美元分别资助各州及学区推进K-12计算机科学教育。同年，NSF与国家与社区服务公司（Corporation for National and Community Service，CNCS）宣布为计算机科学教育研究提供可用资金1.35亿美元。2016年11月，最新版的美国《K-12计算机科学框架》（K-12 Computer Ssience Framework）发布，提出新时期美国K-12计算机科学教育的发展愿景及实现路径，明确了计算系统、网络和互联网、数据和分析、算法和编程、计算的影响等五大核心概念，提出了创建全纳式的计算文化、通过计算开展合作、识别和定义计算问题、发展和使用抽象思考、创造计算产品、测试和改善计算产品、计算的沟通等七大核心实践，以及计算机科学和学前教育重要理念的整合途径。2018年，NSF将以支持CS for All为目的，单独为计算机科学教育设置支出项目，每年投入2000万美元。

英国政府于2013年11月发布了国家计算课程的目标框架，以计算思维的核心概念和主要内容为基础，提出课程培养的4段目标；在基础教育阶段，发展学生分析问题、解决问题的技能以及设计、计算思维技能，并使其能应用这些技能（U.K.，2013）。同年，英国对BCS投资1100万英镑，帮助其发展一项提高小学教师计算机能力的项目，以确保小学计算机教师的授课能力。2016年12月，在欧洲委员会和布鲁塞尔Digital Europe推出的数字技能和工作联盟的推动下，甲骨文（Oracle）公司提出将在3年内投入14亿美元，用于支持欧洲的计算机科学教育。

新西兰当前的"技术背景知识和技能"（Technological Context Knowledge and Skills）计划中强调了包括"编程与计算机科学"在内的5项数字技术核心培养内容，这一计划从2011年开始在中学课程中实施。

新加坡政府推出"Code@SG运动"发展全民计算思维，实现计算思维的常态化。新加坡与其他国家的不同之处在于，其计算课程非必修，主要面向有编程兴趣的、适龄的学生。

澳大利亚于2012年推出"中小学技术学科课程框架"（The Shape of the Australian Curriculum: Technologies），将"数字素养"纳入学生的基本能力要求。框架指出，数字技术课程的核心内容是应用数字系统、信息和计算思维创造满足特定需求的解决方案。

2. 计算思维在国内

中国高等学校计算机基础课程教育指导委员会于2010年5月召开了合肥会议，讨论如何培养高素质的计算机教育研究性的人才，计算机基础课应包括哪些内容，如何将计算思维融入这些课程中；2010年7月在西安交通大学举办的首届"九校联盟（C9）计算机基础课程研讨会"（以下简称C9会议）上，针对"如何在新形势下提高计算机基础教学的质量、增强大学生计算思维能力的培养"进行了充分的交流和认真的讨论，达成以下共识。

（1）计算机基础教学是培养大学生综合素质和创新能力不可或缺的重要环节，是培养复合型创新人才的重要组成部分。

我国高校的计算机基础教学成绩显著。然而，在新形势下，计算机基础教学的内涵在快速提升和不断丰富，进一步推进计算机基础教学改革，适应计算机科学技术发展的新趋势，是国家创新工程战略对计算机教学提出的重大要求。我们应该彻底改变长期以来存在的"计算机只是工具"、"计算机就是程序设计"和"计算机基础课程主要讲解软件工具的应用"等片面认识。

计算科学已经与理论科学、实验科学共同成为推动社会文明进步和促进科技发展的三大手段。不难发现，现在几乎所有领域的重大成就无不得益于计算科学的支持。计算机基础教学应致力于使大学生掌握计算科学的基本理论和方法，为培养复合型创新人才服务。

（2）旗帜鲜明地把"计算思维能力的培养"作为计算机基础教育的核心任务。

培养复合型创新人才的一个重要内容就是要潜移默化地使他们养成一种新的思维方式：运用计算机科学的基础概念对问题进行求解、系统设计和行为理解，即建立计算思维。

无论哪个学科，具有突出的计算思维能力都将成为新时期拔尖创新人才不可或缺的素质。国外一些著名高校已开始尝试基于计算思维的课程改革，就是为了使其继续保持在计算科学研究与科学技术发展中的优势。

（3）进一步确立计算机基础教学的基础地位，加强队伍和机制建设。

当前我国正处在努力建设人才资源强国的关键时期，高等学校更需具备战略性眼光，从造就强国之才的长远目标出发，牢固确立计算机基础教学的基础性地位，使之与数学、物理等课程一样，成为大学通识教育的基本组成部分，并贯穿整个大学教育过程。

以计算思维能力培养为新目标、新任务的计算机基础教学，需要国家教育主管部门的重视和支持；需要学校在教学时数、教学条件方面给予保障；更需要有一支高素质的、稳定的教师队伍。

（4）加强以计算思维能力培养为核心的计算机基础教学课程体系和教学内容的研究。

① 加快组建相关的协作机构，组织在计算机科研工作和各专业应用领域中有成就的教师参加此项工作研讨，同时发动在哲学和教育学等领域从事研究工作的教师积极参与，形成计算机基础教学改革和课程建设的合力，加快推进相关的研究。

② 积极争取国家相关部门和学术团体的大力支持，尽快专门立项，组织国内外调研，开展试点工作，及时总结经验，建立与 C9 高校联盟人才培养目标相适应的计算机基础教学体系。

2010 年 11 月在济南的 C9 会议上，在全国更大范围内，深入讨论了以计算思维为核心的基础课程教学改革，并建议立项研究；2011 年 6 月在北京的 C9 会议上，大家一致表示：计算机基础学科要改革，大家迫切希望能出一个样本以共同执行；2011 年 8 月，在深圳的 C9 会议上正式确定对计算思维进行立项研究；2011 年 11 月，在杭州召开了计算机基础课程教育指导委员会第七次工作会议，审议了 3 个立项报告，分别向教育部、科技部、国家自然基金委提交正式申请报告。计算思维课程现已在部分高校中开启。

3. 计算思维的定义

2006 年 3 月，美国卡内基·梅隆大学计算机科学系主任周以真（Jeannette M. Wing）教授在美国计算机权威期刊（*Communications of the ACM*）上发表了《计算思维》（*Computational Thinking*）一文，她在文章中给出了计算思维的定义。周教授认为：计算思维是运用计算机科学的基础概念进行问题求解、系统设计及人类行为理解等涵盖计算机科学之广度的一系列思维活动。

对定义的解释如下。

（1）求解问题中的计算思维。利用计算手段求解问题，首先要把实际的应用问题转换为数学问题——可能是一组偏微分方程（Partial Diffierential Eqation PDE），其次将 PDE 离散为一组代数方程组，然后建立模型、设计算法和编程实现，最后在实际的计算机中运行并求解。前两步是计算思维中的抽象，后两步是计算思维中的自动化。

（2）系统设计中的计算思维。卡普（R.Karp）指出：任何自然系统和社会系统都可视为一个动态演化系统，演化伴随着物质、能量和信息的交换，这种交换可以映射为符号变换，使之能用计算机进行离散的符号处理。当动态演化系统抽象为离散符号系统，就可以采用形式化的规范描述，建立模型、设计算法并开发软件来揭示演化的规律，实时控制系统的演化并使其自动执行。

（3）理解人类行为中的计算思维。王飞跃认为：计算思维是基于可计算的手段，以定量化的方式进行的思维过程，计算思维就是应对信息时代新的社会动力学和人类动力学所要求的思维。在人类的物理世界、精神世界和人工世界等3个世界中，计算思维是建设人工世界需要的主要思维方式。利用计算手段研究人类的行为可视为社会计算，即通过各种信息技术手段，设计、实施和评估人与环境之间的交互。

2011年，周以真对计算思维进行重新定义，认为"计算思维是一种解决问题的思维过程，能够清晰、抽象地将问题和解决方案用信息处理代理（机器或人）所能有效执行的方式表述出来"。

与此同时，随着对计算思维研究的不断深入，一些学者及研究机构对计算思维也进行了定义。丹宁（Denning）（2009）认为计算思维最重要的是对于抽象的理解、不同层次抽象的处理能力、算法化的思维和对大数据等造成的影响的理解。阿霍（Aho）（2012）提出计算思维是问题界定的一种思维过程，它使解决方案可以通过计算步骤或算法表示出来。我国学者董荣胜等认为计算思维是运用计算机科学的思想与方法去求解问题、设计系统和理解人类的行为，它包括了涵盖计算机科学之广度的一系列思维活动。

2011年，美国国际教育技术协会（International Society for Technology in Education，ISTE）与计算机科学教师协会（Computer Science Teachers Association，CSTA）联合提出了计算思维的操作性定义，对运用计算思维解决问题的过程进行了表述。此定义将计算思维界定为问题解决的过程。在这个过程中，先形成一个能够用计算机工具解决的问题，然后在此基础上逻辑化组织和分析数据，使用模型和仿真对数据进行抽象表示，再通过算法设计实现自动化解决方案；同时，以优化整合步骤、资源为目标，分析和实施方案，并对解决方案进行总结。英国皇家科学院将计算思维定义为"识别我们周围的世界中哪些方面具有可计算性，并运用计算机科学领域的工具和技术来理解和解释自然系统、人工系统进程的过程"。这一定义的核心在于发现各种不同类型、不同层次的计算问题，并通过计算机技术和工具对人工和自然系统进行剖析和理解。

2010年教育部在《高等学校计算机科学与技术专业人才专业能力构成与培养》中给出了计算思维的定义：针对计算机专业人才的培养，计算思维能力主要包括问题及问题求解过程的符号表示、逻辑思维与抽象思维、形式化证明、建立模型、实现类计算和模型计算、利用计算机技术等。王亚东教授在《计算与计算思维》报告中讲述了各种计算思维已经及即将对各门学科产生的影响，指出应在计算机专业的各门课程中渗透"计算思维"的设想。

4．计算思维的特征

周以真教授以计算思维是什么和不是什么的描述形式对计算思维的特征进行了总结，如表8-1所示。

表8-1　计算思维的特征

	计算思维是什么	计算思维不是什么
（1）	是概念化	不是程序化
（2）	是根本的	不是刻板的技能
（3）	是人的思维	不是计算机的思维
（4）	是思想	不是人造物
（5）	是数学与工程思维的互补与融合	不是空穴来风
（6）	面向所有的人，所有的地方	不局限于计算学科

计算思维是运用计算的基础概念去求解问题、设计系统和理解人类行为的一种方法，是一类解析思维。它结合了数学思维（求解问题的方法）、工程思维（设计、评价大型复杂系统）和科学思维（理解可计算性、智

能、心理和人类行为）。它如同读、写、算能力一样，是所有人都必须具备的思维能力。

计算思维最根本的内容，即其本质是抽象和自动化。它反映了计算的根本问题，即什么能被有效地自动进行。计算是抽象的自动执行，自动化需要某种计算机去解释抽象。从操作层面上讲，计算就是如何寻找一台计算机去求解问题，隐含地说就是要确定合适的抽象，选择合适的计算机去解释并执行该抽象，后者就是自动化。计算思维中的抽象完全超越了物理的时空观，并完全用符号来表示，数字抽象只是其中的一类特例。

5. 计算思维的基本原则

计算思维建立在计算机的能力和限制之上，这是计算思维区别于其他思维方式的一个重要特征。用计算机解决问题时必须遵循的基本思考原则是：既要充分利用计算机的计算和存储能力，又不能超出计算机的能力范围。例如，能够高速执行大量指令是计算机的能力，但每条指令只能进行有限的一些简单操作则是计算机的限制，因此我们不能要求计算机去执行无法划归为简单操作的复杂任务。又如，计算机只能表示固定范围内的有限整数，任何算法如果涉及超出范围的整数，都必须想办法绕开这个限制。再如，计算机的主存速度快、容量小、靠电力维持存储，而磁盘容量大、不需要电力维持存储但存取速度慢，因此，涉及磁盘数据的应用程序必须寻求高效的索引和缓冲方法来处理数据，以避免频繁读写磁盘。

计算思维是人的思想和方法，旨在利用计算机解决问题，而不是使人类像计算机一样做事。作为"思想和方法"，计算思维是一种解题能力，一般不可以机械地套用，只能通过学习和实践来培养。计算机虽然机械而笨拙，但人类的思想赋予计算机以活力，装备了计算机的人类能够利用自己的计算思维解决过去无法解决的问题、建造过去无法建造的系统。

8.2　科学方法与科学思维

8.2.1　科学与思维

什么是科学？达尔文曾经给科学下过一个定义："科学就是整理事实，从中发现规律，做出结论。"科学包括自然科学、社会科学和思维科学。

什么是思维呢？思维与大脑有关。思维是高级的心理活动，是认识的高级形式；思维是人脑对现实事物的概括、加工，是对其本质特征的揭露。人脑对信息的处理包括分析、抽象、综合、概括等。

科学的重要性在于它是真理，推动着人类文明的进步和科技的发展。科学思维是什么呢？它一般包括逻辑思维、实证思维和计算思维。逻辑思维又称推理思维，以推理和演绎为特征，以数学学科为代表。实证思维又称实验思维，以观察和总结自然规律为特征，以物理学科为代表。计算思维又称构造思维，以设计和构造为特征，以计算机学科为代表。国科发财〔2008〕197 号文附件《关于加强创新方法工作的若干意见》认为，"科学思维不仅是一切科学研究和技术发展的起点，而且始终贯穿于科学研究和技术发展的全过程，是创新的灵魂"。科学思维的含义和重要性在于它反映的是事物的本质和规律。

8.2.2　科学思维

科学思维是指理性认识及其过程，即对感性阶段获得的大量材料进行整理和改造，形成概念、判断和推理，以反映事物的本质和规律。简而言之，科学思维是大脑对科学信息的加工活动。"理论科学、实验科学和计算科学作为科学发现的三大支柱，正推动着人类文明进步和科技发展"。该说法已被科学文献广泛引用，并在美国得到国会听证、联邦和私人企业报告的认同。

人类认识世界和改造世界的 3 种科学思维如下。

（1）逻辑思维。逻辑思维以推理和演绎为特征，以数学学科为代表。开拓者是苏格拉底、柏拉图、亚里士多德、莱布尼茨和希尔伯特等。逻辑思维基本构建了现代逻辑学的体系，其思维结论符合以下原则：有作为推理基础的公理集合；有一个可靠和协调的推演系统（推演规则）；结论只能从公理集合出发，经过推演系统的合法推理得出结论。

理论源于数学，逻辑思维支撑着所有的学科。正如数学一样，定义是理论逻辑的灵魂，定理和证明是其精髓，公理化方法是其中最重要的逻辑思维方法。

（2）实证思维。实证思维以观察和总结（归纳的方式，不是数学归纳）自然规律（包括人类社会活动）为特征，以物理学科为代表。其思维结论主要有以下特征：可以解释以往的实验现象；逻辑上自洽；能够预见新的现象。

实证思维的先驱是意大利科学家伽利略，他被人们誉为"近代科学之父"。与逻辑思维不同，实证思维往往要借助于某些特定的设备来获取数据以便进行分析。

（3）计算思维。计算思维以设计和构造为特征，以计算机学科为代表。计算思维是运用计算机科学的基础概念来进行问题求解、系统设计和人类行为理解，涵盖了计算机科学之广度的一系列思维活动。尽管从人类思维产生的时候，结构、构造、可行性这些意识就已经存在于思维之中，而且是人类经常使用和熟悉的内容，但是其作为概念被提出，可能是在莱布尼茨、希尔伯特之后且经历了较长的时间。

计算思维是思维过程或功能的计算模拟方法论，其研究目的是提供适当的方法，使人们能借助计算机逐步达到人工智能的较高目标。模式识别、决策、优化和自动控制等算法都属于计算思维范畴。

8.2.3 科学方法

1. 什么是科学方法？

科学方法是指人们在认识和改造世界的过程中遵循或运用的、符合科学一般原则的各种途径和手段，包括在理论研究、应用研究、开发推广等科学活动中采用的思路、程序、规则、技巧和模式。简单地说，科学方法就是人类在所有认识和实践活动中所运用的全部正确方法。

2. 科学方法的特点

科学方法是人类所有认识方法中比较高级、比较复杂的一种方法。它具有以下特点。

（1）鲜明的主体性。科学方法体现了科学认识主体的主动性、认识主体的创造性，并具有明显的目的性。

（2）充分的合乎规律性。科学方法是以合乎理论规律为主体的科学知识的程序化。

（3）高度的保真性。科学方法是以观察和实验以及它们与数学方法的有机结合对研究对象进行的量的考察，保证所获得的实验事实的客观性和可靠性。

科学方法是人们为获得科学认识所采用的规则和手段系统，是科学认识的成果和必要条件。科学方法可分为3个层次：①单学科方法，也称专门科学方法；②多学科方法，也称一般科学方法，是适用于自然科学和社会科学的一般方式、手段和原则；③全学科方法，是具有最普遍方法论意义的哲学方法。

科学方法是科学家和发明家用来探索自然的方法，是进行科学研究、描述科学调查、根据证据获得新知识的模式或过程。

3. 科学方法的步骤

科学方法包括以下步骤。

观察：用感应器官去注意自然现象或实验中的种种转变并将其记录下来，涉及的活动包括眼看、鼻嗅、耳闻和手的触摸。

假说：解释从观察得到的事实。

预测：根据假说引申出可能的现象。

确认：通过进一步的观察和实验去证实预测的结果。

4. 计算思维区别于逻辑思维和实证思维的关键点

与数学和物理学科相比，计算思维中的抽象显得更为丰富，也更为复杂。数学抽象的最大特点是抛开现实事物的物理、化学和生物学等特性，仅保留其量的关系和空间的形式，而计算思维中的抽象却不仅仅如此。计算思维的解释如下。

（1）计算思维通过约简、嵌入、转化和仿真等方法，把一个看起来困难的问题重新阐释成一个人们知道如何解决的问题。

（2）计算思维一种递归思维，是一种并行处理思维，是一种把代码译成数据又能把数据译成代码的多维分析推广的类型检查方法。

（3）计算思维采用抽象和分解的方法来控制庞杂的任务或进行巨型复杂系统的设计，是一种基于关注点分离的方法。

（4）计算思维是一种选择合适的方式陈述一个问题或为一个问题的相关方面建模使其易于处理的思维方法。

（5）计算思维是按照预防、保护及通过冗余、容错、纠错的方式，并从最坏情况进行系统恢复的一种思维方式。

（6）计算思维是利用启发式推理寻求解答，即在不确定的情况下规划、学习和调度的思维方法。

（7）计算思维是一种利用海量数据来加快计算，在时间和空间之间、在处理能力和存储容量之间进行折中的思维方法。

5. 计算机的出现推动了计算思维的发展

尽管计算思维在人类思维的早期就已经萌芽，并且一直是人类思维的重要组成部分。但是关于计算思维的研究却进展缓慢，在很长一段时间里，计算思维的研究是作为数学思维的一部分进行的。主要的原因是计算思维考虑的是可构造性和可实现性，而相应的手段和工具的发展一直是缓慢的。尽管人们提出了很多对于各种自然现象的模拟和重现方法，设计了构造复杂的系统，但都因缺乏相应的实现手段而将其束之高阁。由此，对于计算思维本身的研究也就缺乏动力和目标。

计算机出现以后这一情况得到了根本性的改变。计算机对于信息和符号的快速处理能力，使得许多原本只是理论上可以实现的过程变成了实际可以实现的过程。海量数据的处理、复杂系统的模拟、大型工程的组织，人类借助计算机实现了从想法到产品的整个过程的自动化、精确化和可控化，大大拓展了人类认知世界和解决问题的能力和范围。

机器替代人类完成部分智力活动催生了对于智力活动机械化的研究热潮，凸显了计算思维的重要性，推进了对于计算思维的形式、内容和表述的深入探索。在这样的背景下，作为人类思维活动中以构造性、可行性、确定性为特征的计算思维受到前所未有的重视，并且其作为研究对象被广泛和仔细的研究。计算思维的一些特点被逐步揭示出来，计算思维与逻辑思维和实证思维的差别越来越清晰。计算思维的概念、结构、格式等变得越来越明确，同时计算思维的内容也愈加丰富。

计算机的出现丰富了人类改造世界的手段，同时也强化了原本只存在于人类思维中的计算思维的意义和作用。从思维的角度来看，计算机科学主要研究计算思维的概念、方法和内容，并发展成为解决问题的一种思维模式，这极大地推动了计算思维的发展。

8.3 计算思维的例子

8.3.1 计算机科学常见的思想方法

基于计算机的能力和局限，计算机科学家提出了很多关于计算的思想和方法，从而建立了利用计算机解决问题的一整套思维工具。下面简要介绍计算机科学家在计算的不同阶段所采用的常见思想和方法。

1. 问题表示

用计算机解决问题，首先要建立问题的计算机表示。问题表示与问题求解是紧密相关的，如果问题的表示合适，那么得出问题的解法就是水到渠成的事，否则可能如逆水行舟，难以得到解法。

抽象是用于问题表示的重要思维工具。例如，小学生经过学习都知道将应用题"原来有5个苹果，吃掉2个后还剩几个"抽象表示成"5-2"，这里显然只抽取了问题中的数量特性，完全忽略了苹果的颜色或吃法等不相关特性。一般意义上的抽象，就是指这种忽略研究对象的具体的或无关的特性，而抽取其一般的或相关的特性。计算机科学中的抽象包括数据抽象和控制抽象，简言之就是将现实世界中的各种数量关系、空间关系、逻辑关系和处理过程等表示成计算机世界中的数据结构（数值、字符串、列表、堆栈、树等）和控制结构（基本指令、顺序执行、分支、循环、模块等），或者说建立实际问题的计算模型。另外，抽象还用于在不改变意义的前提下隐去或减少过多的具体细节，以便每次只关注少数几个特性，以便理解和处理复杂系统。显然，通过抽象还能发现一些看似不同的问题的共性，从而建立相同的计算模型。总之，抽象是计算机科学中广泛使用的思维方式，只要有可能并且合适，程序员就应当使用抽象。

可以在不同层次上对数据和控制进行抽象，不同抽象级可对问题进行不同颗粒度或详细程度的描述。我们经常在较低抽象级之上再建立一个较高的抽象级，以便隐藏低抽象级的复杂细节，提供更简单的求解方法。例如，对计算本身的理解就可以形成"电子电路→门逻辑→二进制→机器语言指令→高级语言程序"这样一个由低到高的抽象层次，我们之所以在高级语言程序这个层次上学习计算，就是为了隐藏那些低抽象级的烦琐细节。又如，在互联网上发送一封电子邮件实际上要经过不同抽象级的多层网络协议才能实现，写邮件的人肯定 不希望先掌握网络低层知识才能发送邮件。再如，我们经常在现有软件系统之上搭建新的软件层，目的是隐藏低层系统的观点或功能，提供更便于理解或使用的新观点或新功能。

2. 算法设计

问题得到表示之后，接下来的关键是找到问题的解法——算法。算法设计是计算思维大显身手的领域，计算机科学家采用多种思维方式和方法来发现有效的算法。例如，利用分治法的思想找到高效的排序算法，利用递归思想轻松地解决Hanoi塔问题，利用贪心法寻求复杂路网中的最短路径，利用动态规划方法构造决策树，等等。前面说过，计算机在各个领域中的成功应用都有赖于高效算法的发现。而为了找到高效算法，又必须巧妙运用各种算法设计方法。

大型问题和复杂系统一般很难得到直接的解法，这时计算机科学家会设法将原问题重新表述，降低问题难度，常用的方法包括分解、化简、转换、嵌入、模拟等。如果一个问题过于复杂难以得到精确解法，或者根本就不存在精确解法，计算机科学家不介意退而求其次，寻求能得到近似解的解法，通过牺牲精确性来换取有效性和可行性，尽管这样做可能导致问题解是不完全的或结果中混有错误。例如搜索引擎，一方面，它们不可能搜出与用户搜索关键词相关的所有网页，另一方面还可能搜出与用户搜索的关键词不相关的网页。作为对比，很难想象数学家在解决数学问题时会寻求什么近似证明或对错掺杂的解。

3. 编程技术

找到了解决问题的算法，接下来就要用编程语言实现算法，这个领域同样是各种思想和方法的宝库。例如，类型化与类型检查方法将待处理的数据划分为不同的数据类型，编译器或解释器借此可以发现很多编程错误，这和自然科学中的量纲分析的思想是一致的。又如，结构化编程方法使用规范的控制流程来组织程序的处理步骤，形成层次清晰、边界分明的结构化构造，每个构造具有单一的入口和出口，从而使程序易于理解、排错、维护和验证正确性。又如，模块化编程方法采取从全局到局部的自顶向下的设计方法，将复杂程序分解成许多较小的模块，解决了所有底层模块后，再将模块组装起来构成最终程序。再如，面向对象编程方法以数据和操作融为一体的对象为基本单位来描述复杂系统，通过对象之间的相互协作和交互实现系统的功能。还有，程序设计不能只关注程序的正确性和执行效率，还要考虑良好的编码风格（包括变量命名、注释、代码缩进等提高程序易读性的要素）和程序美学问题。

编程范型（Programming Paradigm）是指计算机编程的总体风格，不同范型中的编程要素（如数据、语句、函数等）有不同的概念，计算的流程控制也是不同的。早期的命令式（或称过程式）语言催生了过程式

（Procedural）范型，即一步一步地描述解决问题的过程。后来发明了面向对象语言，数据和操作数据的方法融为一体（对象），对象间进行交互从而实现系统功能，这就形成了面向对象（Object-oriented）范型。逻辑式语言、函数式语言的发明催生了声明式（Declarative）范型——只告诉计算机"做什么"，而不告诉计算机"怎么做"。有的语言只支持一种特定范型，有的语言则支持多种范型。

4. 可计算性与算法复杂性

在用计算机解决问题时，不仅要找出正确的解法，还要考虑解法的复杂度。这和数学思维不同，因为数学家可以满足于找到正确的解法，决不会因为该解法过于复杂而抛弃不用。但对计算机来说，如果一个解法太复杂，导致计算机要耗费几年、几十年甚至更久的时间才能算出结果，那么这种解法只能被抛弃，问题等于没有解决。有时即使一个问题已经有了可行的算法，计算机科学家仍然会去寻求更有效的算法。

有些问题是可解的，但算法复杂度太高；而另一些问题则根本不可解，不存在任何算法过程。计算机科学的根本任务是从本质上研究问题的可计算性。例如，科幻电影里的计算机似乎都像人类一样拥有智能，从计算的本质来说，这意味着人类智能能够用算法过程描述出来。虽然现代计算机已经能够从事定理证明、自主学习、自动推理等"智能"活动，但是人类做这些事时不会采用一步一步的算法过程，像阿基米德大叫"尤里卡"那样的智能活动至少目前的计算机是不可能做到的。

虽然很多问题对于计算机来说难度太高甚至是不可能的任务，但计算思维具有灵活、变通、实用的特点，对这样的问题它们可以去寻求不那么严格但现实可行的实用解法。例如，计算机所做的一切都是由确定的程序决定的，以同样的输入执行程序必然会得到同样的结果，因此不可能实现真正的"随机性"。但这并不妨碍我们利用确定的"伪随机数"生成函数来模拟现实世界的不确定性、随机性。

又如，当计算机有限的内存无法容纳复杂问题中的海量数据时，这个问题是否就不可解了呢？当然不是，计算机科学家设计出了缓冲方法来分批处理数据。当许多用户共享并竞争某些系统资源时，计算机科学家又利用同步、并发控制等技术来避免竞态和僵局。

8.3.2 日常生活中的计算思维

计算思维存在于人们日常生活中的很多方面，我们在日常生活中的很多做法都与计算思维不谋而合。下面列举一些日常生活中的实例，帮大家理解计算思维。

（1）缓冲。假如我们将学生用的教材视为数据，将课堂教学视为对数据的处理，那么学生每天背着的书包就可以看作缓冲存储。学生不可能每天随身携带所有的教材，因此每天只能把当天要用的教材放入书包，第二天再用新的教材替换。

（2）算法过程。日常生活中使用的菜谱会将一道菜的烹饪方法一步一步地罗列出来，即使不是专业厨师，照着菜谱的步骤也能做出可口的菜肴。由此，菜谱可以看作一个算法（指令或程序）。而菜谱上的每个步骤必须足够简单、可行，这样人们才能进行制作。例如，"将土豆切成块状""将 1 两油入锅加热"等都是可行的步骤，而"使菜肴具有奇特香味"则不是可行的步骤。

（3）模块化。很多菜谱都有"勾芡"这个步骤，与其说这是一个基本步骤，不如说它是一个模块，因为勾芡本身代表着一个操作序列——取一些淀粉，加点水，搅拌均匀，在适当的时候倒入菜中。由于这个操作序列经常使用，为了避免重复，也为了使菜谱结构清晰、易读，所以用"勾芡"这个术语简明地表示。这个例子同时也反映了在不同层次上进行抽象的思想。

（4）查找。如果要在英汉词典中查一个英文单词，相信读者不会从第一页开始一页页地翻看，而是会根据字典是有序排列的事实，快速地定位单词词条。又如，如果现在老师说请翻到本书第 8 章，学生会怎么做呢？是的，正文前的目录可以帮助我们直接找到第 8 章所在的页码。这正是计算机中广泛使用的索引技术。

（5）回溯。人们在路上遗失了东西之后，会原路返回边走边寻找。或者在一个岔路口，人们会选择一条路走下去，如果最后发现此路不通就会原路返回岔路口，再选择另一条路。这种回溯法对于系统地搜索问题空间是非常重要的。

（6）并发。厨师在烧菜时，如果一个菜需要在锅中煮一段时间，厨师一定会利用这段时间去做点别的事情（如将另一个菜的原材料洗净切好），而绝不会无所事事。在此期间，如果锅里的菜需要加盐等佐料，厨师又会放下手头的事情去处理锅里的菜。就这样，虽然只有一个厨师，但他可以同时做几个菜。

类似的例子还有很多，在此就不一一列举了。要强调的一点是，读者在学习用计算机解决问题的时候，如果经常想想生活中遇到类似问题时的做法，就有可能更快地找出问题的解法。

计算思维的应用极其广泛，大量复杂问题求解、庞大系统建立、大型工程组织都可通过计算模拟（融合工程思维），如核爆炸、蛋白质生成、大型飞机和舰艇设计等。计算思维利用启发式推理寻求解答，是利用海量的数据来加快计算，是在时间和空间之间、在处理能力和存储容量之间进行权衡的一种方法。

8.4　计算思维能力

1．什么是计算思维能力？

爱因斯坦说过，提出一个问题往往比解决一个问题更重要。因为解决一个问题也许仅是一个数学上的证明或实验上的技能而已。而提出新的问题、新的可能性，从新的角度看旧的问题，却需要有创造性的想象力，而且它标志着新的进步。

计算思维能力可以定义为：面对一个新问题，运用所有资源将其解决的能力。"新问题"可能对所有人都是新问题，如各种尚未解决的科学问题；也可能只对自己是新问题，如尚未学过排序的学生面对排序的问题。无论是哪种问题，其解决途径都是阅读资料，运用储备的知识，发挥智力与经验，再加上一点点运气和灵感，只不过前一种"新问题"难度更高、结果更不确定。

计算思维能力的核心是求解问题的能力，即发现问题、寻求解决问题的思路、分析比较不同的方案、验证方案。

思维属于哲学范畴，但计算思维是一种科学思维方法，所有大学生都应学习和培养计算思维能力。计算思维不是悬空的抽象概念，它体现在解决问题的各个环节中，人们在学习和应用计算机的过程中不断学习和培养计算思维。大学并没有开设"理论思维课"或"实证思维课"，但是学生通过有关课程培养了理论思维和实证思维，正如学习数学的过程就是培养理论思维的过程。学习程序设计，算法思维就是计算思维，要从不自觉到自觉地培养。

2．计算思维能力的培养

计算思维的培养不等同于程序设计或编程教学。从国际上的经验来看，可以通过多学科整合和不同教育阶段的共同关注，将计算思维融入学生学习知识和解决问题的过程，从而达到培养学生计算思维能力的目的。目前美国及欧洲各国的研究中，计算思维受到国家政策与项目支持较多，亚洲各国对计算的思维重视程度相对较低。我国计算思维教育实践和研究刚刚起步，需要国家和相关研究机构给予更多的重视和支持，在借鉴国外经验的基础上，构建符合我国教育实践需求的计算思维培养课程体系、评价方法和教师专业发展策略。

计算机基础课程教学指导委员会提出的计算机基础教学4个方面的能力目标中涉及计算机学科专业能力的是：对计算机的认知能力和应用计算机的问题求解能力。这两方面的能力恰好反映了计算思维的两个核心要素：计算环境和问题求解。

从计算机基础教学的内容看，其知识体系涉及4个知识领域：系统平台与计算环境、算法基础与程序设计、数据管理与信息处理、系统开发与行业应用。"系统平台与计算环境"知识是计算思维所依赖的计算环境基础；"算法基础与程序设计"涉及语言级的问题求解；"数据管理与信息处理"知识涉及与专业应用相关的信息处理技术，是系统级问题求解的基础，也往往是语言级问题求解的目标；而"系统开发与行业应用"知识则直接涉及面向应用的系统级问题求解的技术与方法。从通识教育应有的特征看，复旦大学前校长杨玉良认为，通识教育应该有以下特征：第一，通识教育要同时传递科学精神和人文精神；第二，通识教育要展现不同文化、不同学科的思维方式；第三，通识教育要充分展现学术的魅力。

因此，计算思维能力不仅是计算机基础教学要培养的核心能力，还涉及计算机基础教学的核心知识内容。计算机基础教学不仅要培养学生对计算环境的认识，更要帮助学生掌握计算环境下的问题求解方法，这是今后学生应用计算机技术解决专业问题的重要基础。

另外，计算思维能力的培养还展现了计算机学科独特的思维方式，可为将来创新性地解决专业问题奠定基础。以计算思维能力培养作为计算机基础教学的核心任务，不仅紧紧围绕着现有计算机基础教学的根本任务和核心知识内容，而且反映了计算机学科的本质，也体现了通识教育应有的特征。显然，这样的教学定位不仅摆脱了以"操作技能"为核心培养学生计算机能力造成的"危机"，也更好地诠释了课程建设的目标，更好地体现了计算机基础课程的基础特征。

培养和推进计算思维能力要注意以下两个方面。

一是深入掌握计算机解决问题的思路，更好地使用计算机。

二是把计算机处理问题的方法用于各个领域，在各个领域中运用计算思维，使计算思维更好地与信息技术相结合。

大多数人认为应当通过各种途径、各个环节，自然地培养计算思维。学习者不能只知道结论，还要知道结论怎么来，要遵循认知规律，善于把复杂的问题简单化，用通俗易懂的方法阐述复杂的现象。

8.5　计算思维对其他学科的影响

随着计算机在各行各业中得到广泛应用，计算思维对许多学科都产生了重要影响。下面以数学、生物学和化学为例进行简单的介绍。

数学。过去计算机对数学来说只是一个数值计算工具，用于快速、大规模的数值计算，对数值计算方法的研究催生了计算数学。后来数学家利用计算机进行代数演算，形成了计算机代数；利用计算机研究几何问题，形成了计算几何学。数学家还利用计算机验证数学猜想，虽然不能证明猜想，但是一旦发现反例就可以推翻猜想，以免数学家将毕生精力投入一个不成立的猜想。在定理证明方面，美国数学家通过设计算法过程来验证构型，最终证明了著名的四色定理；我国的吴文俊院士更是建立了初等几何和微分几何定理的机械化证明方法，为数学机械化指明了方向。总之，现在计算机已经成为数学的研究手段，大大扩展了数学家的能力。

生物学。计算机和万维网迅速而显著地改变了生物学研究的面貌，过去生物学家在实验室进行的研究现在可以在计算机上进行，因此出现了生物信息学（较老的叫法是计算生物学）这一学科。生物信息学的内容包括基因组测序、建立基因数据库、发现和查找基因序列模式等，这一切都依赖于计算技术。生物信息学的发展改变了生物学家的思维方式，他们除了研究生物学，还研究高效的算法。对生物信息学家来说，对计算的理解和对生物学的理解同等重要。

化学。计算机技术对公认的纯实验科学——化学也产生了巨大影响，这一学科的研究内容、研究方法甚至学科的结构和性质都发生了深刻变化，从而形成了计算化学这一交叉学科。计算化学的主要研究内容包括分子结构建模与图像显示、计算机分子模拟、计算量子化学、分子 CAD、化学数据库等。计算机技术能够帮助化学家在原子、分子的水平上阐明化学问题的本质，在创造特殊性能的新材料、新物质方面发挥了巨大的作用。

此外，计算物理学、计算博弈论、计算材料学、计算广告学、电子商务等新学科也都在蓬勃发展。可以预见，"计算+X"将成为很多学科的新的发展方向之一。

习 题

一、单项选择题

1. 人类认识世界和改造世界的 3 种科学思维是（　　）。

A. 抽象思维、逻辑思维和形象思维　　　　B. 逻辑思维、实证思维和计算思维

C. 逆向思维、演绎思维和发散思维　　　　D. 计算思维、理论思维和辩证思维

2. 计算思维的本质是（　　）。

A. 抽象和自动化　　　　　　　　　　　　B. 计算和求解

C. 程序和执行　　　　　　　　　　　　　D. 问题求解和系统设计

3. 下列哪项不属于计算思维的特征（　　）。

A. 概念化，不是程序化　　　　　　　　　B. 是机械的技能，而不是基础的

C. 数学和工程思维的互补与融合　　　　　D. 是思想，不是人造物

4. 下面不属于科学方法的特点是（　　）。

A. 鲜明的主体性　　　　　　　　　　　　B. 充分的合乎规律性

C. 客观性和可靠性　　　　　　　　　　　D. 高度的保真性

5. 大学计算机基础课程中拟学习的计算思维是指（　　）

A. 计算机相关的知识

B. 算法与程序设计技巧

C. 蕴含在计算科学知识中的具有贯通性和联想性的内容

D. 知识和技巧的结合

6. 如何学习计算机思维（　　）。

A. 为思维而学习知识而不是为知识而学习知识

B. 不断训练，只有这样才能将思维转换为能力

C. 先从贯通知识的角度学习思维，再学习更为细节性的知识，即用思维引导知识的学习

D. 以上都是

7. 计算科学的计算研究（　　）。

A. 面向人可执行的一些复杂函数的等效、简便计算方法

B. 面向机器可自动执行的一些复杂函数的等效、简便计算方法

C. 面向人可执行的求解一般问题的计算规则

D. 面向机器可自动执行的求解一般问题的计算规则

E. 上述说法都不对

8. "人"计算与"机器"计算的差异是（　　）。

A. "人"计算宁愿使用复杂的计算规则，以便减少计算量并获取结果

B. "机器"计算则需使用简单的计算规则，以便能够做出执行规则的机器

C. "机器"计算使用的计算规则可能很简单但计算量很大，尽管这样，对庞大的计算量，机器
也能够完成计算、获得结果

D. "机器"可以采用"人"所使用的计算规则，也可以不使用"人"所使用的规则

E. 以上说法都正确

9. 关于计算机思维的描述，正确的是（　　）。

A. 计算思维是运用计算的基础概念去求解问题、设计系统和理解人类行为的一种方法

B. 计算思维是一类解析思维

C. 计算思维合用了数学思维、工程思维和科学思维

D. 以上说法都正确

10. （　　　）首次提出计算思维的定义。

A. 陈国良　　　　　　B. 周以真　　　　　C. 丹宁（Denning）　　D. 阿霍（Aho）

11. （　　　）年，周以真教授首次提出计算思维的概念。

A. 2006　　　　　　　B. 2011　　　　　　C. 2008　　　　　　　D. 2012

12. 关于计算思维能力的说法正确的是（　　　）。

A. 计算思维能力是面对一个新问题，运用所有资源将其解决的能力

B. 计算思维是一种科学思维方法，是所有大学生都应学习和培养的

C. 计算思维能力的培养不等同于程序设计或编程教学

D. 计算思维能力的培养可以通过多学科整合和不同教育阶段共同关注，将计算思维融入学生学习知识和解决问题的过程，从而达到培养学生计算思维的目的

E. 以上说法都正确

13. 计算思维区别于逻辑思维和实证思维的关键点是（　　　）。

A. 计算思维是一种递归思维，是一种并行处理思维，是一种把代码译成数据又能把数据译成代码的多维分析推广的类型检查方法

B. 计算思维采用抽象和分解的方法来控制庞杂的任务或进行巨型复杂系统的设计，是一种基于关注点分离的方法

C. 计算思维是一种选择合适的方式陈述一个问题，或为一个问题的相关方面建模使其易于处理的思维方法

D. 计算思维是按照预防、保护及通过冗余、容错、纠错的方式，并从最坏情况进行系统恢复的一种思维方式

E. 以上都是

二、填空题

1. 计算思维能力的核心是 ＿＿＿＿＿＿＿；＿＿＿＿＿＿＿；＿＿＿＿＿＿＿；＿＿＿＿＿＿＿。

2. 用计算机解决问题时必须遵循的基本思考原则是：＿＿＿＿＿＿＿＿＿＿＿＿＿＿＿＿＿＿＿。

3. 计算思维是运用计算机科学的基础概念进行＿＿＿＿＿＿＿＿＿＿＿＿＿＿等涵盖计算机科学之广度的一系列思维活动。

4. 计算思维的特征有：＿＿＿＿＿＿；＿＿＿＿＿＿；＿＿＿＿＿＿；＿＿＿＿＿＿；＿＿＿＿＿＿；＿＿＿＿＿＿。

5. ＿＿＿＿＿＿是抽象的自动执行，＿＿＿＿＿＿需要某种计算机去解释抽象。

三、简答题

1. 什么是计算思维？它与实证思维和逻辑思维的区别是什么？

2. 什么是计算思维能力？如何培养学生的计算思维能力？

3. 科学方法都有哪些特点？其基本步骤是什么？

4. 列举日常生活中蕴含计算思维的实例。

PART09

第9章

人工智能

人工智能（Artificial Intelligence，AI）是计算机科学的一个分支，产生于 20 世纪 50 年代。作为研究机器智能和智能机器的一门综合性高技术学科，人工智能涉及心理学、认知科学、思维科学、信息科学、系统科学和生物科学等多个学科，目前已在知识处理、模式识别、自然语言处理、博弈、自动定理证明、自动程序设计、专家系统、智能机器人等多个领域取得了举世瞩目的成果，并形成了多元化的发展方向。

9.1 人工智能概述

物质的本质、宇宙的起源、生命的本质、智能的发生是自然界四大奥秘。而人工智能被认为是世界三大尖端技术之一。

9.1.1 人工智能的定义

人工智能的定义可以分为两部分，即 "人工" 和 "智能"。"人工"，即人力所能制造的。那什么是 "智能" ?

1. 智能

智能还没有确切的定义，人们在认识智能的过程中提出了多种不同的观点，其中最具代表性的有以下 3 种。

思维理论。智能来源于思维活动，这种观点被称为思维理论。它强调思维的重要性，认为智能的核心是思维，人的一切智慧或智力都来自大脑的思维活动，人的一切知识都是思维的产物，因而通过对思维规律与思维方法的研究，有望揭示智能的本质。

知识阈值理论。智能取决于可运用的知识，这种观点被称为知识阈值理论。它把智能定义为：智能就是在巨大的搜索空间中迅速找到一个满意解的能力。知识阈值理论强调知识对智能的重要意义和作用，认为智能行为取决于知识的数量及其可运用的程度，一个系统所具有的可运用知识越多，其智能水平就会越高。

进化理论。智能可由逐步进化来实现，这种观点被称为进化理论。它是美国麻省理工学院的布鲁克斯（R.A.Brooks）教授在研究人造机器虫的基础上提出来的。他认为智能取决于感知和行为，取决于对外界复杂环境的适应程度，智能不需要知识、不需要表示、不需要推理，智能可以通过逐步进化实现。

由于上述 3 种观点认识智能的角度不同，有些看起来好像是相互对立的，但如果把它们放到智能的层次结构中去考虑，会发现它们其实是统一的。思维理论和知识阈值理论体现的是高层智能，进化理论体现的则是中层和低层智能。

一般来说，智能是一种认识客观事物和运用知识解决问题的综合能力，是知识与智力的总和。感知、记忆、思维、学习、自适应、行为等都是智能包含的不同能力。

2. 人工智能

1956 年在达特茅斯学院的学术研讨会上，由时任达特茅斯学院助教的约翰·麦卡锡（John McCarthy）正式提出人工智能这个术语，并把它作为一门新兴科学的名称。

美国斯坦福大学著名的人工智能研究中心尼尔松（Nilson）教授这样定义人工智能；"人工智能是关于知识的学科——怎样表示知识以及怎样获得知识并使用知识的学科"，另一名麻省理工学院的温斯顿（Winston）教授认为 "人工智能就是研究如何使计算机去做过去只有人才能做的智能的工作"。

除此之外，还有很多关于人工智能的定义，这些说法均反映了人工智能学科的基本思想和基本内容，由此可以将人工智能概括为是研究使计算机模拟人的某些思维过程和智能行为（如学习、感知、推理、思考、规划等）的学科，主要包括计算机实现智能的原理、制造类似于人脑智能的计算机，从而使计算机实现更高层次的应用。

9.1.2 人工智能发展史

人工智能在 70 多年的时间里有了长足的发展，但并不是十分顺利。目前人们大致将人工智能的发展划分为 4 个阶段。

1. 孕育期

这一阶段主要指 1956 年之前，但人工智能的发展最早可以追溯到公元前。亚里士多德在他的著作《前分析篇》中提出了三段论的逻辑分析方法，他给出了三段论的定义："只要确定某些论断，某些异于它们的事物便可以必然地从如此确定的论断中推出。"培根在其 1620 年出版的《新工具》中，提出了到达各种现象的一般原因的真实方法——科学归纳法，把实验和归纳看作相辅相成的科学发现的工具。他看到了实验对于揭示自然奥秘的效用，培根认为科学研究应该使用以观察和实验为基础的归纳法。培根的归纳法对于科学的发展，尤其是逻辑学的发展做出了贡献。亚里士多德的三段论和培根的归纳法为人工智能的发展奠定了逻辑基础。

阿兰·麦席森·图灵（Alan Mathison Turing）发表的两篇论文对人工智能的发展产生了直接影响，一篇是在 1936 年发表的《论数字计算在决断难题中的应用》，在这篇文章中，他对"可计算性"下了一个严格的数学定义，并提出著名的"图灵机"设想，从数理逻辑上为计算机开创了理论先河；而 1950 年，图灵发表《计算机与智能》（*Computing Machineray and Intelligence*）论文，文中阐述了"模仿游戏"的设想和测试方式，即著名的图灵测试：如果一台机器能够与人类展开对话而不能被辨别出其机器身份，那么这台机器就是智能的。而在 1940 年"控制论之父"诺伯特·维纳（Norbert Wiener）开始考虑计算机如何能像大脑一样工作，他发现了二者的相似性。维纳认为计算机是一个进行信息处理和信息转换的系统，只要这个系统能得到数据，就应该能做几乎任何事情。他从控制论出发，特别强调反馈的作用，认为所有的智能活动都是反馈机制的结果，而反馈机制是可以用机器模拟的。维纳的理论抓住了人工智能核心——反馈，因此他被视为人工智能"行为主义学派"的奠基人，其对人工神经网络的研究也影响深远。世界上公认的第一台计算机于 1946 年在美国宾夕法尼亚大学诞生，由约翰·莫奇莱教授和普雷斯帕·埃克特博士研制，名为"电子数字积分计算机"为人工智能的研究奠定了物质基础。

2. 形成期

这一时期主要指 1956 年—1966 年。1956 年夏，美国达特茅斯学院助教麦卡锡、哈佛大学的明斯基（M.L.Minsky）、贝尔实验室的香农（E.Shannon）、IBM 公司信息研究中心的罗彻斯特（N. Lochester）共同在达特茅斯学院举办了一个沙龙式的学术会议，他们邀请了卡内基·梅隆大学的纽厄尔（A.Newell）和赫伯特.西蒙（H.A.Simon）、麻省理工学院的塞尔弗里奇（O. Selfridge）和索罗门夫（R.Solomamff），以及 IBM 公司的塞缪尔（A.Samuel）和莫尔（T.More），这就是著名的达特莫斯会议。会议从不同学科的角度探讨人类学习和其他智能特征的基础，并研究如何对原理进行精确的描述，探讨用机器模拟人类智能等问题。这引发了一场历史性事件——人工智能学科的诞生。会议结束后，人工智能进入了一个全新的时代。会议上诞生了几个著名的项目组：Carnegie-RAND 协作组、IBM 公司工程课题研究组和 MIT 研究组。在众多科学家的努力下，人工智能取得了喜人的成果：1956 年，纽厄尔和西蒙等人在定理证明工作中首先取得突破，开启了以计算机程序模拟人类思维的道路；1960 年，麦卡锡建立了人工智能程序设计语言 LISP。此时出现的大量专家系统直到现在仍然被人使用，人工智能学科在这样的氛围下茁壮地成长。1969 年，国际人工智能联合会议（International Joint Conferences on Artificial Intelligence，IJCAI）成立。1970 年，国际性的《人工智能》杂志（*Artificial Intelligence*）创刊。

3. 低谷期

这是人工智能发展的第三阶段，发生在 1967 年—20 世纪 80 年代初期。1967 年之后，人工智能在进行进一步研究发展的时候遇到了很大的阻碍，如机器翻译。1966 年美国顾问委员会的报告裁定：还不存在通用的科学文本机器翻译，也没有很近的实现前景。英国、美国中断了对大部分机器翻译项目的资助。同时，这一时期没有比上一时期更重要的理论诞生，人们被之前取得的成果冲昏了头脑，低估了人工智能学科的发展难度。一时之间人工智能受到了各种责难，人工智能的发展进入了瓶颈期。尽管如此，众多的人工智能科学家并没有灰心，在为下一个时期的发展积极地准备着。

4. 发展期

1977 年，费根鲍姆（Feigenbaum）在第五届国际人工智能联合会议上提出了"知识工程"概念，推动了以知识为中心的研究。1981 年，日本宣布第五代计算机发展计划，并在 1991 年展出了研制的 PSI－3 智能工作站和由 PSI－3 构成的模型机系统。随着其他学科的发展及第五代计算机的研制成功，人工智能获得了进一步的发展。人工智能开始进入市场，人工智能在市场中的优秀表现使人们意识到了人工智能的广阔前景。20世纪 90 年代之后，国际互联网的迅速发展使人工智能的开发研究由之前的个体人工智能转换为网络环境下的分布式人工智能，之前出现的问题在这一时期得到了极大的解决。Hopfield 多层神经网络模型的提出，使人工神经网络研究与应用再度呈现出欣欣向荣的景象。

1997 年 5 月 11 日，号称人类最聪明的国际象棋世界冠军卡斯帕罗夫（kasparov），在与 IBM 的一台名叫"深蓝"的超级计算机经过 6 局对抗后，最终败下阵来。这是一次具有里程碑意义的成功，它代表了基于规则的人工智能的胜利。2006 年，在欣顿（Hinton）和他的学生的推动下，深度学习开始备受关注，这为后来人工智能的发展造成了重大影响。从 2010 年开始，人工智能进入爆发式的发展阶段，其最主要的驱动力是大数据时代的到来，运算能力及机器学习算法得到优化。人工智能快速发展，产业界也不断涌现出新的研发成果：2011 年，IBM 的沃斯顿（Waston）认知计算机系统在综艺节目《危险边缘》中战胜了最高奖金得主和连胜纪录保持者；2012 年，Google 大脑在没有人类指导的情况下，通过模仿人类大脑利用非监督深度学习方法从大量视频中成功学习到识别一只猫的能力；2014 年，Microsoft 公司推出了一款实时口译系统，可以模仿说话者的声音并保留其口音；2014 年，Microsoft 公司发布全球第一款个人智能助理 Cortana；2014 年，Amazon 发布智能音箱产品 Echo 和个人助手 Alexa；2014 年 6 月 7 日，在英国皇家学会举行的 2014 图灵测试大会上，聊天程序尤金·古斯特曼（Eugene Goostman）首次通过了图灵测试。2016 年，Google 的 AlphaGo 机器人在围棋比赛中击败了世界冠军李世石；2017 年，Apple 公司在原来个人助理 Siri 的基础上推出了智能私人助理 Siri 和智能音响 HomePod。

9.1.3 人工智能领域发展现状

从智能手表、手环等可穿戴设备，到服务机器人、无人驾驶、智能医疗、增强现实（Augmanted Reality，AR）、（Virtual Redity，VR）等热点概念的兴起，智能产业成为新一代技术革命的急先锋。人工智能产业是智能产业发展的核心，是其他智能科技产品发展的基础，国内外的高科技公司及风险投资机构纷纷布局人工智能产业链。

2017 年 6 月 29 日，首届世界智能大会在天津召开。中国工程院院士潘云鹤在大会主论坛作了题为《中国新一代人工智能》的主题演讲，报告中概括了世界各国在人工智能研究方面的战略：2016 年 5 月，美国白宫发表了《为人工智能的未来做好准备》；英国于 2016 年 12 月发布《人工智能：未来决策制定的机遇和影响》；法国在 2017 年 4 月制定了《国家人工智能战略》；德国在 2017 年 5 月颁布全国第一部自动驾驶的法律；在我国，据不完全统计，2017 年运营的人工智能公司接近 400 家，行业巨头百度、腾讯、阿里巴巴等都不断在人工智能领域发力。从数量、投资等角度来看，自然语言处理、机器人、计算机视觉成了人工智能最热门的 3 个产业方向。

当前人工智能的浪潮已席卷全球，人工智能领域的公司数量激增。根据 Venture Scanner 的统计，截至 2016 年初，全球共有 957 家人工智能公司，美国以 499 家的数量位列第一。人工智能覆盖深度学习/机器学习（通用、应用）、自然语言处理（通用、语音识别）、计算机视觉/图像识别（通用、应用）、手势控制、虚拟私人助手、智能机器人、推荐引擎和协助过滤算法、情境感知计算、语音翻译、视频内容自动识别等 13 个细分行业。

在我国，人工智能领域约 65 家创业公司获得投资，合计 29.1 亿元人民币。其业务覆盖范围从深度学习等软件算法以及 GPU、CPU、传感器等关键硬件组成的基础支撑层，到语音/图像识别、语义理解等人工智能软件应用，以及数据中心、高性能计算平台等硬件平台组成的技术应用层，到人工智能解决方案集成层，再到工业机器人、服务机器人等硬件产品层，以及智能客服、商业智能（Business Intelligence BI）等软件组成的运营服务层。

2017 年 7 月 20 日，国务院印发了《新一代人工智能发展规划》，提出了面向 2030 年我国新一代人工智能发展的指导思想、战略目标、重点任务和保障措施，部署构筑我国人工智能发展的先发优势，加快建设创新型国家和世界科技强国。

9.2 人工智能研究的基本内容

人工智能学科有着十分广泛和丰富的研究内容。不同的人工智能研究者从不同角度对人工智能研究进行了分类。下面综合介绍一些得到诸多研究者认同的、具有普遍意义的人工智能研究的基本内容。

1. 知识表示

知识是人们在改造客观世界的实践活动中积累起来的认识和经验。知识表示就是对知识的一种描述，或者说是对知识的一组约定，一种计算机可以接受的用于描述知识的数据结构。从某种意义上讲，表示可视为数据结构及其处理机制的综合：表示= 数据结构+处理机制。经过国内外学者的共同努力，已经有许多知识表示方法得到了深入的研究，使用较多的知识表示方法主要有以下几种。

（1）逻辑表示法。逻辑表示法以谓词形式来表示动作的主体、客体，是一种叙述性知识表示方法。利用逻辑公式，人们能描述对象、性质、状况和关系，它主要用于自动定理的证明。逻辑表示法主要分为命题逻辑和谓词逻辑。

逻辑表示研究的是假设与结论之间的蕴涵关系，即用逻辑方法推理的规律。它可以看成自然语言的一种简化形式，由于它精确、无二义性，所以容易为计算机理解和操作，同时其又与自然语言相似。

命题逻辑是数理逻辑的一种，数理逻辑指用形式化语言（逻辑符号语言）进行精确（没有歧义）的描述、用数学的方式进行研究。我们最熟悉的是数学中的设未知数表示。

例如，用命题逻辑表示下列知识：如果 a 是偶数，那么 a^2 是偶数。

解：

定义命题如下：P：a 是偶数，Q：a^2 是偶数；

则原知识表示为：P→Q。

谓词逻辑相当于数学中的函数表示。

例如，用谓词逻辑表示知识：自然数都是大于等于零的整数。

解：

定义谓词如下：N(x)：x 是自然数，I(x)：x 是整数，GZ(x)：x 是大于等于零的数；

所以原知识表示为：$(\forall x)(N(x) \rightarrow (GZ(x) \wedge I(x)))$，$\forall(x)$是全称量词，表示所有的 x。

（2）产生式表示法。产生式表示，又称规则表示，有的时候被称为 IF-THEN 表示，它表示一种条件-结果形式，是一种比较简单的表示知识的方法。IF 的后面部分描述了规则的先决条件，而 THEN 的后面部分描述了规则的结论。规则表示法主要用于描述知识和陈述在各种过程中对知识的控制，及其相互作用的机制。

例如，MYCIN 是一种帮助医生对住院的血液感染患者进行诊断和用抗生素类药物进行治疗的专家系统。其中有下列产生式知识（置信度称为规则强度）。

IF 本生物的染色斑是革兰性阴性，本微生物的形状呈杆状，病人是中间宿主。

THEN 该微生物是绿脓杆菌，置信度为 0.6。

（3）框架表示。框架（Frame）是把某一特殊事件或对象的所有知识储存在一起的一种复杂的数据结构。其主体是固定的，表示某个固定的概念、对象或事件，其下层由一些槽（Slot）组成，表示主体每个方面的属性。框架是一种多层次的数据结构，框架下层的槽可以看成一种子框架，子框架本身还可以进一步分为侧面。槽和侧面所具有的属性值分别称为槽值和侧面值。槽值可以是逻辑型或数字型的，具体的值可以是程序、条件、默认值或一个子框架。相互关联的框架连接起来组成框架系统，或称框架网络。

例如，将下面这则地震消息用框架表示："某年某月某日，某地发生 6.0 级地震，若以膨胀注水孕震模式为标准，则三项地震前兆中的波速比为 0.45，水氡含量为 0.43，地形改变为 0.60。"

则地震消息用框架表示如图 9-1 所示。

（4）面向对象的表示方法。面向对象的知识表示方法指按照面向对象的程序设计原则组成一种混合知识表示形式，以对象为中心，把对象的属性、动态行为、领域知识和处理方法等有关知识封装在表达对象的结构中。在这种方法中，知识的基本单位就是对象，每一个对象由一组属性、关系和方法的集合组成。一个对象的属性集和关系集

```
框架名：〈地震〉
   地   点：某地
   日   期：某年某月某日
   震   级：6.0
   波 速 比：0.45
   水氡含量：0.43
   地形改变：0.60
```

图 9-1　框架表示地震消息

的值描述了该对象所具有的知识；与该对象相关的方法集，操作在属性集和关系集上的值，表示该对象作用于知识的知识处理方法，其中包括知识的获取方法、推理方法、消息传递方法及知识的更新方法。

（5）语义网表示法。语义网络表示法是知识表示中最重要的方法之一，它是一种表达能力强且灵活的知识表示方法。它是通过概念及其语义关系来表示知识的一种网络图。从图论的观点看，它是一个"带标识的有向图"。语义网络利用节点和带标记的边构成的有向图描述事件、概念、状况、动作及客体之间的关系。带标记的有向图能十分自然地描述客体之间的关系。

上面简要介绍分析了常见的知识表示方法，此外，还有适合特殊领域的一些知识表示方法，如基于 XML 的表示法、本体表示法、概念图、Petri、基于网格的知识表示方法、粗糙集、基于云理论的知识表示方法等，在此不做详细介绍。在实际应用过程中，一个智能系统往往包含了多种表示方法。

2. 机器感知

机器感知就是使机器具有类似于人的视觉、听觉、触觉、嗅觉、痛觉、接近感和速度感等。要使机器具有感知能力，就要为机器安装各种传感器（如摄像机、麦克风、声呐等）以使其能够获取外部信息。机器感知最重要和应用最广泛的是机器视觉和机器听觉，机器视觉要求能够识别和理解文字、图像、场景甚至人的身份；机器听觉要求能够识别和理解声音、语言等。

现在计算机系统已经能够通过摄像机"看见"周围的东西，通过麦克风"听见"外界的声音。这里的计算机的视觉和听觉都是感知，都涉及对复杂的输入数据进行处理，而有效的处理方法要求系统具有"理解"的能力，这要求机器具备大量有关感受到的事物的基础知识。

机器视觉和机器听觉催生了人工智能的两个研究领域——模式识别和自然语言理解或自然语言处理。随着这两个研究领域不断取得进展，它们已逐步发展成为相对独立的学科。

3. 机器思维

机器思维指对传感信息和机器内部的工作信息进行有目的地处理，要使机器"具有"思维，需要综合应用知识表示、知识推理、认知建模和机器感知等方面的研究成果，开展以下方面的研究工作。

（1）知识表示，特别是各种不确定性知识和不完全知识的表示。

（2）知识组织、积累和管理技术。

（3）知识推理，特别是不确定推理、归纳推理、非经典推理等。

（4）各种启发式搜索和控制策略。

（5）人脑结构和神经网络的工作机制。

4. 机器学习

机器学习是一门研究计算机怎样模拟或实现人类的学习行为，以获取新的知识或技能，重新组织已有的知识结构使之不断改善自身的性能的学科。

机器学习是实现人工智能的一个途径，即以机器学习为手段解决人工智能发展中出现的问题。机器学习近年来已发展为一门多领域交叉学科，涉及概率论、统计学、逼近论、凸分析、计算复杂性理论等多门学科。

5. 机器行为

机器行为是指智能系统具有的表达能力和行动能力，如对话、描写、刻画、移动、行走、操作和抓取物体等。研究机器的拟人行为是人工智能的高难度任务。机器行为与机器思维密切相关，机器思维是机器行为的基础。

9.3 人工智能的研究和应用领域

人工智能模拟、延伸和扩展了人类智能，使客观事物具有智能化的理论、方法、技术和应用。大多数学科中都存在着不同的研究领域，每个领域都有其特有的研究课题、研究技术和术语。在人工智能中，这样的领域有自动定理证明、博弈、模式识别、机器人、专家系统、机器学习、人工神经网络、智能网络系统、人工生命等。不同的人工智能子领域不是完全独立的，各种智能特性也不是互不相关的，分开介绍它们只是为了便于读者理解现有的人工智能程序能够做些什么和还不能做什么，大多数人工智能研究课题都涉及许多智能领域。

9.3.1 自动定理证明

1. 自动定理证明

自动定理证明是人工智能研究领域中一个非常重要的课题，其任务是为数学中提出的定理或猜想寻找一种证明或反证的方法。因此，智能系统不仅需要具有根据假设进行演绎的能力，也需要一定的判定技巧。

2. 发展历程

1956年，纽厄尔、肖（Shaw）和西蒙给出了一个称为"逻辑机器"的程序，证明了罗素（Russell）、怀特海（Whitehead）所著《数学原理》中的许多定理，这是自动定理证明的开端。1959年，格兰特（H.Gelernter）给出了一个称为"几何机器"的程序，能够做一些中学水平的几何题，速度与学生相当。1960年，美籍华裔学者王浩在IBM704计算机上，编程实现了3个程序，第一个程序用于命题逻辑，第二个程序让机器从基本符号出发自动生成合适命题逻辑公式并选出其中的定理，第三个程序用于判定一阶逻辑中的定理。他证明了罗素和怀特海《数学原理》中的几乎所有定理，他的方法被人们称为"王浩算法"。他的这项工作在1984年首届自动定理证明大会上获得了最高奖——"里程碑"奖。1960年，戴维斯（M.Davis）、普特南（H.Putnan）等给出了D-P过程，大大简化了命题逻辑的处理。1965年，鲁宾逊（小A. Robinson）提出归结方法，使得自动定理证明领域发生了质的变化。1968年，苏联学者马斯洛夫（Maslov）提出了逆向法，是苏联人六七十年代在该领域做的主要贡献。

20世纪70年代后期，在计算机技术大发展的背景下，我国著名数学家、中国科学院吴文俊院士继承和发展了中国古代数学的传统的算法化思想，研究几何定理的机器证明。他的研究彻底改变了这个领域的面貌。作为国际自动推理界先驱性的工作，他的研究成果被称为"吴方法"，产生了巨大影响。吴文俊的研究取得了一系列国际领先成果，成果已应用于国际上当前流行的符号计算软件。

9.3.2 博弈

下棋、打牌、战争等竞争性的智能活动都属于博弈。计算机博弈是人工智能的一个重要研究领域，早期人工智能的研究实践正是从计算机下棋开始的。在下棋程序中应用的某些技术，如向前看几步，并把困难的问题分解成一些比较容易的子问题、发展成为搜索和问题消解（归约）等都是人工智能的基本技术。状态空间搜索的大多数早期研究都是针对常见的棋类游戏来实现的。这些技术被称为启发式搜索，博弈为启发式搜索的研究提供了广阔的空间。

1956年，塞缪尔研制出跳棋程序。1991年8月，IBM公司研制的深思（Deep Thought 2）计算机系统与澳大利亚象棋冠军约翰森（D.Johansen）举行了一场人机对抗赛，以1:1平局告终。1997年5月11日，IBM公司的"深蓝"计算机系统战胜了国际象棋大师卡斯帕罗夫，这是"人机大战"的标志性时刻。2016年，Google

的 AlphaGo 机器人在围棋比赛中击败了世界冠军李世石。

9.3.3　模式识别

1．模式识别概述

模式识别（Pattern Recognition）是人类的一项基本智能，在日常生活中，人们经常都在进行"模式识别"。随着 20 世纪 40 年代计算机的出现及 50 年代人工智能的兴起，人们当然也希望能用计算机来代替或扩展人类的部分脑力劳动。（计算机）模式识别在 20 世纪 60 年代初迅速发展并成为一门新学科。

模式识别是对表征事物或现象的各种形式的（数值的、文字的和逻辑关系的）信息进行处理和分析，以对事物或现象进行描述、辨认、分类和解释的过程，是信息科学和人工智能的重要组成部分。模式识别又常称作模式分类，从处理问题的性质和解决问题的方法等角度来看，模式识别可分为有监督的分类（Supervised Classification）和无监督的分类（Unsupervised Classification）两种，二者的主要差别在于，各实验样本所属的类别是否预先已知。一般来说，有监督的分类往往需要提供大量已知类别的样本，但在实际问题中，这是存在一定困难的，因此研究无监督的分类就变得十分有必要了。

应用计算机对一组事件或过程进行辨识和分类，所识别的事件或过程可以是文字、声音、图像等具体对象，也可以是状态、程度等抽象对象。这些对象与数字形式的信息相区别，称为模式信息。模式识别所分类的类别数目由特定的识别问题决定。有时候，开始时无法得知实际的类别数，需要识别系统反复观测被识别对象以后才能确定。

模式识别与统计学、心理学、语言学、计算机科学、生物学、控制论等都有关系。它与人工智能、图像处理的研究有交叉关系。例如，自适应或自组织的模式识别系统包含了人工智能的学习机制，人工智能研究的景物理解、自然语言理解也包含模式识别问题。又如，模式识别中的预处理和特征抽取环节应用了图像处理的技术，图像处理中的图像分析也应用了模式识别的技术。

2．模式识别的应用

文字识别。文字识别可应用于许多领域，如阅读、翻译、文献资料的检索、信件和包裹的分拣、稿件的编辑和校对、大量统计报表和卡片的汇总与分析、银行支票的处理、商品发票的统计汇总、商品编码的识别、商品仓库的管理，以及水、电、煤气、房租、人身保险等费用的征收业务中的大量信用卡片的自动处理和办公室打字员工作的局部自动化等。

语音识别。近 20 年来，语音识别技术取得显著进步，开始从实验室走向市场。语音识别技术将进入工业、家电、通信、汽车电子、医疗、家庭服务、消费电子产品等各个领域。

图像识别。图像识别是利用计算机对图像进行处理、分析和理解，以识别各种不同模式的目标和对象的技术。遥感图像识别已广泛用于农作物估产、资源勘察、气象预报和军事侦察等领域。

医学诊断。在癌细胞检测、X 射线照片分析、血液化验、染色体分析、心电图诊断和脑电图诊断等方面，模式识别发挥了重要作用。

9.3.4　机器视觉

人类接收的 80%以上的外部信息来自视觉。简单地说，机器视觉（Machine Vision）是一门研究如何用机器代替人眼进行测量和判断的科学。更进一步地说就是通过图像摄取装置将被摄取的目标转换成图像信号，传送给专用的图像处理系统，图像处理系统根据像素分布和宽度、颜色等信息，将其转换成数字信号并抽取目标的特征，根据判别结果控制现场的设备动作。机器视觉已经从模式识别的一个研究领域发展成为一门独立的学科。

机器视觉的前沿研究领域包括实时并行处理、主动式定性视觉、动态和时变视觉、三维景物的建模与识别、实时图像压缩传输和复原、多光谱和彩色图像的处理与解释等。机器视觉应用于半导体及电子、汽车、冶金、制药、食品饮料、印刷、包装、零配件装配及制造质量检测等领域。

9.3.5 自然语言理解

自然语言理解是人工智能的分支学科，主要研究用电子计算机模拟人的语言交际过程，使计算机能理解和运用人类社会的自然语言，如汉语、英语等，从而实现人机之间的自然语言通信，以代替人的部分脑力劳动，包括查询资料、解答问题、摘录文献、汇编资料及一切有关自然语言信息的加工处理。

自然语言理解是一门新兴的学科，内容涉及语言学、心理学、逻辑学、声学、数学和计算机科学，以语言学为基础。自然语言理解的研究综合运用了现代语音学、音系学、语法学、语义学、语用学的知识，同时也向现代语言学提出了一系列的问题和要求。该学科需要解决的中心问题是：语言究竟是怎样组织起来传输信息的？人又是怎样从一连串的语言符号中获取信息的？

这一领域的研究涉及自然语言，即人们日常使用的语言，包括中文、英文、俄文、日文、德文、法文等，所以它与语言学有着密切的联系，但又有重要的区别。自然语言处理并不是一般的自然语言研究，它的重点在于研制能有效地实现自然语言通信的计算机系统，特别是其中的软件系统。因而它是计算机科学的一部分。

9.3.6 智能信息检索

信息检索（Information Retrieval），通常指文本信息检索，包括信息的存储、组织、表现、查询、存取等各个方面，其核心为文本信息的索引和检索。从历史发展来看，信息检索经历了手工检索、计算机检索及目前的网络化、智能化检索等多个发展阶段。

智能信息检索系统应具有如下功能。

（1）能理解自然语言，允许用自然语言提出各种疑问。

（2）具有推理能力，能根据存储的事实演绎出所需的答案。

（3）系统具有一定的常识性知识，以补充学科范围的专业知识。系统根据这些常识能演绎出更具一般性的答案。

9.3.7 专家系统

1. 专家系统概述

专家系统是一个智能计算机程序系统，其内部含有大量的某个领域的专家水平的知识与经验，能够利用人类专家的知识和解决问题的方法来处理该领域的问题。也就是说，专家系统是一个具有大量专门知识与经验的程序系统，它应用人工智能技术和计算机技术，根据某领域一个或多个专家提供的知识和经验，进行推理和判断，模拟人类专家的决策过程，以便解决那些需要人类专家处理的复杂问题。简而言之，专家系统是一种模拟人类专家解决本领域问题的计算机程序系统。

专家系统是人工智能中最重要的也是最活跃的一个应用领域，它实现了人工智能从理论研究走向实际应用、从一般推理策略探讨转向运用专门知识的重大突破。20多年来，随着知识工程研究的深入，专家系统的理论和技术不断发展，其应用几乎渗透到各个领域，包括化学、数学、物理、生物、医学、农业、气象、地质勘探、军事、工程技术、法律、商业、空间技术、自动控制、计算机设计和制造等。目前已开发了上千个专家系统，其中不少在功能上已达到、甚至超过同领域中人类专家的水平，并在实际应用中产生了巨大的经济效益。

2. 发展历史

专家系统的发展已经历了3代，正向第四代过渡和发展。

第一代专家系统的特点是高度专业化、求解专门问题的能力强。但在体系结构的完整性、可移植性等方面存在缺陷，求解一般问题的能力弱。

第二代专家系统属单学科专业型、应用型系统，其体系结构较完整，移植性方面也有所改善，而且在系统的人机接口、解释机制、知识获取技术、不确定推理技术、增强专家系统的知识表示及推理方法的启发性和通用性等方面都有所改进。

第三代专家系统属多学科综合型系统，采用多种人工智能语言，综合运用各种知识表示方法和多种推理机制及控制策略，并开始运用各种知识工程语言、骨架系统及专家系统开发工具和环境来研制大型综合专家系统。

在总结前三代专家系统的设计方法和实现技术的基础上，人们已开始采用大型多专家协作系统、多种知识表示方法、综合知识库、自组织解题机制、多学科协同解题与并行推理、专家系统工具与环境、人工神经网络知识获取及学习机制等最新人工智能技术来建设以多知识库、多主体为主要特点的第四代专家系统。

9.3.8　自动程序设计

自动程序设计，是采用自动化手段进行程序设计的技术和过程，后引申为采用自动化手段进行软件开发的技术和过程。在后一种意义上宜称为软件自动化。自动程序设计的目的是提高软件生产率和软件产品质量。按广义的理解，自动程序设计是尽可能地借助计算机系统（特别是自动程序设计系统）进行软件开发的过程。按狭义的理解，自动程序设计是从形式上的软件功能规格说明到可执行的程序代码这一过程的自动化。自动程序设计在软件工程、流水线控制等领域均有广泛应用。

自动程序设计的任务是设计一个程序系统，它接受关于所设计的程序要求实现某个目标的非常高级的描述作为其输入，然后自动生成一个能完成这个目标的具体程序。从某种意义上说，编译程序实际上就是去做"自动程序设计"的工作。编译程序接受一段有关于某件事的源码说明（源程序），然后将其转换成一个目标码程序（目的程序）去完成这件事情。而这里所说的自动程序设计相当于一种"超级编译程序"，它要求能对高级描述进行处理，通过规划过程，生成得到所需的程序。因而自动程序设计所涉及的基本问题与定理证明和机器人学有关，要通过人工智能的方法来实现，它也是软件工程和人工智能相结合的课题。

9.3.9　机器人

1920 年捷克斯洛伐克作家卡雷尔·恰佩克（Karel Capek）发表了科幻剧《罗萨姆的万能机器人》。在剧本中，恰佩克把捷克语"Robota"写成了"Robot"，"Robota"是农奴的意思。该剧预告了机器人的发展对人类社会的悲剧性影响，引起了大家的广泛关注，机器人一词就起源于这部剧。

1. 什么是机器人

机器人是具有一些类似人的功能的机械电子装置，或者叫自动化装置。

机器人有 3 个特点：一是有类人的功能，比如作业功能、感知功能、行走功能，还能完成各种动作；二是根据人的编程能自动地工作；三是它可以编程，从而改变自己的工作、动作、工作的对象和工作的一些要求。它是人造的机器或机械电子装置，所以机器人仍然是机器。图 9-2 所示为目前的一些机器的形象。

图 9-2　机器人

以下 3 个基本特点可以用来判断一个机器人是否是智能机器人。

（1）具有感知功能，即获取信息的功能。机器人通过"感知"系统可以获取外界环境信息，如声音、光线、物体温度等。

（2）具有思考功能，即加工处理信息的功能。机器人通过"大脑"系统进行思考，它的思考过程就是对各种信息进行加工、处理并产生决策的过程。

（3）具有行动功能，即输出信息的功能。机器人通过"执行"系统（执行器）来完成工作，如行走、发声等。

2．机器人三原则

美国科幻小说家艾萨克·阿西莫夫（Jsaac Asimou）提出了著名的"机器人三原则"。

第一，机器人不可伤害人，或眼看着人将遇害而袖手旁观。

第二，机器人必须服从人给它的命令，当该命令与第一条抵触时，不予服从。

第三，机器人必须在不违反第一、第二项原则的情况下保护自己。

3．机器人的发展阶段

1947 年，美国橡树岭国家实验室在研究核燃料，由于 X 射线会对人体造成伤害，必须由一台机器来完成像搬运核燃料等处理工作。于是，1947 年产生了世界上第一台主从遥控的机器人。机器人经历了如下 3 个发展阶段。

第一阶段生产的第一代机器人，也叫示教再现型机器。它是通过一个计算机来控制多自由度的一个机械，它通过示教存储程序和信息，工作时把信息读取出来，然后发出指令，这样机器人可以重复地根据人当时示教的结果，再现这种动作。比如汽车的点焊机器人，只需要向其示教这个点焊的过程，它就会一直重复这样一种工作。它对于外界的环境没有感知，这个操作力的大小，这个工件存在不存在，焊得好与坏，它并不知道，这是第一代机器人的缺陷。第一代机器人如图 9-3 所示。

第二阶段（在 20 世纪 70 年代后期）人们研究出第二代机器人——带感觉的机器人，这种带感觉的机器人具有类似人在实现某种功能时所拥有的感觉，在力觉、触觉、滑觉、视觉、听觉方面和人进行类比，从而让它们有各种各样的感觉。比如机器人在抓一个物体的时候，它能感觉出来实际力的大小，能够通过视觉去感受和识别物体的形状、大小、颜色。抓鸡蛋时，它能通过触觉知道用力大小和鸡蛋滑动的情况。第二代机器人如图 9-4 所示。

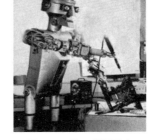

图 9-3　第一代机器人

第三阶段生产的第三代机器人，也是机器人学所追求的最高级的理想的阶段——智能机器人。只要告诉它做什么，不用告诉它怎么去做，它就能完成工作，它具有感知思维和人机通信的这些功能和机能。这个阶段目前的发展还是相对的，只在局部有这种智能的概念和含义，真正意义上的具有这种智能水平的机器人实际上还未出现。随着科学技术的不断发展，智能的概念越来越丰富，内涵也越来越广。理想的智能机器人如图 9-5 所示。

图 9-4　第二代机器人佳奇 TT313

图 9-5　第三代机器人

9.3.10　人工神经网络

人工神经网络（Aficiai Neural Network）是由大量处理单元即神经元互联而成的网络，也常简称为神经网络或类神经网络。神经网络是一种由大量的节点（或称神经元）和节点间相互连接构成的运算模型，是对人脑或自然神经网络一些基本特性的抽象和模拟，其目的在于模拟大脑的某些机理与机制，从而实现某些方面的功能。通俗地讲，人工神经网络是仿真研究生物神经网络的结果。详细地说，人工神经网络是为获得某个特定问题的解，根据所掌握的生物神经网络机理，按照控制工程的思路及数学描述方法，建立相应的数学模型并采用适当的算法，从而有针对性地确定数学模型参数的技术。

神经网络的信息处理是由神经元之间的相互作用实现的：知识与信息的存储主要表现为网络元件互联分布式的物理联系。人工神经网络具有很强的自学习能力，它可以不依赖"专家"的头脑，而自动从已有的实验数据中总结规律。因此，人工神经网络擅长处理复杂多维的非线性问题，不但可以解决定性问题，也可解决定量的问题，同时它还具有存储大规模并行处理和分布的信息的能力，具有良好的自适应、自组织性和较好的可靠性以及很强的学习、联想、容错能力。

9.3.11　智能控制

智能控制是具有智能信息处理、智能信息反馈和智能控制决策能力的控制方式，是控制理论发展的高级阶段，主要用来解决那些用传统方法难以解决的复杂系统的控制问题。智能控制研究对象的主要特点是具有不确定性的数学模型、高度的非线性和复杂的任务要求。

智能控制的思想出现于 20 世纪 60 年代。当时，学习控制的研究十分活跃，并获得了较好的应用。如自学习和自适应方法被开发出来，用于解决控制系统的随机特性问题和模型未知问题；1965 年美国普渡大学的傅京孙（K.S.Fu）教授首先把人工智能的启发式推理规则用于学习控制系统；1966 年美国的门德尔（J.M.Mendel）首先主张将人工智能用于飞船控制系统的设计。

1967 年，美国莱昂德斯（C.T.Leondes）等人首次正式使用"智能控制"一词。1971 年，傅京孙论述了人工智能与自动控制的交叉关系。自此，自动控制与人工智能开始碰撞出火花，一个新兴的交叉领域——智能控制得到了建立和发展。早期的智能控制系统采用比较初级的智能方法，如模式识别和学习方法等，而且发展速度十分缓慢。

扎德（L.A.zadeh）于 1965 年发表了著名论文《模糊集合》（Fuzzy Sets），开辟了以表征人的感知和语言表达的模糊性这一普遍存在不确定性的模糊逻辑为基础的数学新领域——模糊数学。1975 年，英国的马丹尼（E.H.Mamdani）成功将模糊逻辑与模糊关系应用于工业控制系统，提出了能处理模糊不确定性、模拟人的操作经验规则的模糊控制方法。此后，在模糊控制的理论和应用两个方面，控制专家们进行了大量研究，并取得一批亮眼的成果，被视为智能控制中十分活跃、发展得也较为深入的智能控制方法。

20 世纪 80 年代，基于人工智能的规则表示与推理技术（尤其是专家系统）以及基于规则的专家控制系统得到迅速发展，如瑞典的奥斯特隆姆（K.J.Astrom）的专家控制，美国的萨里迪斯（G.M.Saridis）的机器人控制中的专家控制等。随着 20 世纪 80 年代中期人工神经网络研究的再度兴起，控制领域的研究者们提出并迅速发展了充分利用人工神经网络良好的非线性逼近特性、自学习特性和容错特性的神经网络控制方法。

随着研究的展开和深入，形成智能控制新学科的条件逐渐成熟。1985 年 8 月，IEEE 在美国纽约召开了第一届智能控制学术讨论会，讨论了智能控制的原理和系统结构。由此，智能控制作为一门新兴学科得到广泛认同，并迅速发展。近十几年来，随着智能控制方法和技术的发展，智能控制迅速走向各专业领域，被用于解决各类复杂被控对象的控制问题，如工业过程控制系统、机器人系统、现代生产制造系统、交通控制系统等。

9.3.12 机器学习

1. 机器学习概述

机器学习（Machine Learning）指研究计算机怎样模拟或实现人类的学习行为，以获取新的知识或技能，重新组织已有的知识结构使之不断改善自身的性能。它是人工智能的核心，是使计算机具有智能的根本途径，其应用遍及人工智能的各个领域，它主要使用归纳、综合，而不是演绎法。

机器学习在人工智能的研究中具有十分重要的地位，逐渐成为人工智能研究的核心之一。它的应用遍及人工智能的各个分支，如专家系统、自动推理、自然语言理解、模式识别、计算机视觉、智能机器人等领域。其中尤其典型的是专家系统中的知识获取瓶颈问题，人们一直在努力尝试采用机器学习的方法加以克服。

机器学习的研究根据生理学、认知科学等对人类学习机理的了解，建立人类学习过程的计算模型或认识模型，发展各种学习理论和学习方法，研究通用的学习算法并进行理论上的分析，从而建立面向任务的具有特定应用的学习系统。这些研究目标相互影响、相互促进。自从1980年在卡内基·梅隆大学召开第一届机器学术研讨会以来，机器学习的研究工作迅速发展，已成为中心课题之一。

2. 发展历史

机器学习是人工智能研究较为"年轻"的分支，它的发展过程大体可分为4个时期。第一阶段是20世纪50年代中期—60年代中期，属于机器学习的热烈时期。第二阶段是在20世纪60年代中期—70年代中期，被称为机器学习的冷静时期。第三阶段是20世纪70年代中期—80年代中期，称为复兴时期。机器学习发展的第四阶段始于1986年。

机器学习进入新阶段的重要表现如下。

（1）机器学习已成为新的边缘学科，并在高校形成一门课程。它综合应用心理学、生物学和神经生理学，以及数学、自动化和计算机科学等的知识，形成机器学习理论基础。

（2）结合各种学习方法的、取长补短的、多种形式的集成学习系统研究正在兴起。特别是连接学习符号的耦合，可以更好地解决连续性信号处理中知识与技能的获取与求精问题，这种学习方法因此而受到重视。

（3）机器学习与人工智能的各种基础问题的统一性观点正在形成。例如学习与问题求解结合进行、知识表达便于学习的观点催生了通用智能系统SOAR的组块学习。类比学习与问题求解结合的基于案例的方法已成为经验学习的重要方向。

（4）各种学习方法的应用范围不断扩大，一部分已形成商品。归纳学习的知识获取工具已在诊断分类型专家系统中被广泛使用；连接学习在声图文识别中占优势；分析学习已用于设计综合型专家系统；遗传算法与强化学习在工程控制中有较好的应用前景；与符号系统耦合的神经网络连接学习将在企业的智能管理与智能机器人运动规划中发挥作用。

（5）与机器学习有关的学术活动空前活跃，国际上除每年一次的机器学习研讨会外，还有计算机学习理论会议及遗传算法会议。

9.3.13 分布式人工智能与多智能体

分布式人工智能（Distributed Artificial Intelligence，DAI）近10年才兴起，它是分布式计算与人工智能结合的结果。分布式人工智能系统以鲁棒性（Robust）作为控制系统质量的标准，并具有互操作性，即不同的异构系统在快速变化的环境中具有交换信息和协同工作的能力。

DAI的提出适应了设计并建立大型复杂智能系统及计算机支持协同工作（Computer-supported Cooperative Work CSCW）的需要。其主要目的是研究在逻辑或物理上实现分散的智能群体Agent的行为与方法，研究协调、操作它们的知识、技能和规划，用以完成多任务系统和求解各种具有明确目标的问题。目前，DAI的研究可划分为两个基本范畴：一是分布式问题求解；另一个是关于多智能体系统实现技术的研究。多智能体系统更能体现人类的社会智能，具有更强的灵活性和适应性，更适应开放和动态的世界环境，因而备受关注，它已成为人工智能乃至计算机科学和控制科学与工程领域的研究热点。

9.3.14 智能仿真

智能仿真指将人工智能技术引入仿真领域，建立智能仿真系统。仿真是对动态模型的实验，即行为产生器在规定的实验条件下驱动模型，从而产生模型行为。仿真是在描述性知识、目的性知识及处理知识的基础上产生结论性知识。

利用人工智能技术对整个仿真过程（建模、实验运行及结果分析）进行指导，在仿真模型中引进知识表示，改善仿真模型的描述能力，为研究面向目标的建模语言打下基础，提高仿真工具面向用户、面向问题的能力，使仿真更有效地用于决策，更好地用于分析、设计及评价知识库系统。

9.3.15 智能计算机辅助设计

智能计算机辅助设计（Intelligent Computer-aidell Design，ICAD）就是把人工智能技术引入计算机辅助设计领域，建立 ICAD 系统。AI 几乎可以应用于 CAD 技术的各个方面。从目前发展的趋势来看，至少有下述 4 个方面。

（1）设计自动化。

（2）智能交互。

（3）智能图形学。

（4）自动数据采集。

9.3.16 智能计算机辅助教学

智能计算机辅助教学（Intelligent Computer-aidell Instruction，ICAI）就是把人工智能技术引入计算机辅助教学领域。ICAI 系统一般分为专门知识、教导策略、学生模型和自然语言的智能接口 4 个模块。

ICAI 应具备下列智能特征。

（1）自动生成各种问题与练习。

（2）根据学生的学习情况自动选择并调整教学内容与进度。

（3）在理解教学内容的基础上自动解决问题并生成解答。

（4）具有自然语言生成和理解能力。

（5）对教学内容有理解咨询能力。

（6）能诊断学生的错误，分析原因并采取纠正措施。

（7）能评价学生的学习行为。

（8）能不断地在教学中改善教学策略。

9.3.17 智能管理与智能决策

智能管理就是把人工智能技术引入管理领域，建立智能管理系统，研究如何提高计算机管理系统的智能水平并改善智能管理系统的设计理论、方法与实现技术。

智能决策就是把人工智能技术引入决策过程，建立智能决策支持系统。智能决策支持系统由传统决策支持系统加相应的智能部件组成。智能部件可以是专家系统模式、知识库模式等。

9.3.18 智能多媒体系统

多媒体系统就是能综合处理文字、图形、图像和声音等多种媒体信息的计算机系统。将人工智能技术引入多媒体系统，可使多媒体系统的功能和性能得到进一步发展和提高。

多媒体技术与人工智能所研究的机器感知、机器理解等技术不谋而合。若将人工智能的计算机视听觉、语音识别与理解、语音对译、信息智能压缩等技术运用于多媒体系统，现在的多媒体系统将产生质的飞跃。

9.3.19　智能操作系统

智能操作系统的基本模型：以智能机为基础，能支撑外层的人工智能应用程序，可实现多用户的知识处理和并行推理。

智能操作系统的三大特点如下。

并行性：支持多用户、多进程，同时可进行逻辑推理等。

分布性：把计算机硬件和软件资源分散而又有联系地组织起来，能支持局域网和远程网处理。

智能性：一是操作系统处理的是知识对象，具有并行推理功能，支持智能应用程序运行；二是操作系统的绝大部分程序使用人工智能程序编制，充分利用了硬件的并行推理功能；三是具有较强大的智能程序的自动管理维护功能，如故障的监控分析等，从而帮助维护人员决策。

9.3.20　智能计算机系统

智能计算机系统就是人们正在研制的新一代计算机系统。从基本元件到体系结构，从处理对象到编程语言，从使用方法到应用范围，同当前的冯·诺依曼型计算机相比，新一代系统在这些方面都有质的飞跃和提高，它将全面支持智能应用开发且自身就具有智能。

9.3.21　智能通信

智能通信就是把人工智能技术引入通信领域，建立智能通信系统，在通信系统的各个层次和环节实现智能化。例如在通信网的构建、网管与网控、转接、信息传输与转换等环节，都可实现智能化。这样，网络就可运行在最佳状态，并具有自适应、自组织、自学习、自修复等功能。

9.3.22　智能网络系统

智能网络系统就是将人工智能技术引入计算机网络系统，如在网络构建、网络管理与控制、信息检索与转换、人机接口等环节中运用人工智能技术与成果。

人工智能的专家系统、模糊技术和神经网络技术可用于网络的连接接纳控制、业务量管制、业务量预测、资源动态分配、业务流量控制、动态路由选择、动态缓冲资源调度等许多方面。

9.3.23　人工生命

人工生命是以计算机为研究工具，模拟自然界的生命现象，生成表现自然生命系统的行为特点的仿真系统。人工生命主要研究进化的模式和方式、人工仿生学、进化博弈、分子进化、免疫系统进化、学习等，以及具有自治性、智能性、反应性、预动性和社会性的智能主体的形式化模型、通信方式、协作策略。人工生命还研究生物感悟的机器人、自治和自适应机器人、进化机器人、人工脑等。

习　题

一、单项选择题

1. 人工智能"元年"为（　　）。

A. 1948 年　　　　　　B. 1946 年　　　　　　C. 1956 年　　　　　　D. 1961 年

2. 人工智能是一门（　　　）。

A. 数学和生理学　　　　　　　　　　B. 心理学和生理学

C. 语言学　　　　　　　　　　　　　D. 综合性的交叉学科和边缘学科

3. 智能包含的不同能力有（　　）、记忆、思维、学习、自适应、行为等。

A. 感知　　　　　　B. 理解　　　　　　C. 学习　　　　　　D. 网络

4. 在 1997 年 5 月 11 日著名的"人机大战"中，世界国际象棋棋王卡斯帕罗夫以最终 1 胜 2 负 3 平的成绩输给了计算机，这台计算机的名字是（　　　）。

A. 深思　　　　　　B. IBM　　　　　　C. 深蓝　　　　　　D. 蓝天

5. 要想让机器具有智能，必须让机器具备知识。因此，在人工智能中有一个研究领域，主要研究计算机如何自动获取知识和技能，实现自我完善，这门分支学科叫（　　　）。

A. 专家系统　　　　B. 机器学习　　　　C. 神经网络　　　　D. 模式识别

6. 不能用来判断一个机器人是否是智能机器人的是（　　　）。

A. 感知功能　　　　B. 思考功能　　　　C. 存储功能　　　　D. 行为功能

7. 人工智能应用研究的两个最重要、最广泛的领域为（　　　）。

A. 专家系统、自动规划　　　　　　　B. 专家系统、机器学习

C. 机器学习、智能控制　　　　　　　D. 机器学习、自然语言理解

二、填空题

1. 一般来说，智能是一种认识客观事物和运用知识解决问题的综合能力，是＿＿＿＿的总和。

2. 模式识别分为＿＿＿＿和＿＿＿＿两种。

3. 专家系统是一个＿＿＿＿，其内部含有大量的某个领域的专家水平的知识与经验，能够利用人类专家的知识和解决问题的方法来处理该领域的问题。

4. 人工智能可以概括为是研究使计算机来模拟人的某些＿＿＿＿和＿＿＿＿的学科。

5. 知识表示是对知识的一种描述，是一种计算机可以接受的用于描述知识的＿＿＿＿。

三、简答题

1. 简述人工智能的应用。

2. 什么是神经网络？

3. 科学思维都有哪些？

4. 什么是机器学习？

参考文献

[1] 朱昌杰，肖建于. 大学计算机基础（Windows7+Office2010）[M]. 北京：人民邮电出版社，2015.

[2] 王文发，马燕. 大学计算机基础（Win 7 + Office 2010）[M]. 北京：清华大学出版社，2019.

[3] 郭师虹，王小完，刘培奇，等. 大学计算机基础教程[M]. 北京：电子工业出版社，2018.

[4] 张开成. 大学计算机基础（Windows7+Office2010）（第三版）[M]. 北京：清华大学出版社，2018.

[5] 赵希武，苟燕. 大学计算机基础[M]. 北京：科学出版社，2019.

[6] 谢希仁. 计算机网络（第 7 版）[M]. 北京：电子工业出版社，2017.

[7] 李剑. 信息安全概论（第 2 版）[M]. 北京：机械工业出版社，2019.

[8] 熊福松，黄蔚，李小航. 计算机基础与计算思维[M]. 北京：清华大学出版社，2018.

[9] 周美玲，熊李艳，雷莉霞.计算思维与计算机基础[M]. 北京：人民邮电大学出版社，2015.

[10] 中国电子技术标准化研究院. 人工智能标准化白皮书（2018 版）[M]. 国家标准化管理委员会工业二部，2018.

[11] 王东，利节，许莎. 人工智能[M]. 北京：清华大学出版社，2019.